普.通.高.等.学.校
计算机教育"十二五"规划教材
立体化精品系列

Dreamweaver

网页制作教程

支馨悦 主编

汤雷 吕丽平 于晓强 副主编

U0202682

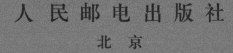

人民邮电出版社

北京

图书在版编目（CIP）数据

Dreamweaver网页制作教程 / 支馨悦主编. —— 北京：
人民邮电出版社，2015.10
普通高等学校计算机教育"十二五"规划教材
ISBN 978-7-115-39833-8

Ⅰ. ①D… Ⅱ. ①支… Ⅲ. ①网页制作工具－高等学
校－教材 Ⅳ. ①TP393.092

中国版本图书馆CIP数据核字(2015)第149907号

内 容 提 要

本书以 Dreamweaver CS5 为基础，结合网页特点，以不同网站的页面制作方法为例，系统讲述了 Dreamweaver 在网页设计中的应用。本书内容主要包括 Dreamweaver 基础知识、站点与文件操作、制作文本网页、图像与多媒体元素的应用、超链接的应用、表格布局页面、使用框架、CSS+DIV 的应用、使用模板与库、使用表单、行为的应用、动态网站开发等。

本书内容翔实、结构清晰、图文并茂，每章均以理论知识点讲解、课堂案例、课堂练习、知识拓展和课后习题的结构详细讲解相关软件的使用。其中大量的案例和练习，可以引领读者快速有效地掌握实用技能。

本书不仅可作为普通高等院校、高职院校网页设计与制作相关课程的教材，还可供相关行业及专业工作人员学习和参考。

◆ 主　　编　支馨悦
　　副主编　汤　雷　吕丽平　于晓强
　　责任编辑　刘　博
　　责任印制　彭志环

◆ 人民邮电出版社出版发行　　北京市丰台区成寿寺路 11 号
　　邮编　100164　　电子邮件　315@ptpress.com.cn
　　网址　http://www.ptpress.com.cn
　　北京七彩京通数码快印有限公司印刷

◆ 开本：787×1092　1/16
　　印张：18　　　　　　　　　　2015 年 10 月第 1 版
　　字数：472 千字　　　　　　　2024 年 8 月北京第 15 次印刷

定价：49.80 元（附光盘）

读者服务热线：(010)81055256　印装质量热线：(010)81055316
反盗版热线：(010)81055315

前 言

随着近年来高等教育课程改革的不断发展、计算机软硬件日新月异的升级，以及教学方式的不断发展，市场上很多网页制作教材的软件版本、教学结构等都已不再适应目前的教授和学习。

鉴于此，我们认真总结了教材编写经验，用了2~3年的时间深入调研各地、各类本科院校的教材需求，组织了一批优秀的、具有丰富的教学经验和实践经验的作者团队编写了本套教材，以帮助各类本科院校快速培养优秀的技能型人才。

本着"学用结合"的原则，我们在教学方法、教学内容和教学资源3个方面体现出了自己的特色。

教学方法

本书采用"学习要点和学习目标→知识讲解→课堂练习→拓展知识→课后习题"5段教学法，激发学生的学习兴趣，细致而巧妙地讲解理论知识，对经典案例进行分析，训练学生的动手能力，通过课后练习帮助学生强化巩固所学的知识和技能，提高实际应用能力。

◎ **学习目标和学习要点**：以项目列举方式归纳出章节重点和主要的知识点，以帮助学生重点学习这些内容，并了解必要性和重要性。

◎ **知识讲解**：深入浅出地讲解理论知识，注重实际训练，理论内容的设计以"必需、够用"为度，强调"应用"，配合经典实例介绍如何在实际工作当中灵活应用这些知识点。

◎ **课堂练习**：紧密结合课堂讲解的内容给出操作要求，并提供适当的操作思路以及专业背景知识供学生参考，要求学生独立完成操作，以充分训练学生的动手能力，并提高其独立完成任务的能力。

◎ **拓展知识**：精选出相关的拓展知识，学生可以深入、综合地了解一些提高性应用知识。

◎ **课后习题**：结合每章内容提出大量难度适中的上机操作题，学生可通过练习，强化巩固每章所学知识，温故而知新。

教学内容

本书的教学目标是循序渐进地帮助学生掌握网页制作的相关知识，以及Dreamweaver CS5的相关操作。全书共包含13个章节，可分为如下几个方面的内容。

◎ **第1章至第2章**：概述网页设计的基础知识，并介绍站点和文件操作。

◎ **第3章至第4章**：主要讲解Dreamweaver CS5中文本、图像与多媒体等网页基本元素的添加与设置的方法。

◎ **第5章**：主要讲解将网站中各个网页结合起来的超链接的使用方法。

◎ **第6章至第8章**：主要讲解使用表格、框架、CSS+DIV进行页面布局的相关知识。

◎ **第9章**：主要讲解模板与库的使用方法。

◎ **第10章至第12章**：主要讲解表单和行为的使用方法，动态网站的创建与制作方法，以及网站的测试和发布等。

◎ **第13章：**以一个综合类型的网站为例，从前期规划到页面制作来体现网页设计的流程。

 教学资源

提供立体化教学资源，使教师得以方便地获取各种教学资料，丰富教学手段。本书的教学资源包括以下三方面的内容。

（1）配套光盘

本书配套光盘中包含图书中实例涉及的素材与效果文件、各章节课堂案例及课后习题的操作演示动画以及模拟试题库三个方面的内容。模拟试题库中含有丰富的关于网页设计与制作的相关试题，包括填空题、单项选择题、多项选择题、判断题和操作题等多种题型，读者可自动组合出不同的试卷进行测试。另外，还提供了两套完整模拟试题，以便读者测试和练习。

（2）教学资源包

本书配套精心制作的教学资源包，包括PPT教案和教学教案（备课教案、Word文档），以便老师顺利开展教学工作。

（3）教学扩展包

教学扩展包中包括方便教学的拓展资源以及每年定期更新的拓展案例两个方面的内容。其中拓展资源包含网页设计案例素材、网页设计中网站发布技术等。

特别提醒：上述（2）、（3）教学资源可访问人民邮电出版社教学服务与资源网（http://www.ptpedu.com.cn）搜索下载，或者发电子邮件至dxbook@qq.com索取。

本书由支馨悦任主编，汤雷、吕丽平、于晓强任副主编。其中支馨悦负责编写第1~6章，汤雷负责编写第7~9章，吕丽平负责编写第10、11章，于晓强负责编写第12、13章。虽然编者在编写本书的过程中倾注了大量心血，但恐百密之中仍有疏漏，恳请广大读者及专家不吝赐教。

编者
2015年4月

目 录

第1章

Dreamweaver基础知识

Dreamweaver是进行网页制作的软件之一，在使用该软件进行网页制作前，需要先了解网页制作的相关知识，包括网页设计基础、网页色彩搭配、网页构建流程等。本章将对这些知识进行详细介绍。

 学习要点

◎ 网页设计基础
◎ 网页色彩搭配
◎ 网页构建流程

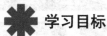 **学习目标**

◎ 了解网页与网站的关系
◎ 了解网站的类型和结构
◎ 了解网页的基本构成元素
◎ 掌握网页色彩搭配的方法
◎ 掌握网页构建流程

1.1 网页设计基础

随着科技的发展，网络以其独特的优势成为人们生活和工作中不可缺少的重要部分。它通过文字、图片、影音播放、下载传输、游戏、聊天等软件工具将各种信息通过网页传达给用户，为人们带来极其丰富的生活和美好的享受。在网络中，几乎所有的网络活动都与网页有关，要想学习网页制作，就需要先了解一些网页的基本知识，如网页与网站的关系、网站与网页的类型、网站的结构、网页的基本构成元素和网页编辑语言等。

1.1.1 网站与网页的关系

互联网由成千上万个网站组成，而每个网站又是由诸多网页构成的，因此可以说网站是由网页组成的一个整体。下面分别对网站和网页进行介绍。

◎ **网站**：网站是指在互联网上根据一定的规则，使用HTML（标准通用标记语言）工具制作的、用于展示特定内容相关的、一组网页的集合。通常情况下，网站只有一个主页。主页中会包含该网站的标志和指向其他页面的链接，人们可以通过网站来发布想要公开的资讯，或者利用网站来提供相关的网络服务，也可以通过网页浏览器来访问网站，获取自己需要的资讯或者享受网络服务。

◎ **网页**：网页是组成网站的基本单元，用户上网浏览的一个个页面就是网页。网页又称为Web页，一个网页通常就是一个单独的HTML文档，其中包含有文字、图像、声音和超链接等元素。

1.1.2 网站的类型

网站是多个网页的集合，按网站内容可将网站分为5种类型：门户网站、企业网站、个人网站、专业网站、职能网站，下面将分别对这几种类型进行讲解。

◎ **门户网站**：门户网站是一种综合性网站，涉及领域非常广泛，包含文学、音乐、影视、体育、新闻、娱乐等方面的内容，还具有论坛、搜索和短信等功能。国内较著名的门户网站有新浪、搜狐、网易等，如图1-1所示。

◎ **企业网站**：企业网站是企业为了在互联网上展现企业形象和公司产品，以对企业进行宣传而建设的网站。一般是以公司名义开发创建，其内容、样式、风格等都是为了展示自身的企业形象，如图1-2所示。

图1-1 门户网站

图1-2 企业网站

◎ **个人网站**：个人网站是指个人或团体因某种兴趣、拥有某种专业技术、提供某种服务或把自己的作品、商品展示销售而制作的具有独立空间域名的网站，具有较强的个性，图1-3所示为个人平面作品展示网站。

◎ **专业网站**：这类网站具有很强的专业性，通常只涉及某一个领域。如太平洋电脑网是一个电子产品专业网站平台，如图1-4所示。

图1-3 个人网站

图1-4 专业网站

◎ **职能网站**：职能网站具有特定的功能，如政府职能网站等。目前流行的电子商务网站也属于这类网站，较有名的电子商务网站有淘宝网、卓越网、当当网等，如图1-5所示。

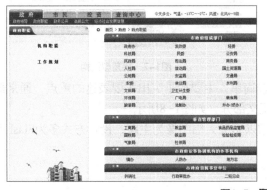
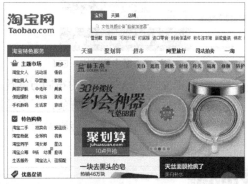

图1-5 职能网站

1.1.3 网页的类型

根据不同的分类方式，可以将网页分为不同的类型，下面分别进行介绍。

◎ **按位置分类**：按网页在网站中的位置可将其分为主页和内页。主页是指网站的主要导航页面，一般是进入网站时打开的第一个页面，也称为首页；内页是指与主页相链接的页面，也就是网站的内部页面。

◎ **按表现形式分类**：按网页的表现形式可将网页分为静态网页和动态网页。静态网页是指用HTML编写的，实际存在的网页文件，它无法处理用户的信息交互过程。动态网页是使用ASP、PHP、JSP和CGI等程序生成的页面，常与数据库结合使用，使网页产生动态效果，可以处理复杂用户信息的交互过程。

知识提示　　当网站首页只是用来欢迎访问者或者引导访问者进入主页时，首页并不能叫作主页，因此不是所有首页都是主页。

1.1.4　网站的结构

网站结构的设计与规划，对整个网站的最终呈现效果起着至关重要的作用，它不但直接关系到页面结构的合理性，同时还在一定程度上映射出该网站的类型定位。下面对网站常见的结构进行介绍。

◎ **国字型**：国字型是最常见的一种布局方式，其上方为网站标题和广告条，中间为正文，左右分列两栏，用于放置导航和工具栏等，下方是站点信息，如图1-6所示。

◎ **拐角型**：与"国字型"相似，拐角型上方为标题和广告条，中间左侧较窄的一栏具有超链接一类的功能，右侧为正文，下面为站点信息，如图1-7所示。

图1-6　国字型结构

图1-7　拐角型结构

◎ **标题正文式**：这种结构的布局方式比较简单，主要用于突出需要表达的重点，通常最上方为通栏的标题和导航条，下方是正文部分，如图1-8所示。

◎ **封面式**：常用于显示宣传网站首页，常以精美大幅图像为主题，设计方式多为Flash动画，如图1-9所示。

图1-8　标题正文式结构

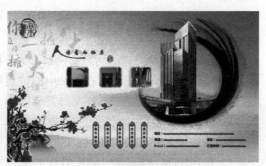
图1-9　封面式结构

1.1.5　网页的基本构成元素

文本、图像、超链接、音视频等元素是构成网页的基本元素。通过这些元素的组合，能够将网页制作成各种不同类型、风格的页面。下面分别对这些元素进行介绍。

◎ **文本**：文本具有体积小，网络传输速度快等特点，可以使用户更方便地浏览和下载文本信息，是网页最主要的基本元素，也是页面中最主要的信息载体。

◎ **图像**：图像比文本更加生动和直观，可以传递一些文本不能表达的信息，具有强烈的视觉冲击力。网页中的网站标识、背景、链接等都可以是图像。

◎ **超链接**：用于指定从一个位置跳转到另一个位置的超链接，可以是文本链接、图像链接、锚链接等，可以在当前页面中进行跳转，也可以在页面外进行跳转。

◎ **音频**：音频文件可以使网页效果更加多样化，网页中常用的音乐格式有mid、mp3。其中mid为通过计算机软硬件合成的音乐，不能被录制；而mp3为压缩文件，其压缩率非常高，音质也不错，是背景音乐的首选。

◎ **视频**：网页中的视频文件一般为flv格式，它是一种基于Flash MX的视频流格式，具有文件小、加载速度快等特点，是网络视频格式的首选。

◎ **动画**：网页中常用的动画格式主要有两种，分别是gif动画和swf动画。gif动画是逐帧动画，相对比较简单；而swf动画则更富表现力和视觉冲击力，还可结合声音和互动功能，吸引浏览者的眼球。

1.1.6　网页编辑语言

网页编辑语言包括超文本标记语言、可扩展标记语言、脚本语言3种，下面分别进行介绍。

1. 超文本标记语言

超文本标记语言（Hyper Text Markup Language，HTML），是用来描述WWW上超文本文件的语言，是标准通用标记语言下的一个应用，也是一种规范，它是构成"万维网（WWW）"的基础。

自1990年以来，HTML就一直被用作WWW的信息表示语言。使用HTML描述的文件，需要通过Web浏览器显示出效果。HTML的语法规则及功能主要由一个世界性的组织W3C（World Wide Web Consortium，WWW联盟）制定，HTML语言由一系列元素（element）组成，用于组织文件的内容和指导文件的输出格式。元素名称不分大小写，一个元素可以有多个属性，各个属性用空格分开，属性及其属性值不分大小写。元素又由标记（tag）构成，大多数标记是成对出现的，分起始标记"＜ ＞"和结尾标记"＜/ ＞"，以便和页面的内容进行区分。

HTML文档中包含有两种类型的符号，分别是数字字符（Data Characters）和HTML标记。数据字符标明文字、图像、表格、声音及超链接等网页元素的内容，HTML则描述这些元素的表现形式。

超文本传输协议规定了浏览器在运行 HTML文档时所遵循的规则和进行的操作。使用HTML编写的超文本文档称为HTML文档，它能独立运用于各种操作系统平台，可以直接由浏览器解释执行，无需编译。用户可以通过在浏览器中选择【查看】/【源文件】菜单命令来查看网页的源代码，如图1-10所示。每一个HTML文档都是一种静态的网页文件，这个文件里面包含了HTML指令代码。这些指令代码并不是一种程序语言，只是一种排版网页中资料显示位置的标记结构语言，易学易懂，非常简单。

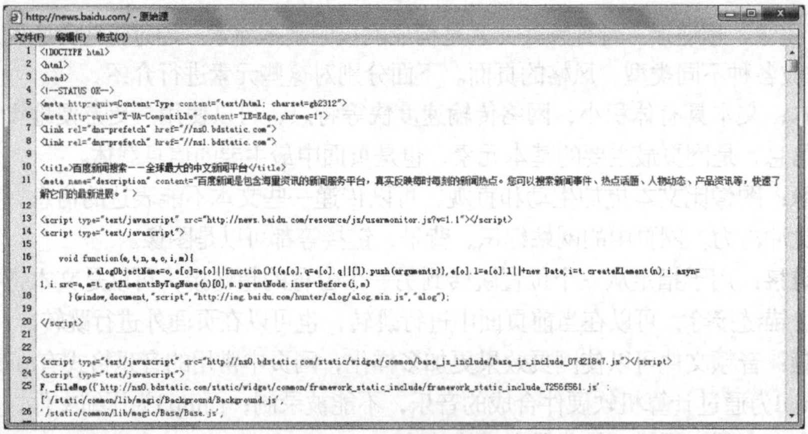

图1-10 网页源代码

2. 可扩展标记语言

可扩展标记语言（Extensible Markup Language，XML）是标准通用标记语言的子集，是一种用于标记电子文件使其具有结构性的标记语言。

1998年2月，W3C正式批准了可扩展标记语言的标准定义。可扩展标记语言可以对文档和数据进行结构化处理，从而能够在部门、客户、供应商之间进行交换，实现动态内容生成、企业集成、应用开发。

可扩展标记语言是一种元标记语言，即定义了用于定义其他特定领域有关结构化的标记语言。这些标记语言将文档分成许多部件并对这些部件加以标识。XML能够更精确地声明内容，方便跨越多种平台对结果进行搜索。它提供了一种描述结构数据的格式，简化了网络中数据交换和表示，使得代码、数据、表示分离，并作为数据交换的标准格式，因此它常被称为智能数据文档。

与 HTML 标记不同，XML 提供了一种描述结构化数据的方法，用于定义数据本身的结构和数据类型。它使用一组标记来描绘数据元素，每个元素封装可能十分简单也可能是十分复杂的数据。XML是一种简单、与平台无关并被广泛采用的标准，它将用户界面与结构化数据分隔开来。这种数据与显示的分离使得集成来自不同源的数据成为可能。

3. 脚本语言

脚本语言（Script languages,Scripting Programming Languages,Scripting Languages）是为了缩短传统的编写-编译-链接-运行（edit-compile-link-run）过程而创建的计算机编程语言。脚本语言一般都以文本形式存在，类似于一种命令。它不像C\C++等可以编译成二进制代码，以可执行文件的形式存在，脚本语言不需要编译，可以直接用，由解释器来负责解释。

脚本语言的程序代码即脚本程序，也是最终的可执行文件。脚本语言可分为独立型和嵌入型两种，独立型脚本语言在其执行时完全依赖于解释器，而嵌入型脚本语言通常在编程语言中被嵌入使用。常见的脚本语言有ASP .NET、 PHP 、JavaScript、VBScript 、ActionScript和Java等，用户可以选择需要的脚本语言来进行网页的编辑。

1.2 网页色彩搭配

色彩是光刺激眼睛再传到大脑的视觉中枢而产生的一种感觉。良好的色彩搭配能够给网页访问者带来很强的视觉冲击力，加深访问者对网页的印象，是制作优秀网页的前提，下面将对网页色彩的相关知识进行介绍。

1.2.1 网页安全色

即使设计了漂亮的配色方案，但由于浏览器、分辨率、计算机等配置不同，网页呈现在浏览者眼前的效果也不相同。为了避免这种情况发生，就需要了解并使用网页安全色进行网页配色。

网页安全色是指在不同硬件环境、不同操作系统、不同浏览器中都能够正常显示的颜色集合（调色板或者色谱）。当使用网页安全色进行配色后，这些颜色在任何终端用户的显示设备上都将显示为相同的效果。

网页安全色是当红色（Red）、绿色（Green）、蓝色（Blue）颜色数字信号值（DAC Count）为0、51、102、153、204、255时构成的颜色组合，一共有216种颜色（其中彩色有210种，非彩色有6种）。在Dreamweaver CS5中，系统提供了这些颜色，可以直接在颜色板中单击▣按钮展开色板，然后选择需要的颜色，如图1-11所示。

图1-11 Dreamweaver色彩

网页安全色在需要实现高精度的渐变效果、显示真彩图像或照片时有一定的欠缺，我们并不需要刻意局限使用这216种安全色来进行网页的设置，而是应该更好地搭配安全色和非安全色，以制作出具有个性和创意的设计风格。

1.2.2 色彩表示方式

在Dreamweaver中，颜色值最常见的表达方式是十六进制的。十六进制是计算机中数据的一种表示方法，由数字0~9，字母A~F组成，字母不区分大小写。颜色值可以采用6位的十六进制代码来进行表示，并且需要在前面加上特殊符号"#"，如#0E533D。

除此之外，还可通过RGB、HSB、Lab、CMYK来进行表示。RGB色彩模式是通过对红（R）、绿（G）、蓝（B）3个颜色通道的变化以及它们相互之间的叠加来得到各式各样的颜色，是目前运用最广的颜色系统之一。HSB色彩模式是普及型设计软件中常见的色彩模式，其中H代表色相；S代表饱和度；B代表亮度。Lab颜色模型由亮度（L）、a 和b是两个颜色通道组成。a包括的颜色是从深绿色（低亮度值）到灰色（中亮度值）再到亮粉红色（高亮度值）；b是从亮蓝色（低亮度值）到灰色（中亮度值）再到黄色（高亮度值）。因此，这种颜色混合后将产生具有明亮效果的色彩。CMYK也称作印刷色彩模式，由青、洋红（品红）、黄、黑4种色彩组合成各种颜色。

操作技巧 各种色彩模式下的颜色值表示可以很简单地转换为十六进制代码。如在Photoshop中，可以打开"拾色器"对话框，将鼠标放在颜色上，即可显示出各种颜色值的表示方法。如#ba32a8也可表示为RGB（186,50,168），Lab（46,63,-34）。

1.2.3 相近色的应用

相近色是指相同色系的颜色，使用相近色进行网页色彩的搭配，可以使网页的效果更加统一和谐，如暖色调和冷色调就是相近色的两种运用。

◎ 暖色调：暖色主要由红色、橙色、黄色等色彩组成，能给人温暖、舒适、活力的感觉，可以突出网页的视觉化效果。 在网页中应用相近色时，要注意色块的大小和位置。不同的亮度会对人们的视觉产生不同的影响，如果将同样面积和形状的几种颜色摆放在画面中，画面会显得单调、乏味，所以应该确定颜色最重的一种颜色为主要色，其面积最大，中间色稍小，浅色面积最小，以使画面效果显得丰富，如图1-12所示。

◎ 冷色调：冷色系包括青、蓝、紫等色彩，可以给人明快、硬朗的感觉。冷色系颜色的亮度越高，其特效越明显，其中蓝色是最为常用的一种冷色系颜色，如图1-13所示。

图1-12 暖色调

图1-13 冷色调

知识提示 除了暖色调和冷色调外，与黑、白、灰3种中性色组合，能够给人以轻松、沉稳、大方的感觉。中性色主要用于调和色彩搭配，突出其他颜色。

1.2.4 对比色的应用

在色相环中每一个颜色对面(180°)的颜色，称为互补色，也是对比最强的色组。也可以指两种可以明显区分的色彩，包括色相对比、明度对比、饱和度对比、冷暖对比等，如黄和蓝、紫和绿、红、青。任何色彩和黑、白、灰，深色和浅色，冷色和暖色，亮色和暗色都是对比色关系，图1-14所示为对比色的网页效果。

图1-14 对比色

1.3 网页构建流程

不同规模和用途的网站，虽然在制作过程中有所差异，但其大体构建流程是相同的。作为一个网页设计者，应该先熟悉网页的构建流程，以更好地进行网页的规划和设计。

1.3.1 网站分析与策划

网站分析与策划是制作网页的基础，在确定要制作网页后，应该先对网页进行准确的定位，使设计的网页效果和功能水平更高。包括网站的主题、网站的目标、网站的配色方案、网站结构的规划、素材和内容收集等。

◎ **确定网站主题和定位**：确定网站主题是指在网站规划前，需要先对网站环境进行调查分析，包括开展社会环境调查、消费者调查、竞争对手调查、资源调查等。网站定位指在调查的基础上进行进一步的规划，一般是根据调查结果确定网站的服务对象和内容。需要注意的是网站的内容一定要有针对性。

◎ **确定网站目标**：网站目标是指从总体上为网站建设提供总的框架大纲和网站需要实现的功能等。

◎ **内容与形象规划**：网站的内容与形象是网站最吸引浏览者的因素。与内容相比，多变的形象设计具有更加丰富的表现效果，如网站的风格设计、版式设计、布局设计等。这一过程需要设计师、编辑人员、策划人员的全力合作，才能达到内容与形象的高度统一。

◎ **素材和内容和收集**：在确定好网页类型后，需要搜集和整理网页内容与相关文本，以及图形和动画等素材，并将其进行分类整理，如制作企业或公司的网站就需要搜集和整理企业或公司的介绍、产品、企业文化等信息。

◎ **网站风格定位**：确定网站的风格对网页设计具有决定性的作用，网站风格包括内容风格和设计风格。内容风格主要体现在文字的展现方法和表达方法上，设计风格则体现在构图和排版上。如主页风格通常依赖于版式设计、页面色调处理、图文并茂等，这需要设计者具有一定的美术资质和修养。

1.3.2 网页效果图设计

网页效果图设计与传统的平面设计相同，通常使用Photoshop进行界面设计，如图1-15所示，利用其图像处理上的优势制作多元化的效果图，最后将图片进行切片并导出为网页。

知识提示

制作网页需要的一些元素，也可以通过其他软件来进行制作，如图像制作软件Illustrator、CorelRAW，动画制作软件Flash，视频编辑软件Premiere、After Effect等。

图1-15 网页平面设计

1.3.3 建立并编辑HTML文档

完成前期的准备工作后，就可以启动Dreamweaver进行网页的初步设计了。此时应该先创建管理资料的场所——站点，并对站点进行规划，确定站点的结构，包括并列、层次、网状等，可根据实际情况选择。然后在站点中创建需要的文件和文件夹并对页面中的内容进行填充和编辑，丰富网页中的内容。

1.3.4 优化与加工HTML文档

为了增加网页被浏览者搜索到的概率，还需要适时地对网站进行优化。网站优化包含的内容很多，如搜索关键字的优化、清晰的网站导航、完善的在线帮助等，以最完整地体现和发挥出网站的功能和信息。用户可以从以下几个方面来考虑网站自身的优化。

◎ 尽量多使用纯文本链接，并定义全局统一链接位置。
◎ 标题中需要包含有优化关键字的内容，并且网站中的其他子页面标题不能雷同，必须要能展示当前网页所表达的内容。
◎ 网页关键词要与网站相关，尽量选取较瞩目、热门的相关词汇。
◎ 网站结构要清晰，明确每个页面的具体功能和位置。

1.3.5 测试并发布HTML文档

完成网页的制作后，还需对站点进行测试并发布。站点测试可根据浏览器种类、客户端要求以及网站大小等要求进行测试，通常是将站点移到一个模拟调试服务器上对其进行测试或编辑。测试站点的过程中应注意以下几方面。

◎ 监测页面的文件大小以及下载速度。
◎ 运行链接检查报告对链接进行测试。因为页面在制作过程中可能会使某些链接指向的页面被移动或删除，需要检查是否有断开链接。
◎ 一些浏览器不能很好地兼容网页中的某些样式、层、插件等，导致网页显示不正常。这需要测试人员检查浏览器的行为，将自动访问定位到其他页面。
◎ 页面布局、字体大小、颜色、默认浏览窗口大小等在目标浏览器中无法预览，因此需要在不同的浏览器和平台上进行预览并调试。
◎ 在制作过程中要经常对站点进行测试，及早发现并解决问题。

发布站点之前需在Internet上申请一个主页空间，用来指定网站或主页在Internet上的位置，在后面的章节中将详细讲解申请主页空间的知识。

1.4 课堂练习

本章课堂练习将分别以欣赏和制定配色方案为例进行，综合巩固本章学习的知识点，达到融会贯通的目的，为后面的学习奠定基础。

1.4.1 赏析特色网站

1. 练习目标

本练习的目标是对各种不同类型（如雅虎、网易和POCO等）的特色网站进行赏析，以加深网页设计工作的一个大体轮廓和基本理解。

2. 操作思路

完成本练习需要在浏览器中输入网站的地址进入网站首页，然后对网页的结构进行分析与学习，其操作思路如图1-16所示。

图1-16 赏析特色网站的制作思路

（1）在浏览器地址栏中输入"https://www.yahoo.com/"，打开Yahoo首页。雅虎是著名的门户网站，其布局、设计、功能都被认为是门户网站设计的标杆，仔细分析网站的布局结构，加深对国字型网站布局结构的理解。

（2）在浏览器地址栏中输入"http://www.163.com/"，打开网易首页。仔细分析网站的布局结构，加深对标题正文型网站布局结构的理解。

（3）在浏览器地址栏中输入"http://cook.poco.cn/"，打开POCO网首页。仔细分析网站的结构，并学习网站的主色调和配色方案。

1.4.2 规划个人网站

1. 练习目标

本练习要求为个人网站进行规划。网站主要用于展示用户的个人摄影作品、个人信息和最新动态，并且会和大家分享一些摄影作品的拍摄技巧。要求制作的网页能体现该网站的主要功能，界面设计要符合网站特色。

2. 操作思路

根据本练习要求，先搜集相关的图片和文字等资料，然后制作草图并确认。本实训的站点规划草图效果如图1-17所示。

图1-17 个人网站规划的操作思路

（1）根据个人需要绘制并修改网站站点基本结构。

（2）绘制草图并进行确认，然后搜集相关的文字、图片资料。

1.5 拓 展 知 识

不同的网页色彩，能够带给浏览者不同的视觉体验和感情联想。因此在制作网页时，要合理搭配各种色彩，以突出网页的感情。如红色能够给人积极、热情、温暖、活力、冲动等感觉，常与吉祥、喜庆、好运相关联。橙色给人朝气、活泼、积极向上、温馨、时尚等感觉，常用于时尚、食品相关的网站。黄色给人快乐、希望、轻快、愉悦的感觉，能够运用在大多数类型的网站中。绿色给人宁静、希望、健康、和平的感觉，具有平和心境、易于接受的感情色彩，常与自然、健康等主题相关。蓝色给人冷静、沉思、智慧和宽阔等感觉，常用于商业设计类的网站，当其与白色结合使用时，还可以表达柔顺、淡雅、浪漫的感觉。紫色给人高贵、奢华、优雅的感觉，常与女性化的网站相关，但其与黑色结合使用时，还能表达沉重、庄严、伤感等感觉。黑色给人深沉、神秘、寂静、悲哀和压抑等感觉，常用于一些商业科技产品设计网页。白色给人纯洁、真诚的感觉，常与其他主色调搭配使用。灰色给人平凡、温和、嵌入的感觉，常用于一些高科技产品网页设计，以表达高级、科技的形象。

1.6 课 后 习 题

（1）简述网站设计的一般流程，并具体介绍各个流程需要注意的事项。

（2）通过网络查阅资料或浏览一些优秀的网站，为一个水果蔬菜网上购物店规划一个网站，网站会定期推出优惠商品，并提供团购优惠，还会教大家一些时令果蔬的制作技巧。要求制作的网页能体现该网站的主要功能，界面设计要符合产品特色。图1-18所示为该网站的规划草图，以供参考。

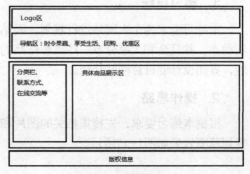

图1-18 果蔬网规划

第2章

站点与文件操作

　　本章将详细讲解Dreamweaver中站点与文件的相关操作。启动Dreamweaver CS5后，先对其工作界面进行熟悉，再掌握站点和文件的相关操作，以快速、方便地进行网页的设计与制作。

✳ 学习要点

◎　Dreamweaver CS5的工作界面
◎　创建站点
◎　管理站点
◎　网页文档操作
◎　设置页面属性

✳ 学习目标

◎　掌握站点的新建与管理方法
◎　掌握网页文档的基本操作方法
◎　掌握设置页面属性的方法

2.1 认识Dreamweaver CS5的工作界面

了解并掌握Dreamweaver CS5网页制作的相关知识后，即可启动Dreamweaver CS5，此时可看到该软件的工作界面。本节将详细讲解工作界面各部分的相关知识。

2.1.1 工作界面

双击桌面上的Dreamweaver CS5快速启动图标，或在"开始"菜单中选择【所有程序】→【Adobe】→【Adobe Dreamweaver CS5】菜单命令，启动Dreamweaver CS5，可看到其工作界面，如图2-1所示。下面对Dreamweaver CS5工作界面的各个部分进行介绍。

图2-1 Dreamweaver CS5的工作界面

知识提示

第一次启动Dreamweaver CS5时，将打开"默认编辑器"对话框，在其中选择需要的设计类型，单击 确定 按钮即可启动Dreamweaver CS5。此时单击界面中"新建"栏中的"HTML"选项即可新建一个网页文档，并打开如图2-1所示的工作界面。

◎ **应用程序栏**：位于软件工作界面的最上方，包括软件图标Dw、"布局"按钮、"扩展Dreamweaver"按钮、"站点"按钮。这些按钮与网页设计的功能相关，通过单击这些按钮，用户可以快速启动相关功能。

◎ **工作区切换器**：用于切换Dreamweaver CS5的工作空间，单击按钮，在打开的下拉列表中选择不同的版式布局，以更好地适应不同类型的工作。

◎ **菜单栏**：菜单栏中集合了网页操作的大部分命令，通过选择不同的菜单命令可以进行文档及窗口的各种操作。Dreamweaver CS5的菜单栏由文件、编辑、查看、插入、修改、格式、命令、站点、窗口、帮助10个菜单组成，每个对应菜单项包括多个子菜单以及快捷命令，如图2-2所示。

图2-2 菜单栏

◎ **文档标题**：用于显示当前打开的网页文档的标题，第一次新建的网页文档默认名称为"Untitled-1"。当打开多个网页文档时，可单击文档标题在不同的网页文档间进行切换，以方便在不同的文档中进行操作。

◎ **文档工具栏**：包含各种"文档"窗口视图（如设计视图、代码视图）、检查或一些常用操作（如在浏览器中预览）。

◎ **文档窗口**：用于显示当前文档的具体内容。

◎ **标签选择器**：位于文档窗口底部的状态栏中。用于显示环绕当前选定内容的标签的层次结构，单击该层次结构中的任何标签可以选择该标签及其全部内容。

◎ **状态栏**：用于显示当前编辑文档的当前代码标签、页面大小和下载速度等信息。

◎ **面板**：除了以上部分外，Dreamweaver CS5工作界面的底部和右侧还有很多面板，它们包含了Dreamweaver CS5的所有操作，用户可在不同的面板中进行操作，完成网页的编辑。

2.1.2　常用工具栏

在Dreamweaver CS5中选择【查看】→【工具栏】菜单命令，在打开的子列表中可看到"样式呈现""文档""标准""浏览器导航""编码"5个工具栏命令，选择对应的命令可打开对应的工具栏，如图2-3所示。下面分别对其进行介绍。

图2-3　常用工具栏

1．"样式呈现"工具栏

选择【查看】→【工具栏】→【样式呈现】菜单命令，打开"样式呈现"工具栏，如图2-4所示。该工具栏只有在文档使用依赖于媒体的样式表时才发挥作用。

图2-4　"样式呈现"工具栏

默认情况下，Dreamweaver会显示页面在计算机屏幕上的呈现方式，用户可以在"样式呈现"工具栏中单击相应的按钮来查看不同媒体类型的呈现方式。

◎ **呈现屏幕媒体类型** ：显示页面在计算机屏幕上的显示方式。

◎ **呈现打印媒体类型** ：显示页面在打印纸张上的显示方式。

◎ **呈现手持型媒体类型** ：显示页面在手持设备（如手机或 BlackBerry 设备）上的显示方式。

◎ **呈现投影媒体类型** ：显示页面在投影设备上的显示方式。

◎ **呈现TTY媒体类型**📃：显示页面在电传打字机上的显示方式。

◎ **呈现TV媒体类型**📺：显示页面在电视屏幕上的显示方式。

◎ **切换CSS样式的显示**📃：用于启用或禁用 CSS 样式。此按钮可独立于其他媒体按钮之外工作。

◎ **设计时样式表**📃：用于指定设计时样式表的显示方式，只有切换到CSS样式表文件中才能激活该按钮。

知识提示

在媒体呈现方式按钮后，还有一系列文字设置按钮，从左至右依次为增加文本大小🗚、重置文本大小🗛和减小文本大小🗛。

2. "文档"工具栏

"文档"工具栏默认显示在Dreamweaver CS5的工作界面中，其中包含了多个按钮，可以在文档的不同视图之间快速切换，还可以进行一些查看文档和上传文件等基本操作。图2-5所示为"文档"工具栏中的各选项。

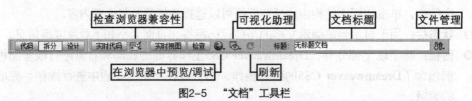

图2-5 "文档"工具栏

◎ **"代码"视图**：仅在文档窗口中显示页面的代码，适合于代码的直接编写。

◎ **"拆分"视图**：将文档窗口拆分为两部分，可同时显示代码视图和设计视图。

◎ **"设计"视图**：仅在文档窗口中显示页面的设计界面。

◎ **"实时代码"视图**：显示浏览器用于执行该页面的实际代码。

◎ **"实时视图"视图**：显示不可编辑的、交互式的、基于浏览器的文档视图。

行业知识

在XML、JavaScript、Java、CSS或其他基于代码的文件类型中，不能在"设计"视图中查看文件，且"设计"和"拆分"按钮将会变暗。此时只能在源代码界面中才能进行操作。

◎ **检查浏览器兼容性**：用于检查CSS样式是否与各种浏览器均兼容。

◎ **检查**：单击该按钮，将同时打开实时视图和检查模式，以对网页效果和CSS的兼容性进行检查。

◎ **在浏览器中预览/调试**：单击该按钮，可在打开的下拉列表中选择一个浏览器进行预览或调试。

◎ **可视化助理**：单击该按钮，可在打开的下拉列表中选择各种可视化助理来设计页面。

◎ **刷新**：当在"代码"视图中对文档进行更改后，单击该按钮，可刷新文档的"设计"视图页面。

◎ **文档标题**：用于为文档输入一个标题，以显示在浏览器的标题栏中。如果文档已经有了一个标题，则标题将显示在该区域中。

◎ **文件管理**：单击该按钮，在打开的下拉列表中可对文件进行各种管理操作，如上传、获取、取回等。

3. "标准"工具栏

选择【查看】→【工具栏】→【标准】菜单
命令，打开"标准"工具栏，如图2-6所示。

图2-6 "标准"工具栏

该工具栏包括一些按钮，或一些可执行"文件" 和"编辑" 菜单中的常见操作，包括
"新建""打开""在Bridge中浏览""保存""全部保存 ""打印代码""剪切""复
制""粘贴""撤销""重做"操作。

4. "浏览器导航"工具栏

选择【查看】→【工具栏】→【浏览器
导航】菜单命令，打开"浏览器导航"工具
栏，如图2-7所示。

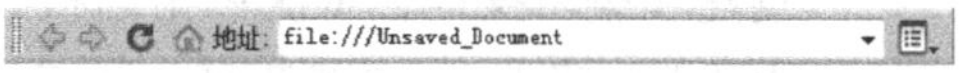

图2-7 "浏览器导航"工具栏

"浏览器导航"工具栏与浏览器地址栏的操作提示相似，主要用于查看网页、停止加载网
页、显示主页、输入网页路径。需要注意的是，该工具栏需在"实时视图"视图模式中才能激
活，并显示正在文档窗口中查看的页面地址。

5. "编码"工具栏

"编码"工具栏仅在"代码"视图中默认垂直显示在文档窗口左侧，包含可用于执行多种
标准编码操作的按钮，如折叠/展开整个比标签 、折叠/展开所选代码 、高亮显示无效代码
 、应用/删除注释 / 、信息栏中的语法错误警告 等。

2.1.3 常用面板

在Dreamweaver CS5中选择"窗口"菜单命令，在打开的子列表中即可看到所有的面板命
令，选择对应的命令可在Dreamweaver工作界面中进行显示。网页中最常用的面板有"属性"
面板、"插入"面板、"CSS样式"面板、"AP元素"面板、"文件"面板、"资源"面板、
"代码片段"面板、"数据库"面板、"绑定"面板、"服务器行为"面板，下面分别对这些
面板进行介绍。

◎ **"属性"面板**："属性"面板位于Dreamweaver CS5底部，用于查看和设置所选对象
的各种属性。"属性"面板中的内容根据选择的元素会有所不同。如选择文本，可设
置文本的字体格式；选择图像，可设置图像的文件路径、宽度和高度、图像周围的边
框等，如图2-8所示。

图2-8 "属性"面板

◎ **"插入"面板**："插入" 面板包含用于创建和插入对象（如表格、图像和链接）
的按钮，这些按钮分为"常用""布局""表单""数据""Spry""InContext
Editing""文本""收藏夹"8个类别。如图2-9所示。

图2-9　"插入"面板

操作技巧　　选择【窗口】→【插入】菜单命令或按【Ctrl+F2】组合键，"插入"面板将垂直显示在Dreamweaver工作界面右侧的面板组中。双击插入面板的"插入"标签可展开其中的内容，再次双击可折叠其中的内容。也可将其拖动到"文档"工具栏的下方，使其水平显示，以便用户在不同的类别中进行切换。

◎ **"CSS样式"面板**：用于CSS样式的创建和编辑操作，依次单击面板右上角的█按钮，可实现扩展、新建、编辑、删除操作，如图2-10所示。

◎ **"AP元素"面板**：AP元素是分配有绝对位置的DIV或任何HTML标签，通过"AP元素"面板可避免重叠、更改可见性、嵌套或堆叠、选择等操作，如图2-11所示。

图2-10　"CSS样式"面板　图2-11　"AP元素"面板

◎ **"文件"面板**：可查看站点、文件或文件夹，用户可更改并查看区域大小，也可展开或折叠"文件"面板，当折叠时则以文件列表的形式显示本地站点等内容，如图2-12所示。

◎ **"资源"面板**：可管理当前站点中的资源，显示了文档窗口中相关的站点资源，如图2-13所示。

◎ **"代码片段"面板**：收录了一些非常有用或经常使用的代码片段，以方便用户使用，如图2-14所示。

图2-12　"文件"面板　　　图2-13　"资源"面板　　　图2-14　"代码片段"面板

◎ **"数据库""绑定""服务器行为"面板**：使用这3个面板可连接数据库和读取记录集，使用户能够轻松创建动态的Web应用程序。

2.1.4.　工作区布局

为了使用户获得更好的工作体验，可以通过移动和处理文档窗口和面板来创建自定义工作区，或保存工作区并在它们之间进行切换。下面分别对面板的管理操作和存储与切换工作区的方法进行介绍。

1. 停放和取消停放面板

停放是一组放在一起显示的面板或面板组，通常以垂直方向显示。可通过将面板移到停放中或从停放中移走来停放或取消停放面板。其方法分别介绍如下。

◎ **停放面板或面板组**：按住鼠标左键并直接拖动面板标签到另一个停放位置即可停放面板（如顶部、底部或两个其他面板之间）。若要停放面板组，需将其标题栏（标签上面的实心空白栏）拖动到停放面板中。图2-15所示即为停放"数据库"面板的过程。

图2-15 停放面板

◎ **取消停放面板或面板组**：直接将面板标签或标题栏从停放中拖动到另一个停放面板中，或者拖动到面板组以外，使其变为自由浮动。

2. 切换和移动面板

Dreamweaver CS5面板组的可操作性强，其中相关操作如下。

◎ **切换面板**：当面板组中包含多个标签时，单击相应的标签即可显示对应的面板内容，图2-16所示为单击"绑定"标签后切换到该面板的过程。

◎ **移动面板**：拖动某个面板标签至该面板组或其他面板组上，当出现蓝色框线后释放鼠标即可移动该面板，图2-17所示为将"代码片段"面板移动到"CSS样式"面板右侧的过程。通过此方法可将常用面板组成一个组。

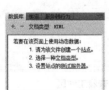

图2-16 切换面板　　　　　　　　图2-17 移动面板

 单击面板或面板组右上角的按钮，或在面板或面板组上单击鼠标右键，在弹出的快捷菜单中选择"关闭"命名可关闭面板；选择"关闭标签组"命令，可关闭面板组。

操作技巧

3. 堆叠浮动面板

将面板拖出停放但并不将其拖入放置区域时，面板会自由浮动。此时可以将浮动的面板放

Dreamweaver网页制作教程

在工作区的任何位置。或将浮动的面板或面板组堆叠在一起，以便在拖动最上面的标题栏时将它们作为一个整体进行移动，如图2-18所示。

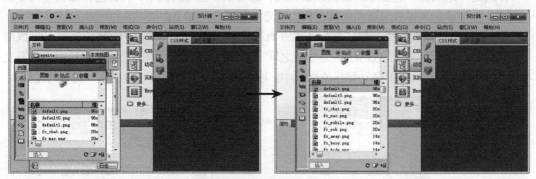

图2-18　堆叠浮动面板

下面分别对可进行的操作进行介绍。

◎ **堆叠浮动的面板**：将面板的标签拖动到另一个面板底部的放置区域后即可拖动该面板。

◎ **更改堆叠顺序**：向上或向下拖移面板标签。

4. 存储工作区

对Dreamweaver CS5工作界面进行调整后，即可将这些设置保存起来，方便后期直接调用，其具体操作如下。

（1）在Dreamweaver CS5工作界面的菜单栏中选择【窗口】→【工作区布局】→【新建工作区】菜单命令，打开"新建工作区"对话框，在其中输入工作区的名称，如"mywork"，如图2-19所示。

（2）单击 确定 按钮，返回Dreamweaver CS5工作界面即可在"工作区切换器"中查看当前存储的工作区的名称，如图2-20所示。

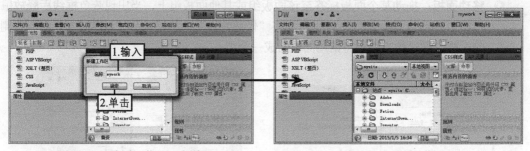

图2-19　"新建工作区"对话框　　　　　　　图2-20　查看工作区

5. 切换工作区

为了给不同需求的用户提供更好的界面体验，Dreamweaver CS5预设了很多工作区空间，用户只需选择需要的工作区即可进行切换。主要方法有如下两种。

◎ 单击工作界面中的"工作区切换器"下拉列表框右侧的下拉按钮 ，在打开的下拉列表中选择需要进行切换的工作区即可，如图2-21所示。

◎ 选择【窗口】→【工作区布局】菜单命令，在打开的子列表中选择需要的工作区即可，如图2-22所示。

图2-21 在工作区切换器中选择

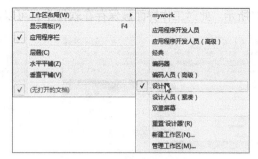

图2-22 通过菜单命令选择

在切换工作区的菜单中选择"管理工作区"命令,可打开"管理工作区"对话框,在其中可对工作区进行重命名、删除等操作。

知识提示

2.1.5 课堂案例1——自定义工作界面

根据所学知识,对Dreamweaver CS5的工作界面进行调整,使其符合用户的习惯。

视频演示　　　光盘:\视频文件\第2章\自定义工作界面.swf

(1)启动Dreamweaver CS5,在工作界面中的"工作区切换器"下拉列表框中选择"经典"选项,此时工作区将切换到"经典"模式,可看到工作界面中的面板布局发生变化,如图2-23所示。

(2)在默认的"经典"工作区模式的"Adobe BrowserLab"面板组上单击■按钮,在打开的下拉列表中选择"关闭标签组"命令关闭该组,然后使用相同的方法,关闭"数据库"所在的标签组,效果如图2-24所示。

图2-23 切换到"经典"工作区

图2-24 关闭不需要的标签组

(3)在"代码片断"面板标签上单击鼠标右键,在弹出的快捷菜单中选择"关闭"命令。然后将鼠标指针放在"文件"面板标签上,拖动鼠标到面板组右侧的垂直位置,当出现蓝色的线条时释放鼠标,使"文件"面板单独停放,如图2-25所示。

(4)在"工作区切换器"下拉列表框中选择"新建工作区"选项,打开"新建工作区"对话框。在"名称"文本框中输入工作区的名称为"myspace",单击 确定 按钮,如图

2-26所示。此时工作界面被保存在软件中，可以供用户随时切换。

图2-25　停放面板组　　　　　　　　　　　　图2-26　存储工作区

2.2　创建与管理站点

站点是管理网页文档的场所，主要用于存放用户网页、素材（如图片、**flash**动画、视频、音乐、数据库文件等）的本地文件夹。多个网页文档通过各种链接关联起来就构成了一个站点，站点可以小到一个网页，也可以大到整个网站。下面对站点的创建与管理方法进行介绍。

2.2.1　创建站点

用户进行网页编辑的目录与网页有关的所有文件都必须存放在站点中，以便进行管理。下面以创建"fdweb"站点为例，介绍创建站点的方法，其具体操作如下。

（1）选择【站点】→【新建站点】菜单命令，在打开对话框的"站点名称"文本框中输入"fdweb"，单击"本地站点文件夹"文本框右侧的"浏览文件夹"按钮，如图2-27所示。

（2）打开"选择根文件夹"对话框，在"选择"下拉列表框中选择F盘中事先创建好的"效果"文件夹，单击　选择(S)　按钮，如图2-28所示，返回站点设置对象对话框，单击　保存　按钮。

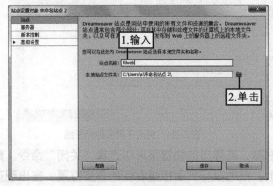

图2-27　设置站点名称　　　　　　　　　　　　图2-28　设置站点保存位置

（3）稍后在面板组的"文件"面板中即可查看到创建的站点，如图2-29所示。

图2-29 创建的站点选项

选择【站点】→【管理站点】菜单命令或在"文件"面板中单击"管理站点"超链接，均可打开"管理站点"对话框，单击对话框中的 新建(N) 按钮也可新建站点。

知识提示

2.2.2 编辑站点

编辑站点是指对存在的站点重新进行参数设置。下面编辑"fdweb"站点，输入URL地址，其具体操作如下。

（1）选择【站点】→【管理站点】菜单命令，打开"管理站点"对话框，在其中的列表框中选择"fdweb"选项，单击 编辑(E)... 按钮，如图2-30所示。

（2）在打开的对话框左侧单击"高级设置"选项，在展开的列表中选择"本地信息"选项，单击选中 ⊙站点根目录 单选项，在"Web URL"文本框中输入"http://localhost/"，然后单击 保存 按钮，如图2-31所示。

图2-30 编辑"fdweb"站点

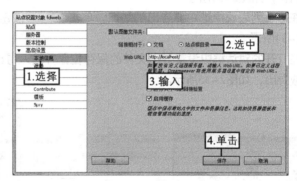

图2-31 设置Web URL

（3）打开提示对话框，单击 确定 按钮确认，如图2-32所示。返回"管理站点"对话框，单击 完成(D) 按钮进行关闭。

图2-32 确认设置

知识提示

指定Web URL后，Dreamweaver才能使用测试服务器显示数据并连接到数据库，其中测试服务器的Web URL由域名和Web站点主目录的任意子目录或虚拟目录组成。

2.2.3　复制与删除站点

在"管理站点"对话框中，用户可以方便地对站点进行复制与删除操作，其方法分别介绍如下。

◎ **复制站点**：打开"管理站点"对话框，在列表框中选择需要复制的站点选项，单击 复制(F) 按钮可复制站点，单击 编辑(E)... 按钮可对复制的站点进行编辑。

◎ **删除站点**：打开"管理站点"对话框，在列表框中选择要删除的站点，单击 删除(R) 按钮，在打开的提示对话框中单击 是(Y) 按钮即可删除站点。

2.2.4　导出与导入站点

若要保存站点配置或在其他电脑中进行站点操作，可以对站点进行导出与导入操作。

1. 导出站点

导出站点操作可以将站点导出为独立的XML文件，其后缀名为".ste"，是Dreamweaver站点的定义专用文件。下面导出"fdweb"站点，其具体操作如下。

（1）在"文件"面板中的文件夹下拉列表框中选择"站点管理"命令，打开"站点管理"对话框，如图2-33所示。

（2）在站点列表框中选中要导出的站点，单击 导出(T) 按钮，打开"导出站点"对话框，如图2-34所示。

（3）在打开的对话框中设置导出文件的保存位置并输入导出文件的名称，单击 保存(S) 按钮完成导出，如图2-35所示。

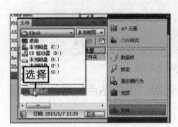
图2-33　选择命令

图2-34　选择导出命令

图2-35　导出站点

2. 导入站点

导入站点的操作很简单，只需打开"管理站点"对话框，单击其中的 导入(I)... 按钮，在打开的"导入站点"对话框中选择需要导入的站点文件，再单击 打开(O) 按钮即可，如图2-36所示。

图2-36　导入站点

2.2.5　管理站点中的文件或文件夹

为了更好地管理网页和素材，新建站点后，用户需要将制作网页所需的所有文件都存放在站点根目录中。用户可以在站点中进行站点文件或文件夹的添加、移动和复制、删除重命名操作。

1. 添加文件或文件夹

一个站点中通常不止一个网页文档或一个文件夹，而是需要将所有的文件分类进行存放。在进行站点、文件和文件夹的命名时，需要遵循一些原则，以便用户查找和管理。

◎ **汉语拼音**：根据每个页面的标题或主要内容，提取主要关键字将其拼音作为文件名，如"学校简介"页面文件名为"jianjie.html"。

◎ **拼音缩写**：根据每个页面的标题或主要内容，提取每个关键字的第一个拼音作为文件名，如"学校简介"页面文件名为"xxjj.html"。

◎ **英文缩写**：通常适用于专用名词。

◎ **英文原意**：直接将中文名称进行翻译，这种方法比较准确。

以上4种命名方式也可结合数字和符号组合使用。但要注意，文件名开头不能使用数字和符号等，也最好不要使用中文命名。下面在"fbweb"站点中添加文件和文件夹，其具体操作如下。

（1）展开"文件"面板，选中所需站点，单击鼠标右键，在弹出的快捷菜单中选择"新建文件"命令，此时将新建一个名为"untitled"文档，并以蓝底白字显示，将其名称修改为需要的文件名，这里修改为"index"，按Enter键即可，如图2-37所示。

图2-37　新建文件

（2）在站点上单击鼠标右键，在弹出的快捷菜单中选择"新建文件夹"命令，Dreamweaver将自动在站点根目录下创建一个新的文件夹，并修改文件夹名称为"images"，按"Enter"键或单击其他位置即可，如图2-38所示。

图2-38　新建文件夹

（3）使用相同的方法，可在"fbweb"站点中新建其他的站点文件和文件夹。需要注意的是，若选中站点中的子文件夹，再执行新建命令，新建后的文件或文件夹将被存放在该子文件夹中，而不是站点的根目录。

行业知识　　　网站内容的分类决定了站点中创建文件和文件夹的个数，通常，网站中每个分支的所有文件统一存放在单独的文件夹中，根据网站的大小，又可进行细分。如把图书室看作一个站点，则每架书柜相当于文件夹，书柜中的书本则相当于文件。

2. 移动和复制文件或文件夹

新建文件或文件夹后，若对文件或文件夹的位置不满意，可对其进行移动操作。而为了加快新建文件或文件夹的速度，用户还可通过复制的方法来进行。在"文件"面板中选择需要移动或复制的文件或文件夹，将其拖动到需要的新位置即可完成移动操作；若在移动的同时按住Ctrl键不放，可实现复制文件或文件夹的操作，如图2-39所示即为移动文件和文件夹前、后的效果。

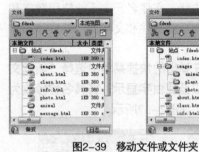

图2-39　移动文件或文件夹

知识提示　　　将网页文档移动到新文件夹中，将打开"更新文件"对话框，单击 更新(U) 按钮才能进行移动操作。同时还可先在右键快捷菜单中选择【编辑】→【剪切】命令或【编辑】→【拷贝】命令，然后选择【编辑】→【粘贴】命令进行移动或复制。

3. 删除文件或文件夹

若不再使用站点中的某个文件或文件夹，可将其删除。选中需删除的文件或文件夹，单击鼠标右键，在弹出的快捷菜单中选择【编辑】→【删除】菜单命令，或直接按Delete键，在打开的对话框中单击 是(Y) 按钮删除，如图2-40所示。

4. 重命名文件或文件夹

选择需重命名的文件或文件夹并单击鼠标右键，在弹出的快捷菜单中选择【编辑】→【重命名】菜单命令，使文件或文件夹的名称呈可编辑状态，此时在可编辑的名称框中输入新名称即可。

图2-40　删除文件或文件夹

操作技巧　　　选中需重命名的文件或文件夹，按F2键可快速进入改写状态，选中文件或文件夹后再单击其名称也可使其名称呈改写状态。

2.2.6　课堂案例2——创建并编辑"家具网"站点

本课堂案例将创建"家具网"站点，对站点进行编辑，添加网站需要的文件和文件夹。

视频演示　　　光盘:\视频文件\第2章\创建并编辑"家具网"站点.swf

（1）选择【站点】→【新建站点】菜单命令，在打开对话框的"站点名称"文本框中输入
　　　"furniture"，单击"本地站点文件夹"文本框右侧的"浏览文件夹"按钮，如图
　　　2-41所示。

（2）打开"选择根文件夹"对话框，在"选择"下拉列表框中选择F盘中事先创建好的"第2
　　　章"文件夹，单击　选择(S)　按钮，如图2-42所示。

图2-41　设置站点名称

图2-42　选择站点保存位置

（3）返回"站点设置对象"对话框，单击左侧的"高级设置"选项卡，展开其下的列表，选
　　　择"本地信息"选项。然后在右侧的"Web URL"文本框中输入"http://localhost/"，单
　　　击选中☑区分大小写的链接检查复选框，单击　保存　按钮，如图2-43所示。

（4）稍后在面板组的"文件"面板中即可查看到创建的站点。然后在"站点-furniture"选项
　　　上单击鼠标右键，在弹出的快捷菜单中选择"新建文件"命令，如图2-44所示。

图2-43　设置站点本地信息

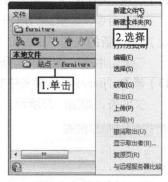

图2-44　新建站点

（5）此时新建文件的名称呈可编辑状态，输入"index（首页）"后按【Enter】键确认，如图
　　　2-45所示。

（6）继续在"站点-furniture"选项上单击鼠标右键，在弹出的快捷菜单中选择"新建文件
　　　夹"命令，如图2-46所示。

（7）将新建的文件夹名称重命名为"jiaju（家具城）"后按【Enter】键，如图2-47所示。

（8）按相同方法在创建的"jiaju"文件夹上利用右键菜单创建4个文件和1个文件夹，其中4个文件的名称依次为"woshi（卧室）""keting（客厅）""shufang（书房）""canzhuo（餐桌）"，文件夹的名称为"img"，用于存放图片，如图2-48所示。

图2-45 命名文件　　图2-46 新建文件夹　　图2-47 重命名文件夹　图2-48 创建其他文件和文件夹

（9）在"jiaju"文件夹上单击鼠标右键，在弹出的快捷菜单中选择【编辑】→【拷贝】菜单命令，如图2-49所示。

（10）继续在"jiaju"文件夹上单击鼠标右键，在弹出的快捷菜单中选择【编辑】→【粘贴】菜单命令，如图2-50所示。

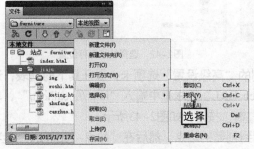 

图2-49 复制文件夹　　　　　　　　　　图2-50 粘贴文件夹

（11）在粘贴得到的文件夹上单击鼠标右键，在弹出的快捷菜单中选择【编辑】→【重命名】菜单命令，如图2-51所示。

（12）输入新的名称"jiancai（建材）"，按【Enter】键打开"更新文件"对话框，单击 更新(U) 按钮，如图2-52所示。

（13）修改"jiancai"文件夹中文件的名称，然后使用相同的方法复制、重命名并更新文件和文件夹，如图2-53所示。

图2-51 重命名文件夹　　　　图2-52 更新文件　　　图2-53 复制文件和文件夹

2.3 网页文档的基本操作

完成站点的操作后，即可进行网页文档的操作，包括新建、保存、打开、导入、关闭文档等，下面分别对其操作方法进行介绍。

2.3.1 新建文档

Dreamweaver CS5可以新建的文档类型主要有空白页、空模板、模板中的页、示例中的页、其他Web程序文档5类，其中最常用的类型还是新建空白页。下面以新建空白页为例进行介绍，其具体操作如下。

（1）选择【文件】→【新建】菜单命令，打开"新建文档"对话框。

（2）在其中可选择需要新建文档的类型，这里保持默认设置，单击 创建(R) 按钮，如图2-54所示。

（3）此时将新建名为"Untitled-1"的网页文档，如图2-55所示。

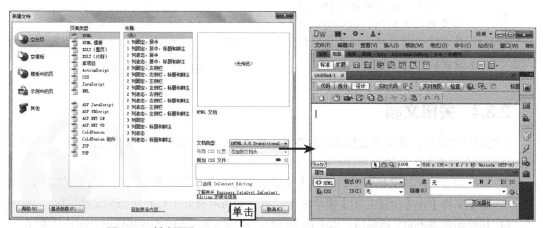

图2-54 创建网页　　　　　　　　　　　　图2-55 查看网页文档

知识提示　　按【Ctrl+N】组合键、在"文件"面板上单击鼠标右键，在弹出的快捷菜单中选择"新建文件"命令或在"文件"面板上单击 ▣ 按钮，在打开的列表中选择【文件】→【新建文件】菜单命令都可打开"新建文档"对话框。

2.3.2 保存文档

在进行网页编辑的过程中，应及时保存网页，以最大限度地降低意外情况（如死机、停电）对工作的影响。在"另存为"对话框中可以对网页的存储位置、存储名称、保存类型进行设置，单击 保存(S) 按钮即可保存网页，如图2-56所示。打开该对话框的方法有如下两种。

图2-56 "另存为"对话框

Dreamweaver网页制作教程

◎ **保存网页**：第一次保存网页时，按【Ctrl+S】组合键或选择【文件】→【保存】菜单命令。

◎ **另存为网页**：按【Ctrl+Shift+S】组合键或选择【文件】→【另存为】菜单命令。

2.3.3 打开文档

要对网页文档进行编辑，需要先在Dreamweaver中打开该网页文档。选择【文件】→【打开】菜单命令或按【Ctrl+O】组合键打开"打开"对话框，找到素材文档所在的路径，选中素材文档后，单击 打开(O) 按钮即可。如图2-57所示。

图2-57 "打开"对话框

操作技巧 选择需要打开的文档，将其直接拖曳到Dreamweaver主界面除文档窗口外的其他任何区域，也可快速打开该文档。

2.3.4 关闭文档

文档编辑完成后，需关闭文档来释放更多系统资源，以便编辑其他文档或运行其他程序。关闭文档的方法有如下几种。

◎ 切换到要关闭的文档窗口，选择【文件】→【关闭】菜单命令可关闭打开的文档。选择【文件】→【全部关闭】菜单命令，可立即将所有处于打开状态的文档关闭。

◎ 切换到要关闭的文档窗口，单击该文档对应的名称选项卡中的 ✕ 按钮可立即将其关闭。

◎ 在某一文档的名称选项卡上单击鼠标右键，在弹出的快捷菜单中选择"全部关闭"命令即可关闭所有文档。

知识提示 选择【文件】→【导入】菜单命令下的子菜单命令可打开导入对话框进行导入操作。不同的导入格式所对应的导入对话框也有所不同，主要包括XML文档、表格式数据、Word文档和Excel文档几种格式。

2.3.5 课堂案例3——创建并保存 "ASP" 网页

为了使用户更熟练地掌握网页文档的操作，本例将创建一个网页文档，并进行保存和关闭操作。

效果所在位置　光盘:\效果文件\第2章\课堂案例3\order.asp

视频演示　光盘:\视频文件\第2章\创建并保存"ASP"网页.swf

（1）选择【文件】→【新建】菜单命令，打开"新建文档"对话框。在左侧列表中选择"空白页"选项，在"页面类型"列表框中选择"ASP JavaScript"选项，单击 创建(R) 按钮，如图2-58所示。

（2）选择【文件】→【保存】菜单命令，在打开的"另存为"对话框中选择"shuju"文件夹作为保存位置，在"文件名"文本框中输入"order.asp"，单击 保存(S) 按钮，如图2-59所示。

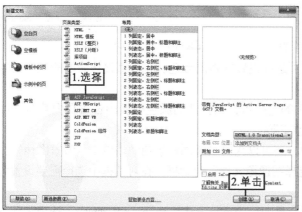

图2-58 新建ASP网页文档

图2-59 保存网页文档

（3）返回Dreamweaver中，可看到网页文档的名称显示为"order.asp"。单击文档标题中的"关闭"按钮×关闭文档，如图2-60所示

操作技巧

启动Dreamweaver CS5时，在打开的"欢迎屏幕"界面中选择"JavaScript"选项，可快速新建该类型的文档。同样地，单击其他类型的文档选项，也可新建相应的文档，如选择"HTML"选项可新建空白网页文档。

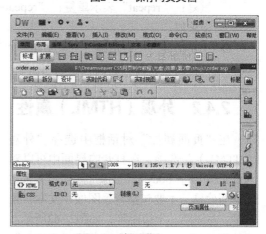

图2-60 关闭网页

2.4 设置页面属性

页面属性设置可以对页面的外观、链接、标题等进行设置。在Dreamweaver CS5中新建或打开一个页面，单击"属性"面板中的 页面属性 按钮或选择【修改】→【页面属性】菜单命令，打开"页面属性"对话框，在该对话框中可进行各种设置。

2.4.1 外观（CSS）属性

打开"页面属性"对话框，将显示默认的外观对话框，如图2-61所示。在该对话框中设置好各参数后，单击 按钮即可使设置生效。其中各设置参数的含义如下。

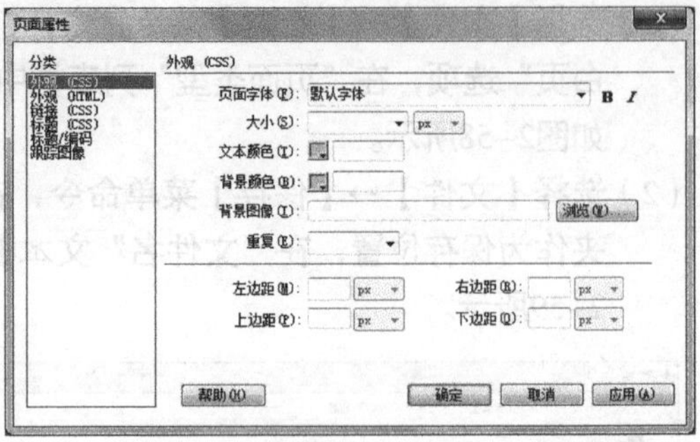

◎ **页面字体**：可在该下拉列表框中选择网页中字体的类别。

◎ **大小**：可在该下拉列表框中选择网页中字体的大小，也可直接在其中输入字体的大小，其默认单位为px（像素）。

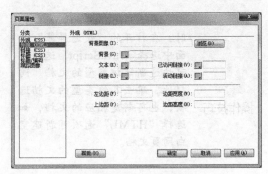

图2-61　外观（CSS）属性

◎ **文本颜色**：单击"文本颜色"后的■按钮打开颜色列表，在列表中可选择设置文本的颜色。也可直接在后面的文本框中输入16进制的颜色代码。

◎ **背景颜色**：单击"背景颜色"后的■按钮，从打开的颜色列表中设置页面背景的颜色，其操作方法与文本颜色的设置相同。

◎ **背景图像**：在制作网页的过程中，还可以为网页添加背景图像。单击"背景图像"文本框后的 按钮，打开"选择图像源文件"对话框。在对话框中选择需要设置为页面背景的图像即可。

◎ **重复**：在该下拉列表框中可设置背景图片的重复方式，选择"no-repeat"选项表示不重复；"repeat"表示重复；"repeat-x"表示在X轴上重复；"repeat-y"表示在Y轴上重复。

◎ **"左边距""右边距""上边距""下边距"文本框**：输入相应的数据可设置文本与浏览器左、右、上、下边界的距离。

2.4.2　外观（HTML）属性

在"页面属性"对话框中选择"外观（HTML）"选项，在打开的界面中可以对网页文档中的<body>标签添加属性定义来实现页面效果，主要包括背景图像、文本背景链接、左边距、上边距等，如图2-62所示。"外观（HTML）"栏与"外观（CSS）"栏的设置方法类似，其特有属性的含义介绍如下。

图2-62　外观（HTML）属性

◎ **链接**：单击其后的■按钮，从打开的颜色列表中可设置超链接的颜色。

◎ **已访问链接**：单击其后的■按钮，从打开的颜色列表中可设置已访问超链接的颜色。

◎ **活动链接**：单击其后的■按钮，从打开的颜色列表中可设置活动超链接的颜色。

2.4.3　链接（CSS）属性

"链接（CSS）"属性用于对整个网页中的超链接文本样式进行设置。在"页面属性"对话框中选择"链接（CSS）"选项卡，可在打开的界面中进行设置，如图2-63所示。该对话框中各组成部分的含义如下。

◎ **链接字体**：在该下拉列表框中可设置网页中链接文本的字体，单击其右侧的 **B** 和 **I** 按钮可将设置的链接文本加粗或倾斜。

◎ **大小**：单击 ▾ 按钮，在打开的下拉列表框中选择链接文本的字体大小，也可在该文本框中直接输入所需的字体大小。

◎ **链接颜色**：用于设置链接文本的颜色。

◎ **变换图像链接**：用于设置滚动链接的颜色。

◎ **已访问链接**：用于设置访问后的链接文本的颜色。

◎ **活动链接**：用于设置正在访问的链接文本的颜色。

◎ **下画线样式**：在该下拉列表框中可设置链接对象的下画线情况。

图2-63　链接（CSS）属性

2.4.4 标题（CSS）

标题（CSS）用于对1~6级标题文本的字体、粗斜体样式、标题的字体大小及颜色进行设置，在"页面属性"对话框中选择"标题（CSS）"选项即可，如图2-64所示。该对话框中主要组成部分的含义如下。

◎ **标题字体**：用于设置页面标题字体的大小，单击后面的 **B** 按钮和 **I** 按钮可加粗和倾斜字体。

◎ **标题1~标题6**：在下拉列表框中可选择和输入1级~6级标题的字体大小；在其后的下拉列表框中可设置字体大小的单位，默认为px。单击其后的"色块"按钮 可设置其颜色。

图2-64　标题（CSS）属性

2.4.5 标题/编码

在"页面属性"对话框中选择"标题/编码"选项，可对页面的标题和编码进行设置，如图2-65所示。该对话框中各组成部分的含义如下。

◎ **标题**：用于设置页面的标题，其效果与在文件内容中修改标题相同。

◎ **文档类型**：用于选择文档的类型，默认类型为"XHTML 1.0 Transitional"。

◎ **编码**：用于选择文档的编码语言，

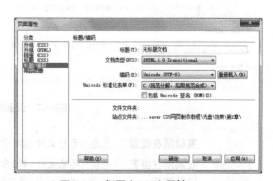

图2-65　标题（CSS）属性

默认设置为"Unicode（UTF-8）"，修改编码后可单击后方的 重新载入(R) 按钮，转换现有文档或使用选择的新编码重新打开网页。

◎ **Unicode标准化表单**：当用户选择的编码类型为"Unicode（UTF-8）"时，该选项为可用状态，此时该下拉列表框提供了4个选项，选择默认的选项即可。

◎ □包括 Unicode 签名 (BOM)(S) **复选框**：选中该复选框，则在文档中包含一个字节顺序标记——BOM，该标记位于文本文件开头的2~4个字节，可将文档识别为Unicode格式。

2.4.6 跟踪图像

在"页面属性"对话框中选择"跟踪图像"选项，在右侧打开的界面中可以对跟踪图像的属性进行设置，如图2-66所示。"跟踪图像"允许用户在文档窗口中将原来的网页制作初稿作为页面的辅助背景，方便用户进行页面布局和设计，从而制作出更符合设计意图的效果。"跟踪图像"属性各组成部分的含义如下。

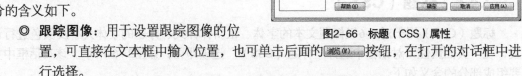

图2-66 标题（CSS）属性

◎ **跟踪图像**：用于设置跟踪图像的位置，可直接在文本框中输入位置，也可单击后面的 浏览(W)... 按钮，在打开的对话框中进行选择。

◎ **透明度**：用于设置跟踪图像在网页编辑状态下的透明度，向左拖动滑块，透明度越高，图像显示越明显；向右拖动滑块，透明度越低，图像显示越透明。

2.4.7 课堂案例4——编辑"页面属性"网页

本例将对"页面属性"网页的属性值进行设置，包括文本、背景、链接、标题的样式，以使用户更为熟练地掌握本节的知识。图2-67所示为设置前、后的效果。

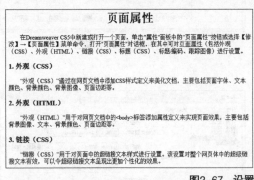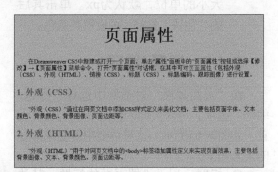

图2-67 设置网页前、后的效果

素材所在位置	光盘:\素材文件\第2章\properties.html
效果所在位置	光盘:\效果文件\第2章\properties.html
视频演示	光盘:\视频文件\第2章\编辑"页面属性"网页.swf

（1）打开"properties.html"素材文件，单击"属性"面板底部的 页面属性... 按钮，打开"页面属性"对话框，如图2-68所示。

图2-68 单击"页面属性"按钮

（2）在"分类"列表框中选择"外观（CSS）"选项，在右侧设置"文本颜色"为"#036"，"背景颜色"为"#FC6"，如图2-69所示。

（3）在"分类"列表框中选择"链接（CSS）"选项，在右侧设置"链接颜色"为"#FF3300"，"已访问链接"为"#000066"，如图2-70所示。

图2-69 设置外观（CSS）

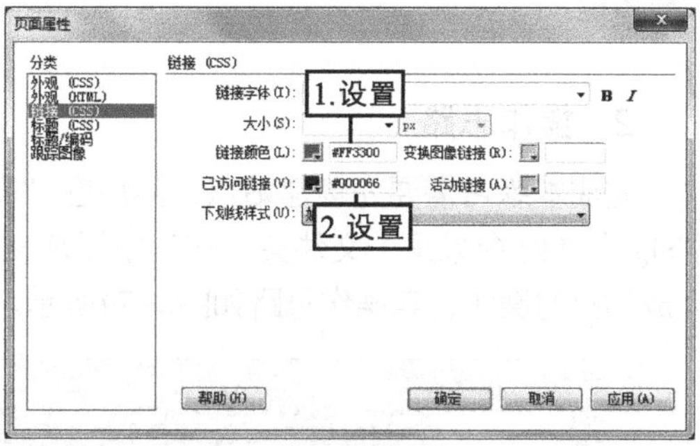

图2-70 设置链接（CSS）

（4）在"分类"列表框中选择"标题（CSS）"选项，设置"标题1"为"48"，"标题3"为"24和F60"，如图2-71所示。

（5）在"分类"列表框中选择"标题/编码"选项，设置"标题"为"页面属性"，如图2-72所示，单击 确定 按钮应用设置。

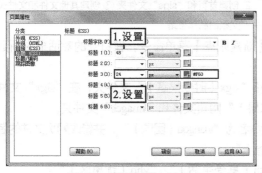

图2-71 设置标题（CSS）

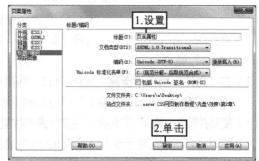

图2-72 设置标题/编码

2.5 课堂练习

本课堂练习将分别规划并创建"果蔬网"站点、编辑网页，综合练习本章学习的知识点，将学习到站点与页面编辑的具体操作。

2.5.1 规划并创建"果蔬网"站点

1. 练习目标

本练习的目标是规划并创建"果蔬网"
站点，需要先规划站点的结构，明确站点每
部分的分类，及分类文件夹中的页面，最后
在Dreamweaver中进行站点、文件和文件夹
的创建与编辑。本练习完成后的"果蔬网"
站点的文件设置如图2-73所示。

图2-73 "果蔬网"站点

 视频演示 光盘:\视频文件\第2章\规划并创建"果蔬网"站点.swf

2. 操作思路

完成本练习需要先创建站点，然后在"文件"面板中新建首页文件"index.html"与新建
"slgs"（时令果蔬）文件夹，在其中添加文件和文件夹，最后在该文件夹的基础上编辑，以
完成站点的操作，其操作思路如图2-74所示。

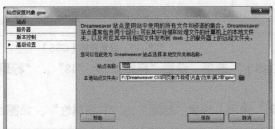

① 创建站点　　　　② 创建首页和"slgs"文件夹 ③ 创建其他文件和文件夹

图2-74 "产品说明书"文档的制作思路

（1）启动Dreamweaver CS5，选择【站点】→【新建站点】菜单命令，在打开的对话框中新建
　　　"gsw"站点。

（2）在"文件"面板中新建"index.html"网页和"slgx（时令果蔬）"文件夹，在"slgx"文件
　　　夹中新建"sc.html（蔬菜）""sg.html（水果）"网页文件和"images"文件夹。

（3）复制并粘贴"slgx"文件夹，将文件夹名称重命名为"tuangou（团购）"，并修改网页文件的名
　　　称为"dzk.html（电子卡）""yhj.html（优惠卷）"。

（4）使用相同的方法，创建其他的文件夹"xssh（享受生活）""yhq（优惠区）"。

2.5.2 编辑"果蔬网"网页

1. 练习目标

本练习要求对果蔬网的首页"index.html"网页的页面属性进行设置，包括外观、链接、
标题。设置完成后，在其中输入文字，使网页效果美观，完成后的参考效果如图2-75所示。

素材所在位置	光盘:\素材文件\第2章\ 课堂练习\gswbg.jpg
效果所在位置	光盘:\效果文件\第2章\ 课堂练习\gsw\index.html
视频演示	光盘:\视频文件\第2章\ 编辑"果蔬网"网页.swf

图2-75　编辑"果蔬网"网页

2. 操作思路

根据练习目标要求，本练习的操作思路如图2-76所示。

①设置外观属性　　　　②设置链接和标题　　　　③输入文字

图2-76　编辑"果蔬网"网页

（1）打开果蔬网中的"index.html"网页文件，打开"页面设置"对话框，设置"外观（CSS）"中的"文本颜色"为"#FFF"，"背景颜色"为"#000"，"背景图像"为"gswbg.jpg"，"重复"为"no-repeat"。

（2）设置"链接（CSS）"中的"链接颜色"为"#F9B816"，"已访问链接"为"#000"；设置"标题"为"尤宜果蔬网"。

（3）在"插入"工具栏中选择"布局"选项卡，单击"绘制AP Div"按钮 在网页下方绘制方框，并输入需要的文字即可。

2.6 拓 展 知 识

设置跟踪图像能为用户提供设计网页的参照物，如果要跟踪图像的位置不正确，可通过对齐进行修改。修改的具体操作如下。

（1）选择【查看】→【跟踪图像】→【调整位置】菜单命令，打开"调整跟踪图像位置"对话框，如图2-77所示。

（2）在"X"和"Y"文本框中输入坐标值，单击 确定 按钮，如图2-78所示。

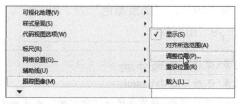　　　　

图2-77　选择菜单命令　　　　　图2-78　调整跟踪图像位置

2.7 课后习题

（1）新建一个音乐网站站点，并对站点结构进行划分，新建站点文件和文件夹。站点的结构可参考图2-79。

图2-79 站点结构

　　视频演示　　光盘:\视频文件\第2章\创建并管理"音乐网站"站点

（2）新建并保存网页为"lyb.html"（留言板），将"bglyb.jpg"素材图像作为网页的跟踪图像，并根据该图像中的元素属性对网页进行设置，图2-80所示为设置后的效果。

图2-80 设置网页效果

提示：新建并保存网页后，打开"页面属性"对话框，先设置"跟踪图像"为"bglyb. jpg"，再设置"页面字体"为"宋体"，"大小"为"14"，"文本颜色"为"#FFF"，"背景颜色"为"#67AE10"，"左边距"为"100"，"上边距"、"边距宽度"和"边距高度"都为"20"，"链接颜色"为"#FFF"，"已访问链接"为"#F7E30A"，"标题"为"留言板"。

　　素材所在位置　　光盘:\素材文件\第2章\课后习题\bglyb.jpg

　　效果所在位置　　光盘:\效果文件\第2章\课后习题\lyb.html

　　视频演示　　光盘:\视频文件\第2章\课后习题\新建并编辑"留言板"网页.swf

第3章

制作文本网页

新建网页后，即可在网站中输入文本，以丰富网页的内容。在Dreamweaver CS5中可以输入的文本类型十分丰富，包括一般文本、特殊文本对象、项目符号和编号、页面头部内容等。在学习文本输入的同时，还应该掌握文本设置的方法，以使制作的网页效果更加美观。本章将详细讲解在网页中输入文本的操作方法。

❋ 学习要点

◎ 文本的基本操作
◎ 插入特殊文本对象
◎ 项目符号和编号列表
◎ 插入并设置页面头部内容

❋ 学习目标

◎ 掌握文本的输入和编辑操作
◎ 掌握特殊符号的输入方法
◎ 掌握项目列表和编号的设置方法
◎ 掌握设置页面头部内容的方法

3.1　文本的基本操作

文本是网页中最常见、运用最广泛的元素之一，也是制作内容丰富、信息量大的网站必须添加的元素。在网页中添加与设置文本与在Word等文字处理软件中添加文本一样方便，下面将详细讲解在网页中操作文本的方法。

3.1.1　"文本"插入工具栏

"文本"插入栏可以很方便地插入文本。选择【窗口】→【插入】菜单命令，显示"插入"工具栏，在其中选择"文本"选项卡，即可查看到"文本"插入工具栏，如图3-1所示。单击"文本"插入工具栏中对应的按钮，即可插入相应的文本对象。

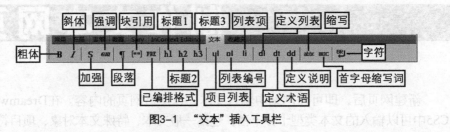

图3-1　"文本"插入工具栏

3.1.2　在网页中输入文本

在Dreamweaver CS5中输入文本主要有输入普通文本、文本换行、不换行空格3种方式，下面分别进行介绍。

1. 输入普通文本

输入普通文本的方法很简单，主要包括两种，分别是直接输入文本和从其他文档复制文本。下面将分别进行讲解。

◎　**直接输入文本**：在网页文档中，将鼠标光标定位在需插入文本的位置，切换到所需的输入法即可进行文本的输入，如图3-2所示。

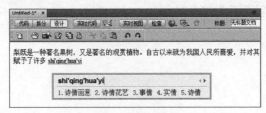

图3-2　输入文本

◎　**从其他文档中复制文本**：在其他文档中选中所需复制的文本，单击鼠标右键，在弹出的快捷菜单中选择"复制"命令，然后将光标定位到网页中需插入文本的位置，单击鼠标右键，在弹出的快捷菜单中选择"粘贴"命令即可完成文本的插入。

操作技巧　　　同其他软件一样，选择文本后，也可按【Ctrl+C】组合键复制文本，然后在需要插入文本的位置按【Ctrl+V】组合键粘贴文本。

2. 文本换行与分段

在Dreamweaver中，换行与分段是两个相当重要的概念，前者可以将文本换行显示，换行后的文本与上一行的文本同属于一个段落，并只能应用相同的格式和样式；后者同样将文本换行显示，但换行后会增加一个空白行，且换行后的文本属于另一段落，可以应用其他的格式和样式。

对文本进行换行后，在"代码"视图中看到换行标记
；对文本进行分段后，在"代码"视图中可看到段落标记<p></p>，如图3-3所示。

图3-3 文本换行与分段

文本换行可通过以下几种方法进行。

◎ 将插入点定位到需要换行的位置，选择【插入】→【HTML】→【特殊字符】→【换行符】菜单命令。

◎ 将插入点定位到需要换行的位置，按【Shift+Enter】组合键。

◎ 切换到在"代码"视图中的文本后输入
。

文本分段可通过以下几种方法。

◎ 直接在需要分段的文本位置处按【Enter】键。

◎ 在"属性"面板的"HTML"分类下将"格式"设为"段落"。

◎ 选中目标文本，选择【插入】→【HTML】→【文本对象】→【段落】菜单命令。

知识提示　　　在"属性"面板"HTML"分类的"格式"下拉列表框中，还可选择"标题1~标题6"选项，可将文本设置为标题格式。

3. 不换行空格

在Word等文字编辑软件中添加空格，只需按【Space（空格键）】键即可，而在Dreamweaver CS5中无论按多少次空格键都只会出现一个空格，这是因为Dreamweaver中的文档格式都是以HTML形式存在的，而HTML文档只允许字符之间包含一个空格。要在网页文档中添加连续的多个空格，主要有如下几种方法。

◎ 选择【插入记录】→【HTML】→【特殊字符】→【不换行空格】菜单命令可以插入一个空格，需要多个空格可连续选择相同的菜单命令。

◎ 按一次【Shift+Ctrl+Space】组合键可以插入一个空格，继续按相同的组合键可连续插入多个空格。

◎ 将鼠标光标定位到要插入空格的位置，切换到"代码"视图，输入" "字符可插入一个空格，可连续输入并插入多个空格。

3.1.3　设置文本样式

设置文本样式可使网页内容的结构更加清晰，效果更加美观。设置文本样式包括设置文本字体、字号、颜色等，下面分别进行介绍。

1. 设置文本字体

选择需要设置字体的文本，在"属性"面板中的"字体"下拉列表框中选择需要的字体即可，其具体操作如下。

（1）在Dreamweaver中选择需要设置字体的文本，单击"属性"面板中的 CSS 按钮，切换到CSS模式。在"字体"下拉列表框中选择一种字体，这里选择第2种字体样式，如图3-4所示。

（2）打开"新建CSS规则"对话框，在"选择器名称"下拉列表框中输入字体样式的名称，这里输入"font1"，单击 确定 按钮，如图3-5所示。

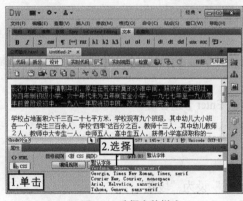

图3-4　选择字体样式

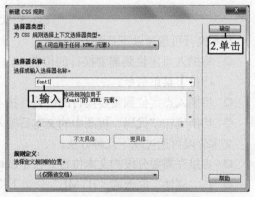

图3-5　设置字体样式的名称

2. 设置文本大小

设置文本大小与设置文本字体的方法相同，在"属性"面板中单击 CSS 按钮，切换到CSS模式。在"大小"下拉列表框中选择一个选项，在打开的"新建CSS规则"对话框中设置文本大小样式的名称即可，如图3-6所示。

在设置字号大小时，其下拉列表框中除了用数字表示的字号大小外，还有"极小"、"中"和"大"等选项。其含义分别介绍如下。

◎ xx-small（极小）：最小的字号。

◎ x-small（特小）：介于9～10之间的字号。

◎ small（小）：介于10～12之间的字

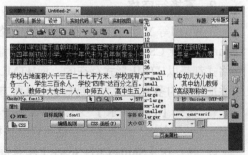

图3-6　设置文本大小

号。

- ◎ medium（中）：介于12～14之间的字号。
- ◎ large（大）：介于14～16之间的字号。
- ◎ x-large（特大）：介于16～18之间的字号。
- ◎ xx-large（极大）：介于24～36之间的字号。
- ◎ smaller（较小）：在原字号的基础上更小一点。
- ◎ larger（较大）：在原字号的基础上更大一点。

 在实际网页制作时，正文字体一般为宋体，字号为12，标题文字的字体和大小则需视情况而定。

3. 设置文本颜色

在Dreamweaver中不仅可以进行字体和大小的设置，还可对文本进行颜色设置，使文本更加丰富多彩。其具体操作如下。

（1）选择需设置颜色的文本，单击"属性"面板中的█按钮，打开颜色列表，此时，鼠标光标将变为 ✐形状，在列表中单击所需颜色的色块即可选取该颜色，如图3-7所示。

（2）如果颜色列表框中的颜色不适合，可单击◉按钮打开"颜色"对话框，在"基本颜色"列表中选取需要的基本色调，在右侧竖条的颜色条中选择所需的颜色，如图3-8所示。

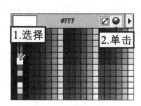

图3-7　颜色列表

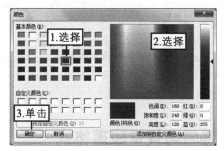

图3-8　"颜色"对话框

（3）选择好颜色后单击 确定 按钮关闭"颜色"对话框，使设置生效。设置文本颜色前后的效果如图3-9所示。

图3-9　设置文本颜色前后的效果

 在"颜色"对话框中选择一种颜色后，可单击 添加到自定义颜色(A) 按钮，将颜色添加到"自定义颜色"列表中，方便用户进行选择。

3.1.4　添加字体样式

添加文本字体时，若"字体"下拉列表框中的字体不满足用户的需求，还可进行添加，其具体操作如下。

（1）在"字体"下拉列表框中选择"编辑字体列表"选项，打开"编辑字体列表"对话框。在"可用字体"列表框中选择需要添加的字体，如"方正楷体简体"，单击左侧的"添加"按钮，如图3-10所示。

操作技巧　"字体"下拉列表框中的默认的字体是Dreamweaver，要想使用计算机中已安装的其他字体，必须按上述方法将其添加到"字体"下拉列表框中。需要注意的是，若需要选择多个字体可在"选择的字体"列表框中，单击田按钮添加字体，此时会将列表中的所有字体添加为一个选项。

（2）单击田按钮将"选择的字体"列表框中的字体添加到列表中，然后利用相同的方法添加其他几种常用的字体，如图3-11所示，单击 确定 按钮即可。

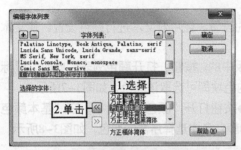

图3-10　选择需要添加的字体

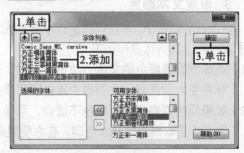

图3-11　确认添加

知识提示　选择了多种字体的字体样式，如果浏览者的电脑中没有该样式的第一种字体，则将显示该样式的第二种字体，如果第二种字体也没有则会显示第三种字体，依此类推。

3.1.5　编辑与设置段落格式

在网页文档中可对文本进行段落的缩进、对齐等设置，这些文本段落的设置对网页文档布局起着至关重要的作用。

1. 段落缩进

Dreamweaver CS5中的段落缩进与其他文字处理软件的效果不同，它将段落左右两端同时进行缩进，且每一级缩进的距离是固定的。设置段落缩进的方法是：将光标插入点定位到需要设置格式的段落中，在"属性"面板的"格式"下拉列表框中选择"段落"选项，单击"区块内缩"按钮 可将段落缩进；单击"删除内缩区块"按钮 可将段落凸出。如图3-12所示为缩进后的段落。

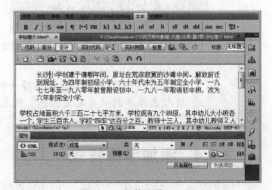

图3-12　段落缩进

2. 段落对齐

缩进(I) Ctrl+Alt+]
凸出(O) Ctrl+Alt+[
段落格式(F)
对齐(A)
列表(I)
字体(N)
样式(S)
CSS样式(C)
颜色(R)...
左对齐(L) Ctrl+Alt+Shift+L
居中对齐(C) Ctrl+Alt+Shift+C
右对齐(R) Ctrl+Alt+Shift+R
两端对齐(J) Ctrl+Alt+Shift+J

图3-13 段落缩进

Dreamweaver CS5提供了左对齐、居中对齐、右对齐和两端对齐4种对齐方式。文本对齐的设置可在“属性”面板中进行，也可选择【格式】→【对齐】菜单命令在其中对对齐方式进行设置，如图3-13所示。

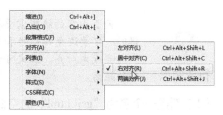

在“属性”面板中设置文本对齐，只需将光标定位到需要设置对齐方式的段落中，如需设置多个段落则选中相应段落文本，单击“属性”面板中的按钮可设置左对齐，如图3-14所示，单击按钮可设置居中对齐，如图3-15所示；单击按钮可使文本右对齐，如图3-16所示；单击按钮可使文本两端对齐，如图3-17所示。

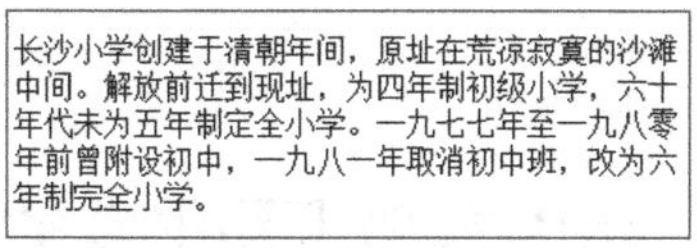

长沙小学创建于清朝年间，原址在荒凉寂寞的沙滩中间。解放前迁到现址，为四年制初级小学，六十年代未为五年制定全小学。一九七七年至一九八零年前曾附设初中，一九八一年取消初中班，改为六年制完全小学。

图3-14 左对齐

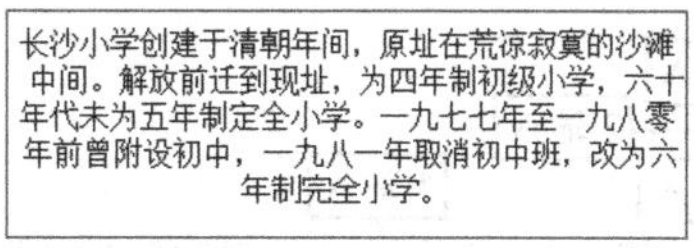

长沙小学创建于清朝年间，原址在荒凉寂寞的沙滩中间。解放前迁到现址，为四年制初级小学，六十年代未为五年制定全小学。一九七七年至一九八零年前曾附设初中，一九八一年取消初中班，改为六年制完全小学。

图3-15 居中对齐

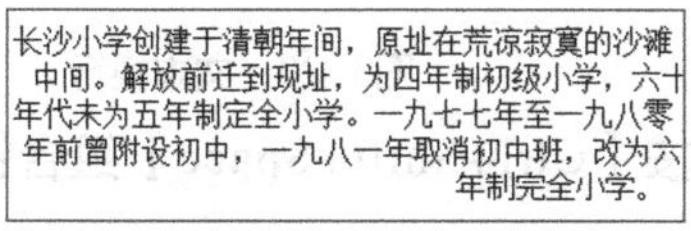

长沙小学创建于清朝年间，原址在荒凉寂寞的沙滩中间。解放前迁到现址，为四年制初级小学，六十年代未为五年制定全小学。一九七七年至一九八零年前曾附设初中，一九八一年取消初中班，改为六年制完全小学。

图3-16 右对齐

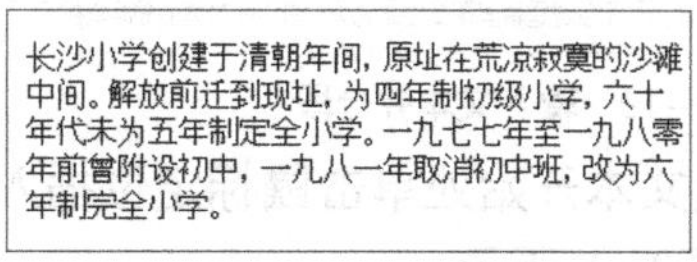

长沙小学创建于清朝年间，原址在荒凉寂寞的沙滩中间。解放前迁到现址，为四年制初级小学，六十年代未为五年制定全小学。一九七七年至一九八零年前曾附设初中，一九八一年取消初中班，改为六年制完全小学。

图3-17 两端对齐

3.1.6 课堂案例1——制作“公司简介”页面

根据本节所学知识，新建网页并输入文本，然后对文本的格式进行设置，完成后的效果如图3-18所示。

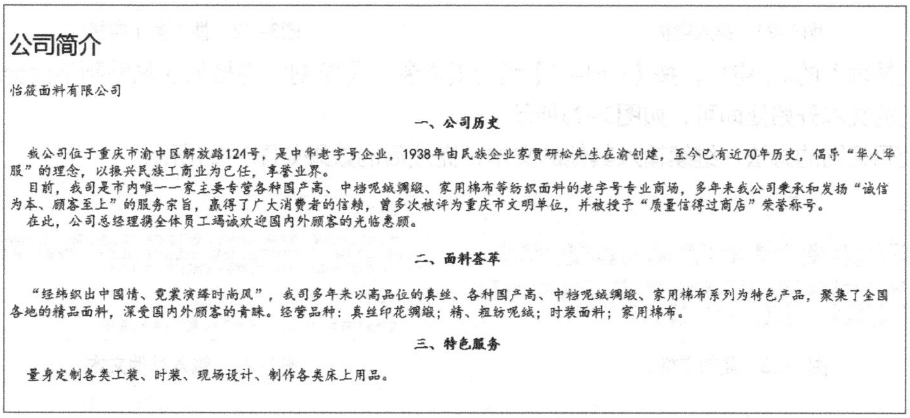

公司简介
怡筱面料有限公司
一、公司历史
我公司位于重庆市渝中区解放路124号，是中华老字号企业，1938年由民族企业家贾研松先生在渝创建，至今已有近70年历史，倡导“华人华服”的理念，以振兴民族工商业为己任，享誉业界。
目前，我司是市内唯一一家主要专营各种国产高、中档呢绒绸缎、家用棉布等纺织面料的老字号专业商场，多年来我公司秉承和发扬“诚信为本、顾客至上”的服务宗旨，赢得了广大消费者的信赖，曾多次被评为重庆市文明单位，并被授予“质量信得过商店”荣誉称号。
在此，公司总经理携全体员工竭诚欢迎国内外顾客的光临惠顾。
二、面料荟萃
“经纬织出中国情、霓裳演绎时尚风”，我司多年来以高品位的真丝、各种国产高、中档呢绒绸缎、家用棉布系列为特色产品，聚集了全国各地的精品面料，深受国内外顾客的青睐。经营品种：真丝印花绸缎；精、粗纺呢绒；时装面料；家用棉布。
三、特色服务
量身定制各类工装、时装、现场设计、制作各类床上用品。

图3-18 “公司简介”页面

效果所在位置 光盘:\效果文件\第3章\课堂案例1\gsjj.html

视频演示 光盘:\视频文件\第3章\课堂案例\制作“公司简介”页面.swf

行业知识

网页内容的编辑需要将本网站的目的或宣传内容全部表现清楚，但在筛选或编辑时一定要避免知识性和文字性错误。标题取名一定要简洁，浅显易懂，通常为居中对齐或左对齐。正文可进行分段处理，是主要内容的表现场所，通常距页边有一定的距离。

（1）新建一个名为"gsjj.html"的空白网页，将鼠标定位在网页中，输入文本"公司简介"，按【Enter】键进行分段，输入公司名称"怡筱面料有限公司"，按【Enter】键进行分段，输入"一、公司历史"，再按【Enter】进行分段，输入与公司历史相对应的文本内容，效果如图3-19所示。

（2）将鼠标光标定位在"享誉业界。"文本后，按【Shift+Enter】组合键进行换行。然后将鼠标定位在"在此"文本前，按【Shift+Enter】组合键进行换行，效果如图3-20所示。

图3-19 输入文本并分段

图3-20 文本换行

（3）在第2段文本开始处单击鼠标定位插入点，按【Ctrl+Shift+Space】组合键插入一个空格，如图3-21所示。

（4）按住【Ctrl+Shift】组合键不放，再按1次空格键继续插入1个空格，效果如图3-22所示。

图3-21 插入空格　　　　　　　　　　　　　　图3-22 插入多个空格

（5）选择输入的2个空格，按【Ctrl+C】组合键复制，将复制的空格依次粘贴到下面分段和换行的文本开始处即可，如图3-23所示。

（6）使用相同的方法，继续输入其他的文本，完成后的效果如图3-24所示。

图3-23 复制空格

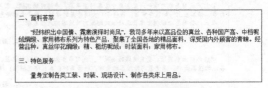
图3-24 输入其他文本

 操作技巧

用户也可将文本存储在Word文档中，在Dreamweaver CS5中选择【文件】→【导入】→【Word文档】菜单命令，打开"导入Word文档"对话框。在其中选择包含素材文本的Word文档，单击 打开(O) 按钮导入文档中的文本，然后再对文本进行设置。

（7）拖动鼠标选择第1段文本，在属性面板中单击 CSS 按钮，然后在"字体"下拉列表框中选择"编辑字体列表"选项，如图3-25所示。

（8）打开"编辑字体列表"对话框，在"可用字体"列表框中选择"宋体"选项，单击左侧
的"添加"按钮，如图3-26所示。

图3-25 选择"编辑字体列表"选项

图3-26 添加字体"宋体"

（9）单击 按钮将"选择的字体"列表框中的字体添加到列表中，然后利用相同的方法添加
其他几种常用的字体，如图3-27所示，单击 确定 按钮即可。

（10）保持第一段文本的选择状态，在"属性"面板的"字体"下拉列表框中选择添加的"微
软雅黑"选项，如图3-28所示。

图3-27 添加其他常用字体

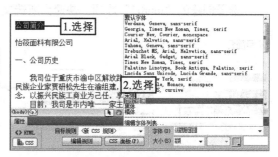

图3-28 选择"微软雅黑"字体

（11）打开"新建 CSS 规则"对话框，在"选择或输入选择器名称"下拉列表框中输入
"font01"，单击 确定 按钮，如图3-29所示。

（12）在属性面板的"大小"数值框中输入"26"，单击"加粗"按钮，如图3-30所示。

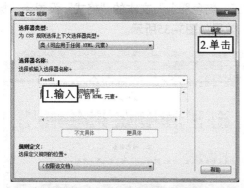

图3-29 "新建CSS规则"对话框

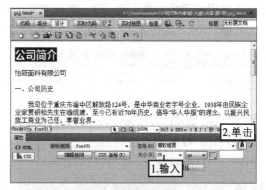

图3-30 设置文本大小

（13）选择第二段文本，在"属性"面板中单击 HTML 按钮，在"大小"下拉列表框中选择
"16"选项，如图3-31所示。

（14）打开"新建CSS规则"对话框，将名称设置为"font02"，单击 确定 按钮，如图3-32所示。

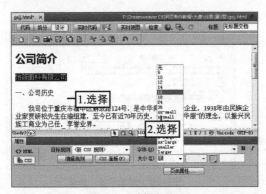

图3-31　选择字号

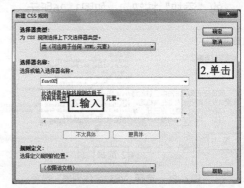

图3-32　添加规则

（15）选择第一段文字，在"字体"下拉列表框中选择"楷体"选项，为选择的文章设置字体格式。

（16）选择剩余的所有文本（包括换行文本），在"属性"面板的"目标规则"下拉列表框中选择创建的"font02"选项，快速为所选文本应用该格式，效果如图3-33所示。

图3-33　应用文本样式

（17）选择"一、公司历史"文本，单击 ⟨⟩HTML 按钮，在"格式"下拉列表框中选择"标题1"选项。然后选择【格式】→【对齐】→【居中对齐】菜单命令，如图3-34所示。使标题居中对齐。

（18）使用相同的方法，将"二、面料荟萃"和"三、特色服务"文本的"格式"设置为"标题1"，"对齐方式"设置为"居中对齐"。效果如图3-35所示。

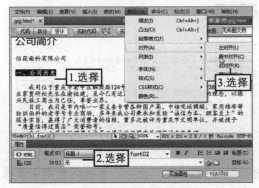

图3-34　设置标题格式

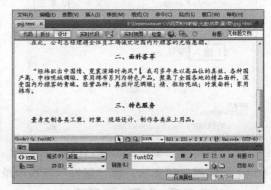

图3-35　设置其他标题和对齐方式

3.2 插入特殊文本对象

除了普通的文本外，用户还可插入一些特殊的文本对象，使特殊符号（版权符号、注册商标等）、水平线、注释、日期、项目编号、项目列表等。下面分别对这几种对象进行介绍。

3.2.1 插入特殊符号

如版权符号、注册商标符号等特殊字符是无法在编辑网页文本的过程中通过键盘进行输入的，它们在网页的HTML编码中是以名称或数字的形式表示的，以"&"开头和"；"结尾的特定数字或英文字母组成。如"英镑符号"表示为"£"。此时，用户就需要通过Dreamweaver插入特殊符号的功能来实现。其具体操作如下。

（1）将光标插入点定位到所需位置，将"插入"工具栏切换到"文本"插入工具栏。

（2）单击"文本"插入工具栏中"字符"选项，打开如图3-36所示的列表，选择所需的命令即可插入相应的符号。

（3）若需要输入其他的特殊字符，可在符号列表中选择"其他字符"命令，打开"插入其他字符"对话框，选择需要的字符后，单击 确定 按钮即可插入相应的字符，如图3-37所示。

图3-36 选择特殊字符菜单命令

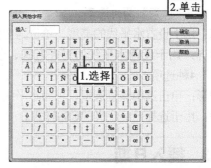

图3-37 "插入其他字符"对话框

知识提示

选择【插入】→【HTML】→【特殊字符】菜单命令，也可进行特殊字符的插入操作。

3.2.2 插入并编辑水平线

水平线主要用于分割文本和对象，使段落结构更加分明，网页更具层次感。插入水平线后用户还可对水平线的属性进行编辑，下面分别进行介绍。

1. 插入水平线

将光标插入点定位到网页中需插入水平线的位置，选择【插入】→【HTML】→【水平线】菜单命令或单击"常用"插入工具栏中的"水平线"按钮 ▇ 即可插入水平线，如图3-38所示。

图3-38　插入水平线

2. 编辑水平线

选中插入的水平线，其属性面板如图3-39所示。在其中可以对水平线的属性进行编辑，下面对其各个部分的含义进行介绍。

图3-39　"水平线"属性面板

◎ **水平线**：用于设置水平线的ID值。
◎ **宽**：用于设置水平线的宽度，可在右侧的下拉列表框中选择宽度的单位，包括"%""像素"两种选项。
◎ **高**：用于设置水平线的高度，单位为像素。
◎ **对齐**：用于设置水平线的对齐方式，包括"默认""左对齐""居中对齐""右对齐"4种选项。
◎ **阴影**：单击选中该复选框，可为水平线添加阴影。
◎ **类**：用于选择已经定义的CSS样式。

3.2.3　插入日期

在Dreamweaver中，用户可以很方便地插入当前的日期或时间，其具体操作如下。
（1）将光标插入点定位到需要插入日期或时间的位置，选择【插入】→【日期】菜单命令，打开"插入日期"对话框。
（2）在"星期格式"下拉列表框中选择"星期四"选项，在"日期格式"下拉列表框中选择"1974年3月7日"选项，在"时间格式"下拉列表框中选择"10:18 PM"选项，如图3-40所示。
（3）单击 确定 按钮关闭对话框，插入的日期如图3-41所示。

图3-40　设置格式

图3-41　插入的日期

操作技巧

在"插入日期"对话框中单击选中☑储存时自动更新复选框，下次打开该网页时，网页中的日期将自动更新为当前系统的日期。

3.2.4 插入注释

为了便于源代码编写人员对网页进行检查和维护，可以在网页中添加注释。这些注释不会显示在浏览器中，只用于源代码编写人员进行查看。其具体操作如下。

（1）将光标插入点定位到需要插入的位置，选择【插入】→【注释】菜单命令，或单击"常用"插入工具栏中的"注释"按钮，打开"注释"对话框。

（2）在"注释"列表框中输入需要注释的文本，单击 确定 按钮，如图3-42所示。

（3）打开"Dreamweaver"对话框，单击 确定 按钮。返回网页中切换到"代码"视图即可查看插入的注释内容，如图3-43所示。

图3-42 输入注释

图3-43 查看注释

操作技巧

选择【编辑】→【首选参数】菜单命令，打开"首选参数"对话框，在"分类"列表框中选择"不可见元素"选项，在右侧的窗格中选中单击"注释"选项前的复选框，单击 确定 按钮。返回Dreamweaver"设计"视图中即可编辑注释。

3.2.5 创建项目列表

列表是指具有并列关系或先后顺序的若干段落。项目列表又称无序列表，项目之间没有先后顺序。项目列表前面一般用项目符号作为前导字符，其具体操作如下。

（1）将光标插入点定位到需要创建编号列表的位置。

（2）单击属性面板中的"项目列表"按钮或选择【插入】→【HTML】→【文本对象】→【项目列表】菜单命令，项目符号将出现在插入点前，如图3-44所示。

（3）在数字后输入相应的文本，按【Enter】键换行，下一行将自动出现下一个项目符号，完成整个列表的创建后按两次【Enter】键即可，如图

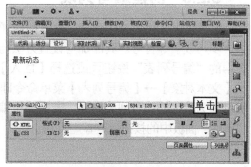

图3-44 插入项目列表

3-45所示。

（4）在"属性"面板中单击 列表项目 按钮，打开"列表属性"对话框，在其中可以对列表的属性进行设置，包括列表类型、样式、列表项目等，如图3-46所示。

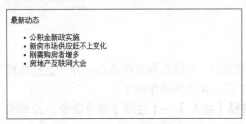

图3-45 完成项目列表的输入

图3-46 编辑列表属性

"列表属性"对话框中各选项的含义介绍如下。

◎ **列表类型**：可选择列表的类型，包括"项目列表""编号列表""目录列表""菜单列表"4个选项。

◎ **样式**：可选择列表的编号样式。当选择"项目列表"类型时包括"默认""项目符号""方形"3个选项，默认为"数字"选项。选择"编号列表"类型时，包括"默认""数字""小写罗马字母""大写罗马字母""小写字母""大写字母"6个选项。如图3-47所示分别为"方形""大写罗马字母""小写字母"的效果。

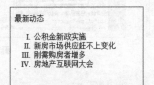

图3-47 不同样式的列表

◎ **开始计数**：当选择"编号列表"类型时该选项可用，可在该选项后的文本框中输入一个数值，以指定编号列表从几开始。

◎ **新建样式**：与"样式"下拉列表框中的选项相同，如果在该下拉列表框中选择一个列表样式，则在该页面中创建列表时，将自动运用该样式，而不会应用默认样式。

◎ **重设计数**：与"开始计数"选项的使用方法相同，如果在该选项中设置一个数值，则在该页面中创建的编号列表中，将从设置的数值有序地排列列表。

3.2.6 创建编号列表

编号列表又称为有序列表，文本前面通常有数字前导字符，可以是英文字母、阿拉伯数字、罗马数字等符号。其添加与设置方法与项目列表的方法完全相同，只需单击"属性"面板中的"编号列表"按钮 或选择【插入】→【HTML】→【文本对象】→【编号列表】菜单命令即可。如图3-48所示即为默认的编号列表效果。若需编辑编号列表，单击"属性"面板中的按钮 列表项目 即可。

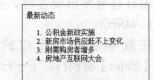

图3-48 默认的编号列表

要想删除项目符号或编号，只需选择对应的段落后，单击"属性"操作提示板中的"项目列表"按钮 列表项目 或"编号列表"按钮⊟即可。

3.2.7　课堂案例2——制作"招聘"网页

根据本节所学知识，在"招聘"网页中输入文本和其他文本对象，使网页的内容更加丰富、美观。完成后的效果如图3-49所示。

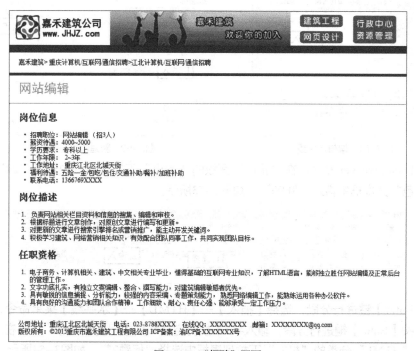

图3-49　"招聘"网页

素材所在位置　光盘:\素材文件\第3章\招聘网页\课堂案例2\zhaopin.html

效果所在位置　光盘:\效果文件\第3章\招聘网页\课堂案例2\zhaopin.html

视频演示　光盘:\视频文件\第3章\制作"招聘"网页.swf

（1）打开"zhaopin.html"素材文件，在网页中的空白部分输入6个不换行空格和招聘网站职位的信息。然后按【Enter】键分段，选择【插入】→【HTML】→【水平线】菜单命令，插入水平线，如图3-50所示。

图3-50　输入文本并插入水平线

（2）选中水平线，在"属性"面板中的"高"文本框中输入"3"，切换到"代码"视图中，在水平线的源代码"<hr size="3""后输入"color="#064DA7""，设置水平线的高度和颜色，如图3–51所示。

（3）按【Enter】键分段，输入4个不换行空格和文本"网站编辑"。选择输入的文本，在"属性"面板中的"字体"下拉列表框中选择"黑体"选项，打开"新建CSS规则"对话框。在"选择器名称"文本框中输入"zptitle"，单击 确定 按钮，如图3–52所示。

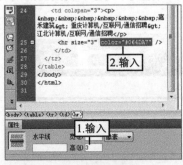

图3–51　编辑水平线　　　　　　　　　图3–52　新建CSS规则

（4）返回Dreamweaver CS5，在"属性"面板的"大小"下拉列表框中选择"24"选项，在"颜色"文本框中输入"#F90"，如图3–53所示。

图3–53　编辑文字属性

（5）按【Enter】键进行分段，选择【插入】→【HTML】→【水平线】菜单命令，插入水平线。按【Enter】键进行分段，输入4个不换行空格和文本"岗位信息"，并在"属性"面板的"HTML"分类的"格式"下拉列表框中选择"标题2"，如图3–54所示。

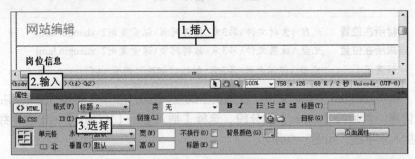

图3–54　输入标题

（6）按【Enter】键进行换行，选择【插入】→【HTML】→【文本对象】→【项目列表】菜单命令，插入项目符号并输入文本"招聘职位：网站编辑（招3人）"。依次按【Enter】键输入剩余的内容，完成后的效果如图3–55所示。

（7）按两次【Enter】键完成项目符号的输入。输入文本"岗位描述"，并设置其格式为"标题2"。按【Enter】键进行分段，然后选择【插入】→【HTML】→【文本对象】→【编号列表】菜单命令，并输入对应的内容，其效果如图3-56所示。

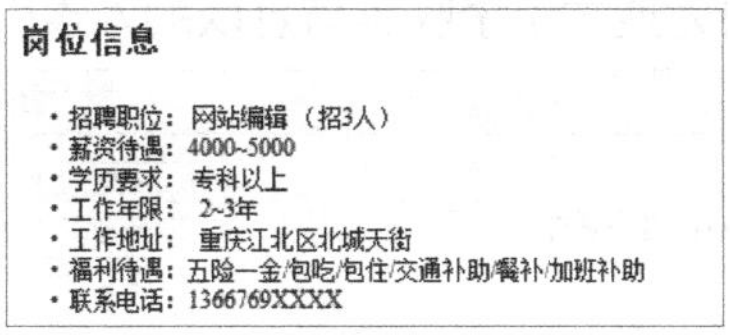

岗位信息

· 招聘职位：网站编辑（招3人）
· 薪资待遇：4000-5000
· 学历要求：专科以上
· 工作年限：2-3年
· 工作地址：重庆江北区北城天街
· 福利待遇：五险一金/包吃/包住/交通补助/餐补/加班补助
· 联系电话：1366769XXXX

图3-55　输入项目列表

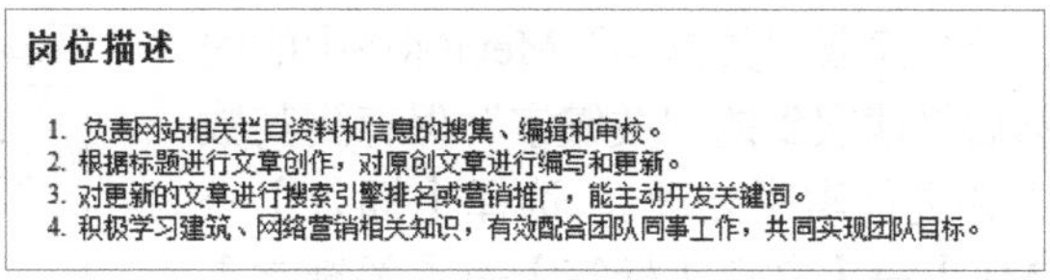

岗位描述

1. 负责网站相关栏目资料和信息的搜集、编辑和审校。
2. 根据标题进行文章创作，对原创文章进行编写和更新。
3. 对更新的文章进行搜索引擎排名或营销推广，能主动开发关键词。
4. 积极学习建筑、网络营销相关知识，有效配合团队同事工作，共同实现团队目标。

图3-56　输入编号列表

（8）使用相同的方法，输入"格式"为"标题2"的文本"任职资格"，并在其下方输入对应的编号列表。然后插入水平线，并输入网站版权信息。最后将鼠标定位在"版权所有："文本后，选择【插入】→【HTML】→【特殊字符】→【版权】菜单命令，插入版权符号，完成后的效果如图3-57所示。

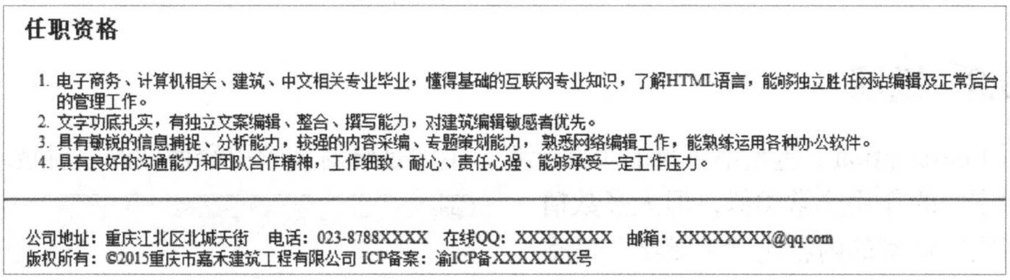

任职资格

1. 电子商务、计算机相关、建筑、中文相关专业毕业，懂得基础的互联网专业知识，了解HTML语言，能够独立胜任网站编辑及正常后台的管理工作。
2. 文字功底扎实，有独立文案编辑、整合、撰写能力，对建筑编辑敏感者优先。
3. 具有敏锐的信息捕捉、分析能力，较强的内容采编、专题策划能力，熟悉网络编辑工作，能熟练运用各种办公软件。
4. 具有良好的沟通能力和团队合作精神，工作细致、耐心、责任心强、能够承受一定工作压力。

公司地址：重庆江北区北城天街　电话：023-8788XXXX　在线QQ：XXXXXXXXX　邮箱：XXXXXXXX@qq.com
版权所有：©2015重庆市嘉禾建筑工程有限公司 ICP备案：渝ICP备XXXXXXXX号

图3-57　输入其他文本对象

3.3　插入并设置页面头部内容

网页由head和body两部分组成，body是浏览器中看到的网页正文部分，而head则是一些网页的基本设置和附加信息，不会在浏览器中显示，但是对网页有着至关重要的作用。head（文件头）包括Meta、关键字、说明、刷新、基础、链接6个部分，下面分别进行介绍。

3.3.1　Meta

Meta标签是文件头中一个起辅助作用的标签，通常用来记录当前页面的相关信息，如为搜索引擎robots定义页面主题、定义用户浏览器上的cookie、鉴别作者、设定页面格式、标注关键字和内容提要等。选择【插入】→【HTML】→【文件头标签】→【Meta】菜单命令，可打开"META"设置对话框，如图3-58所示。该对话框中各选项的含义介绍如下。

◎ **属性**：指定 meta 标签是否包含有关页面的描述信息 (name) 或 HTTP 标题信息 (http-equivalent)。

◎ **值**：指定标签提供的信息类型。

◎ **内容**：指定实际的信息。

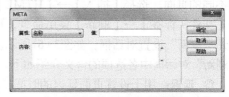

图3-58　"META"对话框

3.3.2　关键字

关键字（keywords）是不可见的页面元素，它不会在浏览器窗口的任何区域显示，也不会对页面的呈现产生任何影响。它只是针对搜索引擎（如百度、google）而做的一种技术处理，因为很多搜索引擎装置（通过蜘蛛程序自动浏览Web页面为搜索引擎收集信息以编入索引的程序），都会读取"关键字"Meta标签中的内容，然后将读取到的"关键字"保存到其数据库中并进行索引处理。 选择【插入】→【HTML】→【文件头标签】→【关键字】菜单命令，可打开"关键字"设置对话框，如图3-59所示。在其中输入关键字即可。

图3-59　"关键字"对话框

　　知识提示　关键字的设置会直接影响网页被搜索引擎收录的概率，设置一个合理的关键字可以使网页更容易被访问者搜索到，从而使网站获得更高的页面点击量。

3.3.3　说明

说明（description）也是不可见的页面元素，主要是针对搜索引擎而做的一种技术处理，与"关键字"的作用非常类似，但大多数情况下"说明"标签的内容比"关键字"标签的内容要复杂一些，它主要是对网页或站点的内容进行简单概括或对网站主题进行简要说明。选择【插入】→【HTML】→【文件头标签】→【说明】菜单命令，可打开"说明"对话框，如图3-60所示。

图3-60　"说明"对话框

3.3.4　刷新

"刷新"标签（refresh）可以指定浏览器在一定时间后自动刷新，通常用于在显示了提示URL地址已改变的文本消息后，将用户从一个URL定向到另一个URL。当网页的地址发生变化时，使用"刷新"标签可使浏览器自动跳转到新的网页；当网页需要时常更新时，使用"刷新"标签可自动在网页中进行刷新，保证用户在浏览器中查看到的内容始终是最新的。使用实现的方法是重新加载当前页面或跳转到不同的页面。选择【插入】→【HTML】→【文件头标签】→【刷新】菜单命令，可打开"刷新"设置对话框，如图3-61所示。"刷新"对话框中各选项的含义介绍如下。

图3-61　"刷新"对话框

◎　**延迟**：用于设置页面延迟的时间，以秒为单位，在经过设置后，可刷新或打开另一个页面。

◎　**转到URL**：单击选中该单选按钮，在后面的文本框中设置URL地址，可在一段时间后在打开的文本框中设置与地址相关的页面。

◎　**刷新此文档**：单击选中该单选按钮，在一段时间后会自动刷新网页。

3.3.5 基础

"基础"标签（base）可以设置页面中所有文档的相对路径与相对应的基础URL地址信息。通常情况下，浏览器会通过"基础"标签的内容把当前文档中的相对URL地址转换成绝对URL地址，如网站的"基础"URL地址为"http：//www.xxx.com/"，其中某个页面的相对URL地址为"abouts.html"，则转换后的绝对地址为"http：//www.xxx.com/abouts.html"。选择【插入】→【HTML】→【文件头标签】→【基础】菜单命令，可打开"基础"设置对话框，如图3-62所示。

图3-62 "基础"对话框

◎ HREF：用于设置基础网页的URL路径，可以单击 浏览(W)... 按钮浏览某个文件并对其进行选择，或直接在文本框中输入路径。

◎ 目标：用于指定用来打开所有链接文档的框架或窗口，包括"_blank""_new""_parent""_self""_top"5种选项。

3.3.6 链接

"链接"标签（link）可以定义当前文档与其他文件之间的关系，它允许当前文档和外部文档之间建立连接。"链接"标签最常见的应用就是链接外部CSS层叠样式表文件（用于进行页面样式定义并配合实现页面布局），即通过"链接"标签将外部独立的CSS层叠样式表文件引用到当前文档中，以便在当前文档中使用该CSS文件中定义的样式。选择【插入】→【HTML】→【文件头标签】→【链接】菜单命令，可打开"链接"设置对话框，如图3-63所示。该对话框中各选项的含义介绍如下。

◎ HREF：用于设置链接的URL地址。

◎ ID：用于为链接指定唯一的标识符。

◎ 标题：用于描述该链接的关系。

◎ Rel：用于指定当前文件与 HREF中

图3-63 "链接"对话框

文件的关系，常见参数值有"Alternate""Stylesheet""Start""Next""Contents""Index""Prev""Glossary""Chapter""Copying""Section""Subsection""Appendix""helf""Bookmark"等。

◎ Rev：用于指定当前文档与"HREF"文本框中文档间的反向关系。

行业知识　　用户也可从外部链接XML文件，将链接进来的XML文件与Flash图片轮播插件结合起来，可实现焦点幻灯片切换效果。

3.3.7 课堂案例3——设置网页文件头标签

本例将综合练习添加和编辑文件头标签的相关操作，通过练习能够对文件头标签的作用有更深刻的理解，同时也能根据需要使用这些文件头标签。

效果所在位置　光盘:\效果文件\第3章\招聘网页\课堂案例3\zhaopin2.html

视频演示　　　光盘:\视频文件\第3章\设置网页文件头标签.swf

（1）打开上一个练习制作的"zhaopin.html"网页，将其另存为"zhaopin2.html"。然后选择
【插入】→【HTML】→【文件头标签】→【关键字】菜单命令，打开"关键字"对话
框，如图3-64所示。

（2）在"关键字"对话框的"关键字"文本框中输入"招聘 网站编辑"，单击 确定 按钮完
成设置，如图3-65所示。

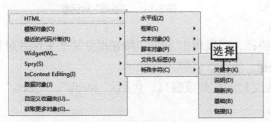
图3-64　打开"关键字"对话框

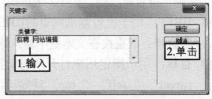
图3-65　输入关键字

（3）选择【插入】→【HTML】→【文件头标签】→【说明】菜单命令，打开"说明"对话
框。在"说明"对话框的"说明"文本框中输入说明信息，单击 确定 按钮完成设置。
如图3-66所示。

（4）选择【插入】→【HTML】→【文件头标签】→【刷新】菜单命令，打开"刷新"设置
对话框。在"延迟"文本框中输入"30"，单击选中 刷新此文档 单选项，单击 确定 按钮完成
设置，如图3-67所示。

图3-66　添加说明信息

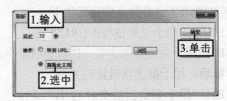
图3-67　添加刷新信息

（5）切换到"拆分"视图，选择【查看】→【文件头内容】菜单命令，打开"文件头内容"
图标区。单击图表区中的各个按钮，即可在<head>标签中查看到对应的内容。如图3-68
所示即为单击"说明"按钮 后的效果。

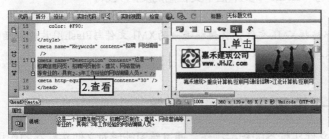
图3-68　查看文件头内容

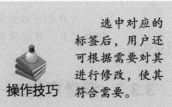
操作技巧

选中对应的
标签后，用户还
可根据需要对其
进行修改，使其
符合需要。

3.4 课 堂 练 习

本课堂练习将分别以制作"日记"网页和"旅游"网页，综合练习本章学习的知识点，将学习到的文本输入与编辑的方法进行巩固。

3.4.1 制作"日记"网页

1. 练习目标

本练习的目标是制作"日记"网页，需要输入制作网页所需的文本，然后插入水平线和日期，最后再对文本的样式进行设置。完成后的网页效果如图3-69所示。

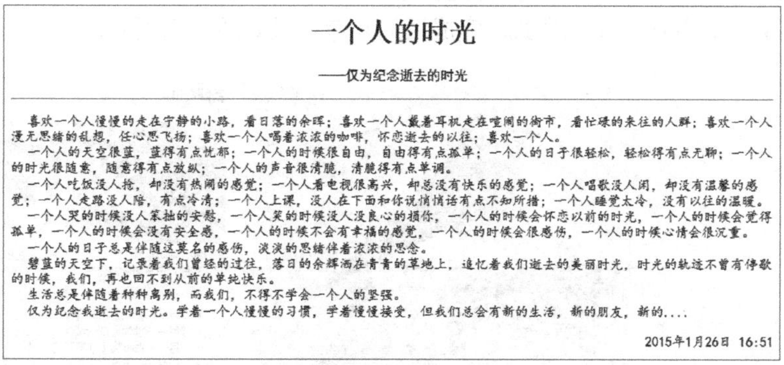

图3-69 "日记"网页

效果所在位置　　光盘:\视频文件\第3章\课堂练习\diary.html

视频演示　　　　光盘:\视频文件\第3章\制作"日记"网页.swf

2. 操作思路

完成本练习需要先输入文字，包括网页标题、副标题、正文、日期，然后插入水平线，最后再对网页中的文本样式进行设置，其操作思路如图3-70所示。

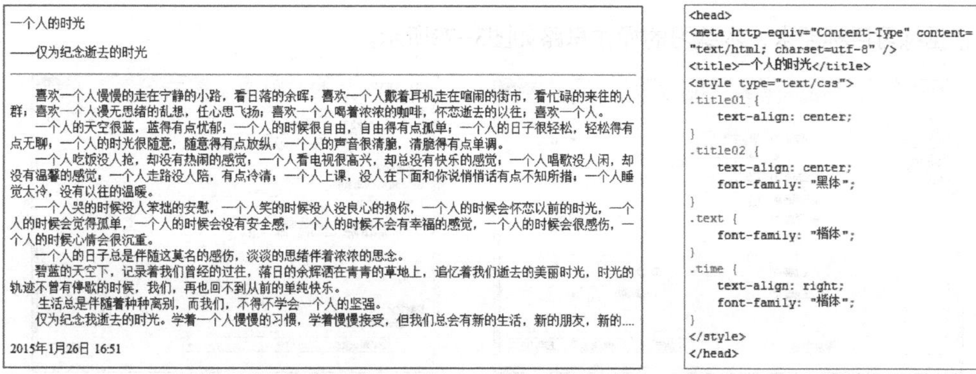

```
<head>
<meta http-equiv="Content-Type" content=
"text/html; charset=utf-8" />
<title>一个人的时光</title>
<style type="text/css">
.title01 {
    text-align: center;
}
.title02 {
    text-align: center;
    font-family: "黑体";
}
.text {
    font-family: "楷体";
}
.time {
    text-align: right;
    font-family: "楷体";
}
</style>
</head>
```

① 输入文本　　　　　　　　　　② 设置文本样式

图3-70 "日记"网页的制作思路

（1）新建网页并另存为"diary.html"网页，在网页中输入文本，主要结合文本的输入、空格、不换行分段、水平线、日期进行输入。

（2）选择标题文本，设置标题的格式为"标题1"，对齐方式为"居中对齐"。

（3）选择副标题文本，设置其文本字体为"黑体"，对齐方式为"居中"。

（4）选择所有的正文文本，设置文本的字体为"楷体"。

（4）选择日期文本，设置日期的字体为"楷体"，对齐方式为"右对齐"。

3.4.2 制作"旅游"网页

1. 练习目标

本练习要求制作"旅游"网页，首先设置页面属性，然后输入文本并设置文本的样式，最后输入项目列表，并应用文本样式。完成后的参考效果如图3-71所示。

图3-71 "旅游"网页

素材所在位置	光盘:\素材文件\第3章\课堂练习\踏青旅游\index.html
效果所在位置	光盘:\效果文件\第3章\课堂练习\踏青旅游\index.html
视频演示	光盘:\视频文件\第3章\制作"旅游"网页.swf

2. 操作思路

根据练习目标要求，本练习的操作思路如图3-72所示。

① 设置页面属性

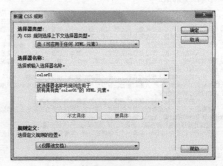
② 设置文本样式

图3-72 制作"旅游"网页的操作思路

（1）打开“index.hml”素材文档，打开“页面设置”对话框，设置“外观（CSS）”中的“大小”为“12”。

（2）输入“新闻资讯”和对应的文本，设置“新闻资讯”文本的格式为“标题3”，选择“【详情】”文本，设置其字体颜色为“#F30”（其目标规则为color01）。

（3）在下方插入水平线和项目符号，为项目符号中的“【详情】”文本应用相同的目标规则。

（4）输入剩余的文本完成网页的制作。

3.5 拓展知识

如果在编辑网页的过程中需要查找某些文本或替换文本时，可按【Ctrl+F】组合键，打开“查找和替换”对话框，在“查找”文本框中输入需要查找的内容，在“替换”文本框中输入需要替换的内容，单击 查找下一个(F) 按钮可查找第一个内容；单击 查找全部(L) 按钮可查找所有内容；单击 替换(R) 按钮可替换第一个查找到的内容；单击 替换全部(A) 按钮可替换所有的内容，如图3-73所示。

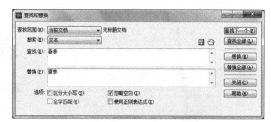

图3-73　“查找和替换”对话框

3.6 课后习题

（1）新建“sanwen.html”网页文档，在其中输入文章“秋夜（鲁迅）”的相关内容，并对文字的样式进行设置，完成后的效果如图3-74所示。

秋夜

（鲁迅）

在我的后园，可以看见墙外有两株树，一株是枣树，还有一株也是枣树。

这上面的夜的天空，奇怪而高，我生平没有见过这样的奇怪而高的天空，他仿佛要离开人间而去，使人们仰面不再看见。然而现在却非常之蓝，闪闪地夹着几十个星星的眼，冷眼。他的口角上现出微笑，似乎自以为大有深意，而将繁霜洒在我的园里的野花草上。

我还不知道那些花草真叫什么名字，人们叫他们什么名字。我记得有一种开过极细小的粉红花，现在还在开着，但是更极细小了，她在冷的夜气中，瑟缩地做梦，梦见春的到来，梦见秋的到来，梦见瘦的诗人将眼泪擦在她最末的花瓣上，告诉她秋虽然来，冬虽然来，而此后接着还是春，蝴蝶乱飞，蜜蜂都唱起春词来了。她于是一笑，虽然颜色冻得红惨惨地，仍然瑟缩着。

枣树，他们简直落尽了叶子。先前，还有一两个孩子来打他们别人打剩的枣子，现在是一个也不剩了，连叶子也落尽了。他知道小粉红花的梦，秋后要有春。他也知道落叶的梦，春后面还是秋。他简直落尽叶子，单剩干子，然而脱了当初满树是果实和叶子时候的弧形，欠伸得倒很舒服。但是，有几枝还低亚着，护定他从打枣的竿梢所得的皮伤，而最直最长的几枝，却已默默地铁似的直刺着奇怪而高的天空，使天空闪闪地鬼眨眼；直刺着天空中圆满的月亮，使月亮窘得发白。

鬼眨眼的天空越加非常之蓝，不安了，仿佛想离去人间，避开枣树，只将月亮剩下。然而月亮也暗暗地躲到东边去了。而一无所有的干子，却仍然默默地铁似的直刺着奇怪而高的天空，一意要制他的死命，不管他各式各样地夹着许多蛊惑的眼睛。

哇的一声，夜游的恶鸟飞过了。

我忽而听到夜半笑声，吃吃地，似乎不愿意惊动睡着的人，然而四周的空气都应和着笑。夜半，没有别的人，我即刻听出这声音就在我嘴里，我也即刻被这笑声所驱逐，回进自己的房。灯火的带子也即刻被我旋高了。

后窗的玻璃上丁丁地响，还有许多小飞虫乱撞。不多久，几个进来了，许是从窗纸的破孔进来的。他们一进来，又在玻璃的灯罩上撞得丁丁地响。一个从上面撞进去了，他于是遇到火，而且我以为这火是真的。两三个却休息在灯的纸罩上喘气。那罩是昨晚新换的罩，雪白的纸，折出波浪纹的叠痕，一角还画出一枝猩红色的栀子。

猩红的栀子开花时，枣树又要做小粉红花的梦，青葱地弯成弧形了……。我又听到夜半的笑声；我赶紧砍断我的心绪，看那老在白纸罩上的小青虫，头大尾小，向日葵似的，只有半粒小麦那么大，遍身的颜色苍翠得可爱，可怜。

我打一个呵欠，点起一支纸烟，喷出烟来，对着灯默默地敬奠这些苍翠精致的英雄们。

一九二四年九月十五日。

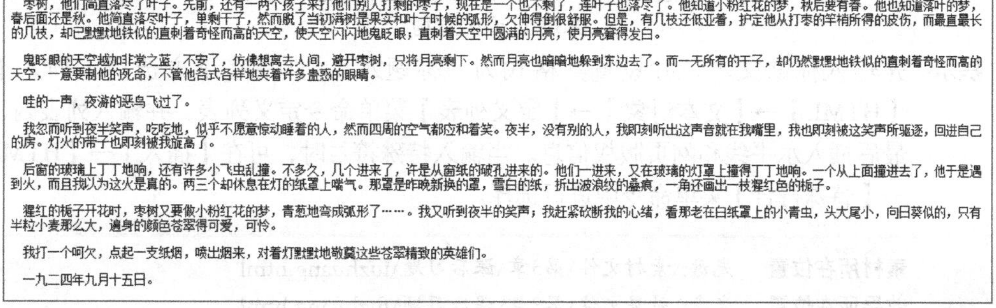

图3-74　“散文”网页

提示：主要包括散文标题（wztitle）、作者名称（zuozhe）、正文（font01）3个部分的文字样式设置。其中标题的字体为"微软雅黑",对齐方式为"居中对齐",字体大小为"30";作者名称的字体为"黑体",对齐方式为"居中对齐";正文的字体为"宋体",字体大小为"14px"。并为其添加文件头标签,设置关键字为"散文 鲁迅 秋夜",说明为"鲁迅散文——秋夜原文"。

效果所在位置	光盘:\视频文件\第3章\课后习题\sanwen.html
视频演示	光盘:\视频文件\第3章\制作"散文"网页.swf

(2)本例将打开服装网页"fuzhuang.html",在其中定义列表,并输入列表内容,然后在页面下方输入网页的信息,完成后的效果如图3-75所示。

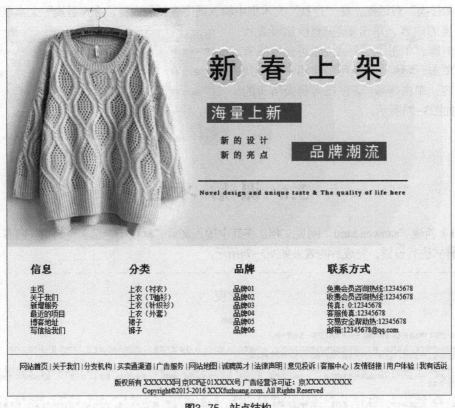

图3-75 站点结构

提示: 先输入标题文本,并设置其格式为"标题2",然后在下方选择【插入】→【HTML】→【文本对象】→【定义列表】菜单命令定义列表,并输入列表内容。最后插入水平线和网页版权信息。当输入特殊符号时,可在【插入】→【HTML】→【特殊符合】菜单命令中进行选择。

素材所在位置	光盘:\素材文件\第3章\课后习题\fuzhuang.html
效果所在位置	光盘:\效果文件\第3章\课后习题\fuzhuang.html
视频演示	光盘:\视频文件\第3章\制作"服装"网页.swf

第4章

图像与多媒体元素的应用

　　图像在网页中的应用非常广泛，它不仅可以修饰网页，还能够直观地表达和传递一些文字无法承载的信息。除此之外，还可以添加一些多媒体元素来丰富网页，如背景音乐、Flash动画、FLV视频等，使网页效果更加绚丽，吸引更多的浏览者进行访问。

 学习要点

　◎　图像的基础知识

　◎　插入与设置图像

　◎　插入并设置多媒体元素

 学习目标

　◎　网页中常用的图像格式

　◎　掌握插入各种图像的方法

　◎　掌握设置图像属性的方法

　◎　掌握Flash动画和背景音乐的添加方法

　◎　掌握其他多媒体对象的插入和设置方法

4.1 插入与设置图像

图像是网页中最重要的多媒体元素之一，既可以丰富网页的内容，也可作为网页的背景，达到图文并茂、丰富页面的功能。精美的插图和背景可使网页更加绚丽多彩，也使网页内容更加丰富。下面将介绍图像的基本知识和插入与设置图像的方法。

4.1.1 网页中常用的图像格式

网页中常用的图像格式包括JPG、GIF、PNG 3种，若插入其他的格式，可能无法正常显示。下面分别对这3种图像格式进行介绍。

◎ JPG：联合照片专家组（Joint Photograph Graphics），也称JPEG。这种格式的图像可以高效压缩，且压缩丢失的是人眼不易察觉的部分，它可使图像文件变小的同时基本不失真，常用于显示照片等颜色丰富的精美图像。

◎ GIF：为图像交换格式，在网页中大量用于站点图标Logo、广告条banner和网页背景图像等。GIF是第一个支持网页的图像格式，它可以极大程度地减小图像文件，也可在网页中以透明方式显示，并且可以包含动态信息。但由于GIF最多支持256种颜色，因此不适合用作照片集的网页图像。

◎ PNG：便携网络图像（Portable Network Graphics），它既有GIF能透明显示的特点，又具有JPEG处理精美图像的优势，是一种集JPEG和GIF格式优点于一身的图片格式，且可以包含图层等信息，常用于制作网页效果图，目前已逐渐成为网页图像的主要格式，为各大网站所广泛应用。

知识提示 制作网页前，还需要搜集足够的网页图像，以加快网页制作的速度。获取网页图像素材的方法很多，常见的有网上下载素材、购买网页素材光盘、自己拍摄照片、使用图像处理软件制作等。

4.1.2 在网页中插入图像

在Dreamweaver CS5中插入图像的方法很简单，其具体操作如下。

（1）在需要插入图像位置定义文本插入点，选择【插入】→【图像】菜单命令或将"插入"工具栏切换到"常用"插入工具栏，单击其中的"图像"按钮，如图4-1所示。

图4-1

（2）打开"选择图像源文件"对话框，在其中选择需要插入的素材图片，单击 确定 按钮，如图4-2所示。

（3）打开"图像标签辅助功能属性"对话框，在"替换文本"下拉列表框中输入文本，如果图片无法正常显示，将显示该下拉列表框中输入的文本内容，完成后单击 确定 按钮，如图4-3所示。

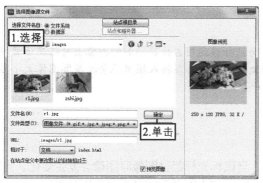

图4-2　选择需要插入的图像

图4-3　设置图像标签辅助功能属性

操作技巧　　若用户插入到网页中的图片没有位于站点根目录下，将会打开Dreamweaver提示对话框，询问是否将图片复制到站点中，以便后期网站发布后可以找到图片，直接单击 按钮即可。

（4）此时选择的图片将插入到插入点所在的位置，效果如图4-4所示。

图4-4　查看插入的图像

知识提示　　插入图像后，在图像上单击鼠标右键，在弹出的快捷菜单中选择"源文件"命令，可快速打开该图像保存位置对应的对话框，在其中可选择其他图片快速替换插入的图片。

4.1.3　插入图像占位符

在网页文档中添加图像时，如果不确定需插入的图像，但可以确定图像的大小时，则可在该位置插入占位符进行占位，在确定图像后再在占位符的位置插入图像。使用占位符插入图像的具体操作如下。

（1）将光标插入点定位到需插入图像占位符的位置。选择【插入】→【图像对象】→【图像占位符】菜单命令，打开"图像占位符"对话框。

（2）在对话框中设置图像占位符的"名称""宽度""高度""颜色""替换文本"等信息，如图4-5所示。

（3）完成设置后，单击 按钮，文档中即会出现图像占位符，如图4-6所示。

图4-5　"图像占位符"对话框

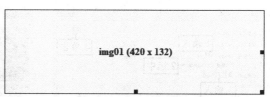

图4-6　查看插入的图像占位符

（4）需插入图像时，双击图像占位符可打开"选择图像源文件"对话框，在对话框中选择图像即可。

4.1.4 插入鼠标经过图像

鼠标经过图像是指在浏览器中查看网页时，当鼠标光标经过图像时图像会发生变化。当鼠标移动到原始图像上时将会显示鼠标经过图像，鼠标移出图像范围时则显示原始图像。插入鼠标经过图像的具体操作如下。

（1）创建或打开需要插入图像对象的网页文档，将光标插入点定位到需要插入鼠标经过图像的位置。选择【插入】→【图像对象】→【鼠标经过图像】命令，打开"插入鼠标经过图像"对话框。

（2）在"图像名称"文本框中输入图像的名称"xinwen\"，单击"原始图像"文本框后的 浏览... 按钮，打开"原始图像"对话框，如图4-7所示。

（3）在该对话框中选择文档中的原始图像，完成后单击 确定 按钮，如图4-8所示。

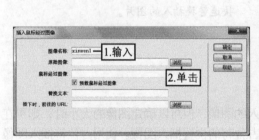

图4-7 设置图像名称

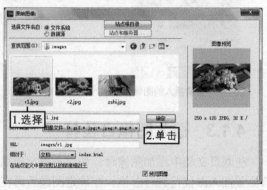

图4-8 设置原始图像

（4）返回"插入鼠标经过图像"对话框，使用相同的方法设置"鼠标经过图像"文本框中需要的图像。单击选中 ☑ 预载鼠标经过图像 复选框，并在"替换文本"栏中输入"最新景色动态"文本，避免图像显示延迟，单击 确定 按钮完成设置，如图4-9所示。

（5）返回网页中预览效果，将鼠标放在图像上时，"r1.jpg"图像将变为"r2.jpg"图像，如图4-10所示。

图4-9 设置鼠标经过图像

图4-10 查看设置后的效果

设置鼠标经过图像时，一定要注意两点：原始图像和鼠标经过图像的尺寸应保持一致；原始图像和鼠标经过图像的内容要有一定的关联。一般可通过操作提示更改颜色和字体等方式设置鼠标经过的前后图像效果。

"插入鼠标经过图像"对话框中共有6个属性设置项目，分别如下。

◎ **图像名称**：用于设置图像的"名称"属性，也就是图像的ID。

◎ **原始图像**：用于设置原始图像的URL，指向原始状态下的图像文件。

◎ **鼠标经过图像**：用于设置鼠标经过时切换的图像URL，指向当鼠标经过该图像元素时，切换显示的图像文件。

◎ **预载鼠标经过图像**：用于优化切换效果，预先将"鼠标经过图像"下载到本地。

◎ **替换文本**：用于设置alt信息，当图像无法显示时，将显示该信息。

◎ **按下时，前往的URL**：用于设置目标URL地址，即图像的链接地址。

4.1.5 插入Fireworks HTML文档

除了在网页中插入图像外，用户还可以轻松插入Fireworks制作的HTML文档，使设计者能直接通过Dreamweaver来编辑使用Fireworks制作的网页。在Dreamweaver中选择【插入】→【图像对象】→【Fireworks HTML】菜单命令，打开"插入Fireworks HTML"对话框，在"Fireworks HTML文件"文本框中输入文件的地址或单击 浏览... 按钮选择文件位置，单击 确定 按钮即可，如图4-11所示。

图4-11 插入Fireworks HTML文档

4.1.6 设置图像属性

在Dreamweaver中选择网页文档中的图像后，在"属性"面板中可编辑图像的各种属性，如图4-12所示。

图4-12 图像"属性"面板

"属性"面板中各选项的含义分别介绍如下。

◎ **ID**：为图像重新命名，以便在Dreamweaver中进行行为或脚本撰写语言操作时引用该图像。

◎ **宽/高**："宽"和"高"文本框中可显示图像的原始大小，单位为像素。也可在其中输入所需数据改变图像大小，或选择图像后直接拖动图像四周的控制柄进行调整。

◎ **源文件**：用于显示图像文件的地址，如果要重新插入一幅新图像，在"源文件"文本框中重新输入要插入图像的地址，或单击其后的 按钮，在打开的"选择图像源文件"对话框中重新选择其他图像。

◎ **"指向文件"按钮**：当有多个文档被打开，且这些文档对应的文档窗口都处于层叠或平铺状态时，在某一文档中选中图像，然后按住该按钮不放，拖动到其他文档对象上可快速设置源文件。

◎ **链接**：用于创建超链接，当单击图像时，可跳转到指定的URL地址。

◎ **替换**：用于输入图像的文本说明，在浏览该网页时，当鼠标移动到图像上会在鼠标指针右下方打开该图像的文本说明。

◎ **编辑**：单击"编辑"按钮 ，可启动系统自带的图像编辑软件对图像进行编辑；单击"编辑图像设置"按钮 ，可打开"图像预览"对话框，在其中可以分别对图像的格式、品质、平滑、缩放等进行设置，如图4-13所示。

 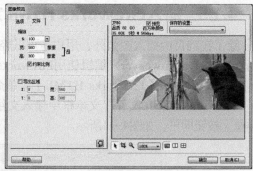

图4-13 "图像预览"对话框

◎ **类**：用于引用图像的目标规则样式，一般在设置CSS样式的class属性后可用。

◎ **垂直边距**：用于设置该图像对象在垂直方向上与上、下相邻网页元素之间的距离。

◎ **水平边距**：用于设置该图像对象在水平方向上与左、右相邻网页元素之间的距离。

◎ **图像与文本的对齐**：在"属性"面板的"对齐"下拉列表框中可设置同一行上的图像与文本的对齐方式。其中"默认值"为基线对齐，是指将文本基准线对齐图像底端。

◎ **边框**：为图像设置边框的宽度，其单位为像素，直接在文本框中输入所需数值即可。

◎ **对齐**：用于设置图像的对齐方式，可以将图像与同一行中的文本、另一个图像、插件、其他元素对齐，也可以设置图像的水平对齐方式。

知识提示

"对齐"下拉列表框中"默认值"表示将图像指定为基线对齐；"基线"表示将图像的底部与同一段落中的文本（或其他元素）的基线对齐；"顶端"表示将图像的顶端与当前行中最高一个元素（图像或文本）的顶端对齐；"居中"表示将图像中线与当前行的基线对齐；"绝对居中"表示将图像中线与当前行文本中线对齐；"文本上方"表示将图像的顶端与文本行中最高字符的顶端对齐；"绝对底部"表示将图像底部与文本行（含所有英文字母下部，如字母 p、g 等）的底部对齐；"左对齐"表示将所选图像放置在文本段落的左侧，文本在图像的右侧换行；"右对齐"表示将所选图像放置在文本段落的右侧，文本在图像的左侧换行。

4.1.7 设置图像效果

除了以上设置外，用户还可对图像的效果进行设置，包括裁剪、重新取样、调整图像亮度和对比度、锐化，下面分别进行介绍。

1. 裁剪图像

如果图像某些部分不需要，可将其裁剪掉。裁剪图像的方法是：选中需裁剪的图像，单击"属性"面板中的"裁剪"按钮回，或选择【修改】→【图像】→【裁剪】菜单命令，此时在图像上将出现裁剪选择框，而高亮显示部分为裁剪的有效范围，通过拖动位于裁剪框4条边线和4个角上的控制点进行剪裁即可，如图4-14所示。

图4-14 裁剪图像

操作技巧 　　调整图像大小时，如果只是想对图像的大小进行调整，而不改变图像原有的内容，可通过缩放图像来进行设置，其方法为：选择图像后，将鼠标放在图像右下角，当鼠标变为⬉形状时，按住【Shift】键即可等比例缩放图片。

2. 重新取样

默认状态下，"重新取样"呈灰色非激活状态显示，此时无法进行重新取样操作。当图像的原始显示大小被改变后，该按钮将被激活。一般情况下，调整图像大小后，图像的实际物理大小并没有改变，此时就需要通过重新取样功能来同步改变图像的物理大小。只需单击"属性"面板中的"重新取样"按钮🔍，或选择【修改】→【图像】→【重新取样】菜单命令即可。

3. 调整图像亮度和对比度

如果图像文件的亮度或对比度效果不理想，可在选择图像后，选择【修改】→【图像】→【亮度/对比度】菜单命令或单击图像"属性"面板中的🌓按钮，打开"亮度/对比度"对话框，通过调整亮度、对比度调整滑块，可方便地调整当前图像的亮度和对比度，如图4-15所示。该对话框中各选项的含义分别介绍如下。

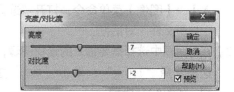

图4-15 调整图像亮度和对比度

◎ **亮度**：通过拖动滑块或在文本框中输入数值来提升或降低所选图像亮度。

◎ **对比度**：通过拖动滑块或在文本框中输入数值来增强或减弱所选图像对比度。

4. 锐化

当图像文件模糊不清时，可通过"锐化"功能来进行调整。选择【修改】→【图像】→

【锐化】命令或单击图像"属性"面板中的▲按钮，打开"锐化"对话框，拖动"锐化"滑块（其值在0~10之间）调整当前图像的锐化（该值越大，图像边缘越清晰）即可，如图4-16所示。

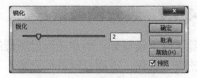

图4-16　"锐化"对话框

4.1.8　课堂案例1——制作"订餐"页面

根据本节所学知识，新建网页并在其中插入图像，再对图像的属性进行设置，然后输入文本完成页面的制作。完成后的效果如图4-17所示。

图4-17　"订餐"页面

素材所在位置	光盘:\素材文件\第4章\课堂案例1\food.html
效果所在位置	光盘:\效果文件\第4章\课堂案例1\food.html
视频演示	光盘:\视频文件\第4章\制作"订餐"页面.swf

行业知识　图像文件的大小要适当，如图像太大，用户浏览网页时需要加载的时间就更长，导致网站打开的速度变慢，影响浏览者的浏览欲望。因此在制作网页时，可对较大的图像文件进行适当的压缩和切割。

（1）打开"food.html"素材文件，将鼠标定位在表格的第1行第1列中。选择【插入】→【图像】菜单命令，打开"选择图像源文件"对话框。

（2）在对话框中选择需要插入的素材图像，这里选择"1.jpg"，单击 确定 按钮，如图4-18所示。

（3）在打开的对话框中单击 确定 按钮，返回网页中查看到插入的图像，如图4-19所示。

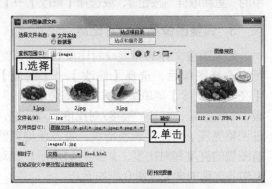

图4-18　选择图像源文件

（4）单击"属性"面板中的"亮度和对比度"按钮◐，打开"亮度/对比度"对话框，在"亮度"文本框中输入"-4"，在"对比度"文本框中输入"29"，如图4-20所示。

（5）单击 确定 按钮完成设置。返回页面中可看到调整图像后的效果，如图4-21所示。

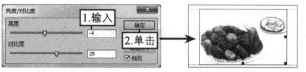

图4-19　查看插入的图像　　　图4-20　调整亮度/对比度　　　图4-21　查看调整后的效果

（6）使用相同的方法，在表格第1行第3列和第5列中分别插入"2.jpg"和"3.jpg"图像，如图4-22所示。

图4-22　插入其他图像

（7）将鼠标定位在第2行第1列中，切换到"代码"视图中，在其中输入"<p>板栗炖鸡饭加荷包蛋</p>"，返回页面查看其效果，如图4-23所示。

（8）选择文本，在"属性"面板中设置字体大小为"12"，打开"新建CSS规则"对话框，保持默认设置不变，单击 确定 按钮，如图4-24所示。

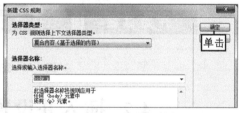

图4-23　输入文本　　　　　　　　　图4-24　设置文本样式

（9）返回网页中单击"属性"面板中的"左对齐"按钮 ，设置文本的对齐方式。然后在第3行的第1列中直接输入价格"30.00元/份"，在"属性"面板中设置文字颜色为"#F00"。打开"新建CSS规则"对话框，输入名称为"jiage"，单击 确定 按钮，如图4-25所示。

（10）继续在"属性"面板中单击"右对齐"按钮 和"加粗"按钮 ，完成后的效果如图4-26所示。

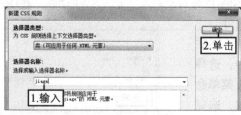

图4-25　新建CSS样式　　　　　　　　图4-26　查看设置文本后的效果

（11）将鼠标定位在第4行第1列中，选择【插入】→【图像对象】→【鼠标经过图像】菜单命令，打开"插入鼠标经过图像"对话框。

（12）在"原始图像"和"鼠标经过图像"文本框中输入图像的地址，单击 确定 按钮，如图

4-27所示。

（13）返回网页中进行预览，其效果如图4-28所示。

图4-27 设置鼠标经过图像

图4-28 预览图像效果

（14）使用相同的方法，为第1行、第3列、第5列的图像输入文本并设置鼠标经过图像，完成后的效果如图4-29所示。

图4-29 完成设置

4.2 插入并设置多媒体元素

Flash动画、背景音乐、flv视频等多媒体元素也是丰富网页内容的元素，可以使页面效果更加动感。下面分别对这些多媒体元素进行介绍。

4.2.1 插入Flash动画

Flash是交互式矢量图和Web动画的标准。利用Flash，网页设计师能创建各种漂亮的动画效果。网页上常见的动态闪烁的文字和图片等对象基本上都是SWF动画，在Dreamweaver中可以很方便地插入该对象。其具体操作如下。

（1）将Flash动画放在站点文件夹中，然后将插入点定位在第一个单元格中，选择【插入】→【媒体】→【SWF】菜单命令，打开"选择 SWF"对话框，选择"byc.swf"动画文件单击 确定 按钮，如图4-30所示。

（2）打开"对象标签辅助功能属性"对话框，单击 确定 按钮，如图4-31所示。

图4-30 选择SWF文件

.swf格式的文件是Flash电影文件，是一种压缩格式的Flash文件。这种文件可以在浏览器和Dreamweaver中播放，但不能在Flash中进行编辑。

知识提示

（3）插入SWF动画后，在属性面板中单击选中☑循环(L)复选框和☑自动播放(U)复选框，如图4-32所示。

图4-31 打开"对象标签辅助功能属性"对话框   图4-32 设置属性

（4）保存并预览网页，此时将显示出插入的SWF动画效果，如图4-33所示。

图4-33 预览动画效果

选中插入的Flash动画，用户可在"属性"面板中对动画的参数进行设置，如图4-34所示。

图4-34 Flash动画"属性"面板

下面对主要的选项含义进行介绍。

◎ **FlashID**：用于为当前Flash动画分配一个ID号。

◎ **宽/高**：用于显示Flash动画的宽度和高度，也可在其中重新输入数值进行修改。

◎ **文件**：用于指定当前SWF文件路径信息，对本地SWF文件可通过◉按钮和▭按钮进行选择设置。

◎ **背景颜色**：用于设置Flash动画的背景框颜色，默认情况下为"空"，即保持Flash动画原有背景色。

◎ **类**：用于为当前Flash动画指定预定义的类。

◎ **编辑**：单击▣ 编辑(E) 按钮，将启动Flash软件对动画进行编辑。

◎ **循环**：单击选中该复选框后，Flash文件在播放时将自动循环。

◎ **自动播放**：单击选中该复选框后，在网页中载入完成后，Flash文件将自动播放。

◎ **垂直边距/水平边距**：分别用于设置垂直和水平方向上该Flash动画与周围对象的距离，设置单位为"像素"。

◎ **品质**：设置该Flash播放时的品质，以便在播放质量和速度之间取得平衡。该选项包括"高品质（优先考虑播放品质而非播放速度）""自动高品质（优先考虑播放品质，在系统资源许可的情况下再优化播放速度）""低品质（优先考虑播放速度而非播放品质）""自动低品质（优先考虑播放速度，在系统资源许可的情况下再兼顾品质）"3种选项。

◎ **比例**：当Flash动画大小为非默认状态时，以何种方式与背景框匹配。包括"默认"（始终保持Flash宽高比例并保证整个画面显示在背景框范围内，水平或垂直方向上，与背景框边缘之间的差值部分将由背景色填充）"无边框"（始终保持Flash宽高比例并使画面填满背景框，这将造成水平或垂直方向上超出背景框的部分无法显示）"严格匹配"（不考虑Flash的宽高比例，使其宽度和高度都与背景框匹配，这样将可能造成动画画面的宽高比例失衡）3种选项。

◎ **对齐**：用于设置Flash动画的对齐方式，与图像对齐方式类似，包括水平对齐和垂直对齐两种。

◎ **播放**：用于在Dreamweaver CS5文档窗口中预览Flash动画的播放效果。

◎ **Wmode**：用于设置Flash背景是否透明，包括"窗口""不透明""透明"3个选项。

◎ **参数**：用于自定义Flash的控制参数。单击 参数... 按钮，打开"参数"对话框，单击 和 按钮可添加或删除一个参数项，单击 和 按钮可将选中的参数项前移或后移一位，如图4-35所示。

图4-35 "参数"对话框

4.2.2 插入FLV视频

FLV视频可以导入或导出带编码音频的静态视频流，是网页中最为常用的多媒体技术之一，如人气颇高的土豆、迅雷、优酷等视频网站都采用了这一技术。在网页中插入FLV视频的具体操作如下。

（1）将光标插入点定位到需要插入FLV视频的位置。选择【插入】→【媒体】→【FLV】菜单命令，打开"插入FLV视频"对话框。

（2）在"视频类型"下拉列表框中选择"累进式下载视频"选项，在"URL"文本框中输入FLV文件的路径，在"外观"下拉列表框中选择"Clear Skin 3（最小宽度:260）"选项，单击选中 ☑自动播放 复选框。

（3）单击 检测大小 按钮检测FLV视频的大小，检测完成后将自动填充到"宽度"和"高度"数值框中，如图4-36所示。

（4）单击 确定 按钮完成视频的插入。返回网页中预览其效果即可，如图4-37所示。

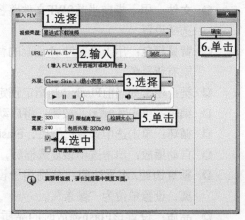

图4-36 打开"插入FLV"对话框

图4-37 预览插入FLV视频的效果

对网页中已经存在的FLV视频，可以将其选中，在"FLV"属性检查器中对其属性进行相应的设置。如图4-38所示。

图4-38 FLV"属性"面板

4.2.3 插入Shockwave影片

Shockwave 影片采用比Flash更复杂的播放控制技术，提供了比Flash更为优秀的、可扩展的脚本引擎，常用于制作多媒体课件和网页小游戏等，Shockwave文件的格式有DCR、DXR、DIR几种。其插入方法很简单，只需选择【插入】→【媒体】→【shockwave】菜单命令，打开"选择文件"对话框，在其中选择需要插入的Shockwave影片，单击 确定 按钮，如图4-39所示。打开"对象标签辅助功能属性"对话框，在其中进行设置并单击 确定 按钮即可，如图4-40所示。

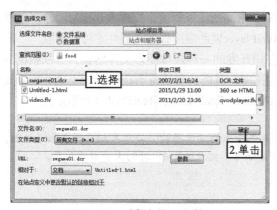

图4-39 "选择文件"对话框

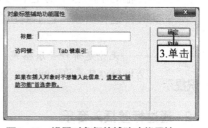

图4-40 设置对象标签辅助功能属性

选中插入的Shockwave影片后，可在"属性"面板中对其"ID""宽""高""源文件路径""边距""对齐方式""背景颜色""参数"等属性进行设置，如图4-41所示。

图4-41　Shockwave影片"属性"面板

知识提示　　shockwave与Flash或FLV视频不同，它不能通过Dreamweaver直接获取其实际大小，因此须先了解插入的shockwave影片的实际尺寸，然后在"宽""高"文本框中分别输入该shockwave影片的大小，否则影片将无法正常显示。

4.2.4　插入背景音乐

在网页中插入背景音乐可以使网页更加生动，常用的插入方式有标签和插件两种。但在进行插入操作前，还需先了解音乐文件的格式。

1. 常见的音乐文件

在网页中可插入的音乐文件有多种，常见的格式有MP3、WAV、MIDI、RA、RAM等，这些格式的音乐文件介绍如下。

◎ **MP3格式**：MP3格式是一种压缩格式，其声音品质可以达到CD音质。MP3技术可以对文件进行流式处理，可边收听边下载。若要播放MP3文件，访问者必须下载并安装辅助应用程序或插件，如QuickTime、Windows Media Player、RealPlayer。

◎ **WAV格式**：wav文件具有较好的声音品质，大多数浏览器都支持此类格式文件并且不要求插件。该格式文件通常都较大，因此在网页中的应用受到了一定的限制。

◎ **MIDI格式**：大多数浏览器支持MIDI文件，并且不需要插件。MIDI文件不能被录制并且必须使用特殊的硬件和软件在计算机上合成。MIDI文件的声音品质非常好，但不同的声卡所获得的声音效果可能不同。

◎ **RA、RAM格式**：RA、RAM文件具有非常高的压缩程度，文件大小比MP3小。这些文件支持流式处理，需要下载并安装RealPlayer辅助应用程序或插件才可以播放。

◎ **RM格式**：RM格式是RealNetworks公司开发的一种媒体视频文件格式，可以根据网络数据传输的不同速率制定不同的压缩比率，从而实现低速率在Internet上进行视频文件的实时传送和播放。它主要包含RealAudio、RealVideo、RealFlash 3个部分。

知识提示　　无论是哪种音乐格式，要使背景音乐的正常播放，必须有相应的音乐播放器，Windows自带的Windows Media Player可以播放除RM以外的大多数音乐格式。

2. 通过标签插入音乐

背景音乐对应的标签为"bgsound"，用户可以通过源代码的方式进行添加，也可以在"设计"界面中进行操作。下面以"设计"界面为例进行讲解，其具体操作如下。

（1）将光标插入点定位在网页中，选择【插入】→【标签】菜单命令，打开"标签选择器"对话框。

（2）选择对话框左侧的"HTML标签"选项，在打开的列表中选择"页面元素"选项，然后在右侧的列表中选择"bgsound"选项，单击 插入(I) 按钮，如图4-42所示。

（3）打开"标签编辑器 – bgsound"对话框，在"源"文本框中输入音乐文件的路径，在"循环"下拉列表框中选择"（–1）"选项，单击 确定 按钮，如图4-43所示。

图4-42 "标签选择器"对话框

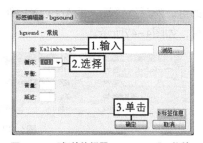

图4-43 "标签编辑器 – bgsound"对话框

（4）返回"标签选择器"对话框，单击 关闭(C) 按钮完成背景音乐的设置操作。切换到"代码"视图即可看到其中添加的一段代码，如图4-44所示。

（5）保存网页文档并预览，即可听见添加的声音效果。

图4-44 查看标签

3. 通过插件插入音乐

通过插件的方法来插入音乐文件，可以使音乐文件直接在网页中播放。其方法是：选择【插入】→【媒体】→【插件】菜单命令，打开"选择文件"对话框，选择需要插入的音乐文件，单击 确定 按钮，如图4-45所示。返回网页即可看到插入的插件图标，此时可在"属性"面板中进行设置，如图4-46所示。

图4-45 "选择文件"对话框

图4-46 查看插件

操作技巧　　插入声音插件后，可将插件的"宽"和"高"设置为0，以美化页面的显示。采用插入插件的方法，还可以插入其他的多媒体对象，如Flash动画、FLV视频等，只需在"选择文件"对话框中选择对应的文件格式即可。

4.2.5 插入ActiveX控件

ActiveX控件是一种常用的软件组件，通过使用 ActiveX控件，可以很快地在网址、台式应用程序、开发工具中加入特殊的功能。用户可以通过ActiveX控件方便地插入多媒体效果、交互式对象以及其他的复杂程序，使网页效果更加丰富多彩。其方法为：单击"常用"工具栏"媒体"按钮 🔛 后的 ▾ 按钮，在打开的下拉列表中选择"ActiveX"选项或选择【插入】→【媒体】→【ActiveX】菜单命令，然后在打开的"对象辅助标签功能属性"对话框中设置相关参数即可。然后选择插入的ActiveX控件，在"属性"面板中单击选中 ☑源文件 复选框并选择源文件即可，如图4-47所示。

图4-47 插入ActiveX控件

4.2.6 课堂案例2——制作"家居"网页

根据本节所学知识，在"家居"网页中插入SWF动画和背景音乐，最后再插入图片并输入文字，使制作的网页效果更加美观，完成后的效果如图4-48所示。

图4-48 "家居"网页

素材所在位置	光盘:\素材文件\第4章\课堂案例2\index.html\images\
效果所在位置	光盘:\效果文件\第4章\课堂案例2\index.html
视频演示	光盘:\视频文件\第4章\制作"家居"网页.swf

（1）打开"index.html"素材文件，选择【插入】→【标签】菜单命令，打开"标签选择器"对话框。
（2）选择对话框左侧的"HTML标签"选项，在打开的列表中选择"页面元素"选项，然后在右侧的列表中选择"bgsound"选项，单击 插入(I) 按钮，如图4-49所示。
（3）打开"标签编辑器 - bgsound"对话框，在"源"文本框中输入音乐文件的路径，这里选择"imges/bgmusic.mp3"，在"循环"下拉列表框中选择"（-1）"选项，单击 确定按钮，如图4-50所示。

图4-49　选择标签　　　　　　　　　　图4-50　设置背景音乐参数

（4）单击 关闭(C) 按钮完成背景音乐的添加。然后将光标插入点定位到第1行第1列，选择【插入】→【媒体】→【SWF】菜单命令，打开"选择SWF"对话框。

（5）在其中选择需要插入的Flash文件，这里为"flash.swf"，单击 确定 按钮，如图4-51所示。

（6）打开"对象标签辅助功能属性"对话框，保持默认设置不变，单击 确定 按钮，如图4-52所示。

图4-51　选择SWF文件　　　　　　　　图4-52　对象标签辅助功能属性

（7）将鼠标定位在第5行第1列中，选择【插入】→【图像】菜单命令，在打开的对话框中选择素材图像"proch.jpg"，单击 确定 按钮，如图4-53所示。

（8）打开"对象标签辅助功能属性"对话框，保持默认设置不变，单击 确定 按钮。在第5行第2列中输入文本完成网页的制作，如图4-54所示。

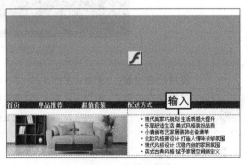

图4-53　选择图像源文件　　　　　　　图4-54　输入文字

（9）保存网页，在打开的"复制相关文件"对话框中单击 ▭确定▭ 按钮，如图4-55所示。完成后在浏览器中进行预览即可。

图4-55 复制相关文件

4.3 课堂练习

本课堂练习将分别以制作"科技产品"网页和"游戏介绍"网页，综合练习本章学习的知识点，将学习到的插入与设置图像与插入并设置多媒体元素的方法进行巩固。

4.3.1 制作"科技产品"网页

1. 练习目标

本练习的目标是制作"科技产品"网页，通过插入Flash文件、图像、图像占位符来直观地展示网页中的内容，并对图像进行编辑，最后输入文本。完成后的效果如图4-56所示。

图4-56 "科技产品"网页

素材所在位置	光盘:\素材文件\第4章\课堂练习\keji\index.html
效果所在位置	光盘:\效果文件\第4章\课堂练习\keji\index.html
视频演示	光盘:\视频文件\第4章\制作"科技产品"网页.swf

2. 操作思路

完成本练习需要先插入Flash文件，然后插入图片并进行编辑，最后插入图像占位符，其操作思路如图4-57所示。

① 插入SWF文件

② 插入图片

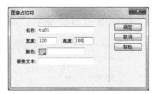

② 插入图像占位符

图4-57　"科技产品"网页的制作思路

（1）打开"index.html"素材网页，在表格第一行中插入"科技.swf"素材文件。

（2）在第3行第2列中插入图片"big.jpg"，并对图片进行裁剪和缩放操作，使其大小适合网页。

（3）在表格中插入图像占位符，设置其宽、高分别为"120""100"。然后双占位符选择图像源文件，分别为"01.jpg"～"06.jpg"。

（4）输入图像占位符图片所对应的文本，完成网页的制作。

4.3.2　制作"游戏介绍"网页

1．练习目标

本练习要求制作"游戏介绍"网页，首先插入Flash动画，然后再插入一个视频文件，使其嵌入在网页中，完成后的参考效果如图4-58所示。

图4-58　"游戏介绍"网页

素材所在位置	光盘:\素材文件\第4章\课堂练习\game\index.html
效果所在位置	光盘:\效果文件\第4章\课堂练习\game\index.html
视频演示	光盘:\视频文件\第4章\制作"游戏介绍"网页

2. 操作思路

根据练习目标要求,本练习的操作思路如图4-59所示。

① 设置页面属性

② 设置文本样式

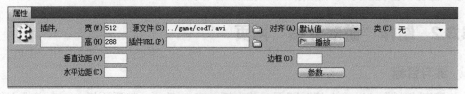

③ 设置页面属性

图4-59 制作"游戏介绍"网页的操作思路

（1）打开"index.hml"素材文档,在网页顶部插入Flash文件"top.swf"。

（2）将光标插入点定位到网页中间,选择【插入】→【媒体】→【插件】菜单命令,在打开的对话框中选择素材文件"cod7.avi"。

（3）选择插入的插件,在"属性"面板中设置其宽、高为"512""288"。

4.4 拓 展 知 识

APPLET是由JAVA程序开发语言编写的客户端执行小程序,用于实现一些特殊用户的需求。其后缀名为.class,APPLET需要嵌入在一个HTML文档中,借助浏览器来执行且运行环境必须安装JVM（java virtual machine,java虚拟机）。在Dreamweaver CS5中插入APPLET程序的具体操作如下。

（1）将鼠标光标定位到需要插入APPLET程序的位置。选择【插入】→【媒体】→【APPLET】菜单命令或单击"常用"工具栏中"媒体"按钮后的按钮,在打开的下拉列表中选择"APPLET"选项。

（2）打开"选择文件"对话框,在"查找范围"下拉列表框中选择需要插入的APPLET程序所在的位置,在中间的列表框中选择需要插入的文件,如图4-60所示。

（3）单击 ▭确定 按钮，打开"Applet标签辅助功能属性"对话框，直接单击 ▭确定 按钮，如图
　　4-61所示。

图4-60　插入APPLET　　　　　　　图4-61　设置APPLET标签辅助功能属性

（4）返回网页文档，在"属性"面板中设置APPLET程序的"宽""高"，这里设置为
　　"450""260"，如图4-62所示。

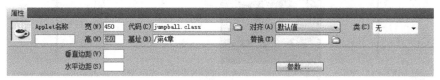

图4-62　设置APPLET的属性

4.5 课后习题

（1）打开"mouse.html"网页文档，在其中插入鼠标经过图像，练习插入图像的相关操作，
完成后的效果如图4-63所示。

图4-63　鼠标经过图像效果

提示： 选择【插入】→【图像对象】→【鼠标经过图像】菜单命令，在打开的对话框中选
　　　　择需要插入的原始图像和鼠标经过后的图像即可。

素材所在位置　　光盘:\素材文件\第4章\课后习题\mouse\mouse.html

效果所在位置　　光盘:\效果文件\第4章\课后习题\mouse\mouse.html

视频演示　　　　光盘:\视频文件\第4章\制作"鼠标经过图像"网页.swf

（2）本例将打开服装网页"fuzhuang.html"，先在其中插入背景音乐，然后插入图像，在导航下方通过图像占位符进行图像的添加，并输入和设置文字的样式，完成后的效果如图4-64所示。

销量TOP3>>　　　　　　　热卖单品>>

2015春装新款百搭显瘦上衣，白色衬衣，大码衬衣　　　2015春装新款日韩女装套装，家居服，轻便舒适　　　2015春装新款连衣裙，小碎花，打底裙，小清新　　　2015春装新款上衣，白色衬衣，大码衬衣

¥155.9　　　已有2336人购买　　¥215.9　　　已有2236人购买　　¥125.9　　　已有366人购买　　¥155.9　　　已有2336人购买

2015春装新款日韩女装套装，家居服，轻便舒适　　　2015春装新款打底衫，薄款百搭显瘦套头打底衫　　　2015韩版新款保暖打底针织衫冬款女士百搭显瘦套头毛衣　　　2015春装新款休闲阔腿女裤子女摆宽松大码

¥215.9　　　已有2236人购买　　¥15.9　　　已有360人购买　　¥178.9　　　已有236人购买　　¥205.9　　　已有169人购买

图4-64　"服装"网页

提示：打开"index.html"网页，通过插入标签的方法在其中插入背景音乐"music.mp3"，然后在导航文本上方选择【插入】→【图像】菜单命令插入"top.jpg"素材图像，在下方的位置插入图像占位符（可只插入一个图像占位符，然后通过复制与粘贴的方法来设置其他的图像，最后在图像下方输入并设置文本的格式）。

素材所在位置　　　光盘:\素材文件\第4章\课后习题\clothes\index.html

效果所在位置　　　光盘:\效果文件\第4章\课后习题\clothes\index.html

视频演示　　　　　光盘:\视频文件\第4章\制作"服装"网页.swf

第5章

超链接的应用

　　一个完整的网站是由多个网页组成的整体，每个网页之间通过超链接进行跳转；同一个页面中也可设置超链接来转到不同的位置。可以说超链接就是网页内容之间相互关联的桥梁。本章将对超链接的概念、创建方法、管理方法进行介绍。

 学习要点

◎　超链接的相关知识

◎　创建超链接

◎　管理超链接

 学习目标

◎　了解超链接的定义和路径

◎　了解超链接的类型

◎　掌握创建各种类型的超链接的方法

◎　掌握管理超链接的方法

5.1 认识超链接

超链接可以将网站中的每个网页关联起来，是制作网站必不可少的元素。为了更好地认识和使用超链接，下面将对超链接的相关知识进行介绍。

5.1.1 超链接的定义

超链接与其他网页元素不同的是，它更强调一种相互关系，即从一个页面指向一个目标对象的连接关系，这个目标对象可以是一个页面或相同页面中的不同位置，还可以是图像、E-mail地址、文件等。当在网页中设置了超链接后，将鼠标光标移动到超级链接上，鼠标呈🖱显示；单击鼠标时则可跳转到链接的页面。超链接主要由源端点和目标端点两部分组成，有超链接的一端称为超链接的源端点（当鼠标指针停留在上面时会变为🖱形状，如图5-1所示），单击超链接源端点后跳转到的页面所在的地址称为目标端点，即"URL"。

图5-1 超链接

"URL"是英文"Uniform Resource Locator"的缩写，表示"统一资源定位符"，它定义了一种统一的网络资源的寻找方法，所有网络上的资源，如网页、音频、视频、Flash、压缩文件等，均可通过这种方法来访问。

"URL"的基本格式为："访问方案://服务器:端口/路径/文件#锚记"，例如"http://baike.baidu.com:80/view/10021486.htm#2"，下面分别介绍各个组成部分。

- ◎ **访问方案**：用于访问资源的URL方案，这是在客户端程序和服务器之间进行通信的协议。访问方案有多种，比如引用Web服务器的方案是超文本协议（HTTP），除此以外，还有文件传输协议（FTP）和邮件传输协议（SMTP）等。
- ◎ **服务器**：提供资源的主机地址，可以是IP或域名，如上例中的"baike.baidu.com"。
- ◎ **端口**：服务器提供该资源服务的端口，一般使用默认端口，HTTP服务的默认端口是"80"，通常可以省略。当服务器提供该资源服务的端口不是默认端口时，一定要加上端口才能访问。
- ◎ **路径**：资源在服务器上的位置，如上例中的"view"说明地址访问的资源在该服务器根目录的"view"文件夹中。
- ◎ **文件**：就是具体访问的资源名称，如上例中访问的是网页文件"10021486.htm"。
- ◎ **锚记**：HTML文档中的命名锚记，主要用于对网页的不同位置进行标记，是可选内容，当网页打开时，窗口将直接呈现锚记所在位置的内容。

5.1.2 超链接的类型

超链接的类型主要有以下几种。

◎ **相对链接**：这是最常见的一种超链接，它只能链接网站内部的页面或资源，也称内部链接，如"ok.html"链接表示页面"ok.html"和链接所在的页面处于同一个文件夹中；又如"pic/banner.jpg"表明图片"banner.jpg"在创建链接的页面所处文件夹的"pic"文件夹中。一般来讲，网页的导航区域基本上都是相对链接。

◎ **绝对链接**：与相对链接对应的是绝对链接，绝对链接是一种严格的寻址标准，包含了通信方案、服务器地址、服务端口等，如"http://baike.baidu.com/img/banner.jpg"，通过它就可以访问"http://baike.baidu.com"网站内部"img"文件夹中"banner.jpg"图片，因此绝对链接也称为外部链接。网页中涉及的"友情链接"和"合作伙伴"等区域就是绝对链接。

◎ **文件链接**：当浏览器访问的资源是不可识别的文件格式时，浏览器就会打开下载窗口提供该文件的下载服务，这就是文件链接的原理。运用这一原理，网页设计人员可以在页面中创建文件链接，链接到将要提供给访问者下载的文件，访问者单击该链接就可以实现文件的下载。

◎ **空链接**：空链接并不具有跳转页面的功能，而是提供调用脚本的按钮。在页面中为了实现一些自定义的功能或效果，常常在网页中添加脚本，如JavaScript和VBScript，而其中许多功能是与访问者互动的，比较常见的是"设为首页"和"收藏本站"等，它们都需要通过空链接来实现，空链接的地址统一用"#"表示。

◎ **电子邮件链接**：电子邮件链接提供浏览者快速创建电子邮件的功能，单击此类链接后即可进入电子邮件的创建向导，其最大特点是预先设置好收件人的邮件地址。

◎ **锚点链接**：用于跳转到指定的页面位置。适用于当网页内容超出窗口高度，需使用滚动条辅助浏览的情况。使用命名锚记需插入命名锚记并链接命名锚点。

5.1.3 链接路径

超链接根据链接路径的不同可分为以下几种类型。

◎ **文档相对路径**：文档相对路径是本地站点链接中最常用的链接形式，使用相对路径无需给出完整的URL地址，可省去URL地址的协议，只保留不同的部分即可。相对链接的文件之间相互关系并没有发生变化，当移动整个文件夹时不会出现链接错误的情况，也就不用更新链接或重新设置链接，因此使用文档相对路径创建的链接在上传网站时非常方便。

◎ **绝对链接**：这类链接给出了链接目标端点完整的URL地址，包括使用的协议，如"http://mail.sina.net/index.html"。绝对链接在网页中主要用作创建站外具有固定地址的链接。

◎ **站点根目录相对路径**：这类链接是基于站点根目录的，如"/tianshu/ xiaoshuo.htm"，在同一个站点中网页的链接可采用这种方法。

5.2 创建超链接

在Dreamweaver CS5中有各种类型的超链接，下面将分别对文本、图像、图像热点、电子

Dreamweaver网页制作教程

邮件、锚点、文件链接的插入方法进行介绍。

5.2.1　创建文本链接

文本超链接是网页中使用最多的超链接，其具体操作如下。

（1）选择需要设置文本链接的文本"网站首页"，单击属性面板中的<♦>HTML 按钮，然后单击"链接"文本框右侧的"浏览文件"按钮□，如图5-2所示。

（2）打开"选择文件"对话框，选择需要进行链接的网页，如"index.html"，单击 确定 按钮，如图5-3所示。

图5-2　选择链接文本　　　　　　　　图5-3　选择链接的文件

（3）完成文本超链接的创建，此时"网站首页"文本的格式将呈现超链接文本独有的格式，即"蓝色+下画线"格式，如图5-4所示。

（4）观察发现，默认超链接的颜色与网页主色调不搭配，因此需要修改超链接的颜色，在属性面板单击 页面属性 按钮，打开"页面属性"对话框。

（5）在左侧列表中选择"链接（CSS）"选项，在右侧的"链接颜色"文本框中设置颜色为"黄色（#FC0）"，在"下画线样式"下拉列表中选择"始终无下画线"选项，如图5-5所示。

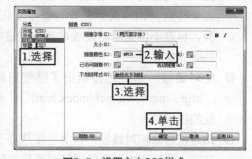

图5-4　查看设置的链接文本　　　　　　　图5-5　设置文本CSS样式

（6）单击 确定 按钮，完成链接文本的设置，完成后的效果如图5-6所示。当单击"网站首页"文本超链接时，即可跳转到首页。

网站首页　产品展示　技术支持　开发平台　关于我们　　　欢迎进入商颐科技产品开发网页

图5-6　设置样式后的文本链接

创建超链接时，还可在属性面板的"目标"下拉列表中设置链接目标的打开方式，包括"blank" "new" "parent" "self" "top" 5种选项。

◎ blank：表示链接目标会在一个新窗口中打开。

◎ new：表示链接将在新建的同一个窗口中打开。

◎ parent：表示如果是嵌套框架，则在父框架中打开。

◎ self：表示在当前窗口或框架中打开，这是默认方式。

◎ top：表示将链接的文档载入整个浏览器窗口，从而删除所有框架。

5.2.2 创建图像链接

图像超链接也是一种常用的链接类型，其创建方法与文本超链接类似。选择需要创建超链接的图像，在"属性"面板中的"链接"文本框中输入需要链接的网页路径或单击"链接"文本框右侧的"浏览文件"按钮，在打开的对话框中选择需要链接的网页文件即可，如图5-7所示。

图5-7 创建图像超链接

5.2.3 创建图像热点链接

图像热点超链接是一种非常实用的链接工具，它可以将图像中的指定区域设置为超链接对象，从而实现单击图像上的指定区域，跳转到指定页面的功能，其具体操作如下。

（1）选择需要创建热点链接的图像，单击属性面板中的"矩形热点工具"按钮口，如图5-8所示。

（2）在图像上的标志区域拖动鼠标绘制热点区域，释放鼠标后在属性面板中"链接"文本框中输入链接的网页路径，如图5-9所示。

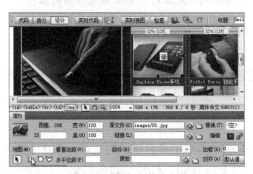

图5-8 选择矩形热点工具

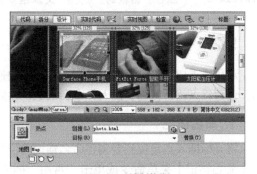

图5-9 绘制热点

知识提示

单击"圆形热点工具"按钮○和"多边形热点工具"按钮，还可以绘制其他形状的热点，其设置方法与"矩形热点工具"按钮口相同。

（3）返回网页并保存网页设置。然后对网页效果进行预览，其效果如图5-10所示。

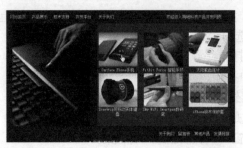

图5-10　预览效果

5.2.4　创建电子邮件链接

在网页中创建电子邮件超链接，可以方便网页浏览者利用电子邮件给网站发送相关邮件。其方法是：单击"插入"面板中的"常用"分类栏的██按钮或选择【插入】→【电子邮件链接】菜单命令，打开"电子邮件链接"对话框，在"文本"文本框中输入展示给访问者的链接文本，在"电子邮件"文本框中输入目标邮件的链接地址，单击██████按钮，如图5-11所示。

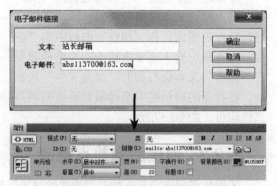

图5-11　创建电子邮件链接

操作技巧　用户也可直接在"链接"文本框中输入链接地址。需要注意的是，利用对话框创建电子邮件链接时，在"电子邮件"文本框中无需输入"mailto:"；但若直接在"属性"面板的"链接"文本框中输入电子邮件地址时，则必须输入该内容。

5.2.5　创建锚点链接

利用锚点超链接可以实现在同一网页中快速定位效果，这在网页内容较多的情况下非常有用。创建锚点超链接需要插入并命名锚记，然后对锚记进行链接，下面分别进行介绍。

1. 命名锚记

将光标插入点定位到要创建命名锚记的位置或选中要指定命名锚记的文本，选择【插入】→【命名锚记】菜单命令或单击"常用"插入栏上的██按钮，打开"命名锚记"对话框。在"锚记名称"文本框中输入锚的名称，单击██████按钮关闭对话框，此时，命名锚记的文本旁边将出现一个锚记标记██，如图5-12所示。

图5-12　命名锚记

2. 链接锚记

要链接网页中的锚记，必须创建对应的链接源端点。在网页中选中需要进行锚点链接的文本，在属性面板的"链接"文本框中输入锚记名称及相应的前缀。如，要链接当前网页中名为"top"的锚记位置，可以输入"#top"，如图5-13所示。

图5-13 链接锚记

操作技巧

如果要链接的目标锚记在其他网页中，则需要先输入该网页的URL地址和名称，然后输入"#"符号和锚名称。如，要链接当前目录下"order.html"网页中的"buttom"锚记位置，可以输入"order.html# buttom"。

5.2.6 创建文件链接

文件链接的创建方法与文本、图像链接的方法类似。只需选择需要链接的对象，在"属性"面板的"链接"文本框中输入需要链接的文件即可，如图5-14所示为链接的Excel文件，当在浏览器中进行预览时，将打开提示对话框，可按照需要进行打开、保存、另存为操作。

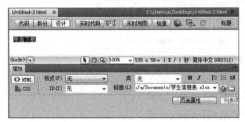

图5-14 文件链接

5.2.7 创建脚本链接

脚本链接用于执行JavaScript脚本程序或调用JavaScript函数代码，能够在不离开当前 Web页面的情况下实现附加功能，如要设置单击文本实现关闭窗口的功能，则可在"属性"面板的"链接"文本框中输入JavaScript代码"javascript:window.close();"，如图5-15所示。

图5-15 创建脚本链接

5.2.8 创建空链接

空链接是指未指定目标端点的链接。如果需要在文本上附加行为，以便通过调用JavaScript等脚本代码来实现一些特殊功能，就需要创建空链接。其方法是：选择需要建立空链接的文本或图像，在"属性"面板的"链接"下拉列表框中输入"#"符号，如图5-16所示。

图5-16 创建空链接

5.2.9 课堂案例1——为"企业新闻"网页创建链接

根据本节所学知识，在"企业新闻"网页中创建文本、图像热点、电子邮件和空链接，并对链接属性进行设置，完成后的效果如图5-17所示。

图5-17 "企业新闻"创建链接后的效果

素材所在位置	光盘:\素材文件\第5章\课堂案例1\xinxi.html
效果所在位置	光盘:\效果文件\第5章\课堂案例1\xinxi.html
视频演示	光盘:\视频文件\第5章\为"企业新闻"网页创建链接.swf

（1）打开"xinxi.html"网页文档，选择文本"企业新闻 News"，在"属性"面板中的"链接"文本框中输入"news.html"，如图5-18所示。

（2）选择文本">>更多"，在"属性"面板中的"链接"文本框中输入"more.html"，如图5-19所示。

图5-18 设置文本链接

图5-19 设置文本链接

（3）选择"企业新闻 News"下方的第一行文本，在"属性"面板的"链接"文本框中输入
"#"，如图5-20所示。

（4）使用相同的方法，为中间的文本创建空链接，效果如图5-21所示。

图5-20　创建空链接　　　　　　　　　　　　图5-21　创建其他空链接

（5）选择文字下方的"信息反馈"图片，在"属性"面板中选择"矩形热点工具"□，然后
在图像中绘制热点区域，如图5-22所示。

（6）在打开的对话框中单击 确定 按钮，然后在"属性"面板的"链接"文本框中输入
"feedback.html"，在"目标"下拉列表框中选择"_new"选项，如图5-23所示。

图5-22　绘制热点区域　　　　　　　　　　　图5-23　设置热点链接

（7）使用相同的方法，分别为"在线订单"图片、"销售网络"图片和"联系方式"图片设
置"order.html""network.html""contact.html"热点链接。

（8）选择"邮箱："后的文本，选择【插入】→【电子邮件链接】菜单命令，打开"电子邮
件链接"对话框。保持默认设置不变，单击 确定 按钮，如图5-24所示。

（9）单击"属性"面板中的 页面属性... 按钮，在打开的对话框中选择"链接（CSS）"选
项，在右侧的界面中设置"链接颜色"为"#06C"，"变换图像链接"为"#FC0"，
"已访问链接"为"#00F"，"下画线样式"为"始终无下画线"，如图5-25所示。

图5-24　插入电子邮件链接　　　　　　　　　图5-25　设置链接样式

（10）单击 确定 按钮，返回网页中进行保存，然后按【F12】键在浏览器中进行预览，效果
如图5-26所示。

图5-26 预览效果

5.2.10 课堂案例2——为"帮助"页面创建链接

根据本节所学知识,为"帮助"页面创建链接,主要包括文本链接、电子邮件链接、空链接、锚点链接的创建,完成后的效果如图5-27所示。

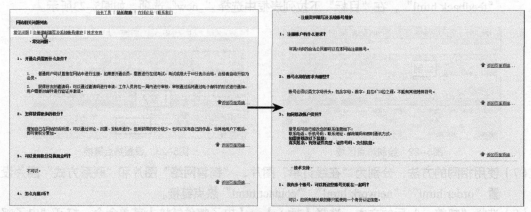

图5-27 为"帮助"页面创建链接

素材所在位置	光盘:\素材文件\第5章\课堂案例2\help.html
效果所在位置	光盘:\效果文件\第5章\课堂案例2\help.html
视频演示	光盘:\视频文件\第5章\为"帮助"页面创建链接.swf

(1)打开"help.html"网页文档,为网页上方的"站长工具""站长帮助""在线论坛"文本创建"tool.html""help.html""forum.html"文本链接,如图5-28所示。

(2)选择"联系我们"文本,在"属性"面板的"链接"文本框中输入需要链接的"mailo:"和电子邮件地址,如图5-29所示。

图5-28 创建文本链接　　　　　　图5-29 创建电子邮件链接

（3）将光标插入点定位在第一个"常见问题"文本前，选择【插入】→【命名锚记】菜单命令，打开"命名锚记"对话框，在"锚记名称"文本框中输入"top"，单击 确定 按钮，如图5-30所示。

（4）将鼠标定位在第二个"常见问题"文本前，选择【插入】→【命名锚记】菜单命令，打开"命名锚记"对话框，在"锚记名称"文本框中输入"sub1"，单击 确定 按钮，如图5-31所示。

图5-30　命名top锚记　　　　　　　　　　图5-31　命名sub1锚记

（5）将鼠标定位在第二个"注册资料填写及系统账号维护"文本前，选择【插入】→【命名锚记】菜单命令，打开"命名锚记"对话框，在"锚记名称"文本框中输入"sub2"，单击 确定 按钮，如图5-32所示。

（6）将鼠标定位在第二个"技术支持"文本前，打开"命名锚记"对话框，在"锚记名称"文本框中输入"sub3"，单击 确定 按钮，如图5-33所示。

图5-32　命名sub2锚记　　　　　　　　　　图5-33　命名sub3锚记

（7）选择第一个"常见问题"文本，在"属性"面板的"链接"文本框中输入"#sub1"，创建锚记链接，如图5-34所示。

（8）选择第一个"注册资料填写及系统账号维护"文本，在"属性"面板的"链接"文本框中输入"#sub2"，创建锚记链接，如图5-35所示。

图5-34　创建sub1锚记链接　　　　　　　　图5-35　创建sub2锚记链接

（9）选择第一个"技术支持"文本，在"属性"面板的"链接"文本框中输入"#sub3"，创建锚记链接，如图5-36所示。

（10）选择页面右侧的"返回页面顶端"文本，在"属性"面板的"链接"文本框中输入"#top"，创建锚记链接，如图5-37所示。

图5-36　创建sub3锚记链接

图5-37　创建top锚记链接

（11）保存网页并进行预览，此时单击文本链接和电子邮件链接查看是否将跳转到对应的页面。单击第一个"常见问题"链接时将跳转到第二个文本位置；单击第一个"注册资料及系统账号维护"链接时将跳转到第二个文本位置；单击第一个"技术支持"链接时将跳转到第二个文本位置；单击"返回页面顶端"文本时，将返回页面顶部，效果如图5-38所示。

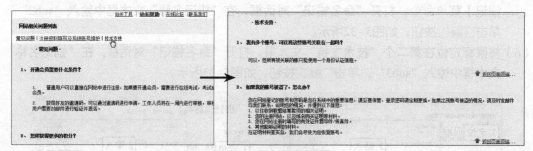

图5-38　预览网页效果

5.3　管理超链接

5.3.1　检查超链接

一个站点中通常包括很多个页面，且每个页面中包含许多的超链接，当页面中的超链接很多时，可通过检查超链接的方法来检查页面链接是否存在问题。其方法是：选择【站点】→【检查站点范围的链接】菜单命令，Dreamweaver将自动打开"链接检查器"面板，并检查页面中存在问题的超链接，如图5-39所示。

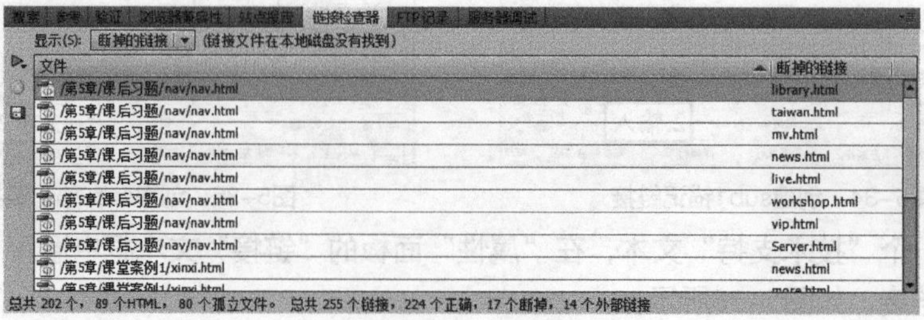

图5-39　检查超链接

5.3.2 在站点范围内更改链接

当需要对包含链接的页面进行修改（如移动、重命名等）时，可手动更改所有链接(包括电子邮件链接、FTP 链接、空链接、脚本链接），以指向其他位置。其方法是：在"文件"面板中选择需要进行更改的网页，选择【站点】→【改变站点范围的链接】菜单命令，打开"更改整个站点链接"对话框，在"变成新链接"文本框中输入需要更改的链接，单击 确定(O) 按钮即可，如图5-40所示。

图5-40　在站点范围内更改链接

5.3.3 自动更新链接

用户也可设置网页自动更新链接，当页面进行变动时，提示用户进行更新。其方法是：选择【编辑】→【首选参数】菜单命令，打开"首选参数"对话框，选择"常规"选项卡，在右侧的"移动文件时更新链接"下拉列表框中选择"提示"选项，如图5-41所示。其中"移动文件时更新链接"下拉列表框中各个选项的含义如下。

◎ **总是**：指每当移动或重命名选定文档时，自动更新指向该文档的所有链接。

◎ **从不**：指在移动或重命名选定文档时，不自动更新起自和指向该文档的所有链接。

◎ **提示**：指显示一个对话框，列出此更改影响到的所有文件。单击 更新(U) 按钮可更新这些文件中的链接，而单击 不更新(D) 按钮将保留原文件不变。

图5-41　自动更新链接

5.4 课堂练习

本课堂练习将分别以制作"产品介绍"网页和"订单"网页，综合练习本章学习的知识点，将学习到的创建超链接与管理超链接的方法进行巩固。

5.4.1 制作"产品介绍"网页

1. 练习目标

本练习的目标是制作"产品介绍"网页，通过在"tea.html"网页文档居中的文本、图片创建超链接来巩固文本和图片超链接的创建方法。完成后的效果如图5-42所示。

图5-42　"产品介绍"网页

素材所在位置	光盘:\素材文件\第5章\课堂练习\tea\tea.html
效果所在位置	光盘:\效果文件\第5章\课堂练习\tea\tea.htmll
视频演示	光盘:\视频文件\第5章\制作"产品介绍"网页.swf

2. 操作思路

完成本实训需要为网页中的图片和文本添加超链接,其操作思路如图5-43所示。

① 图片超链接

② 文本超链接

③ 文本超链接

图5-43　"产品介绍"网页的制作思路

（1）打开"tea.html"素材网页,选择页面左侧的图片文件,在"属性"面板中的"链接"下拉列表框中输入"pic.html"。然后为右侧的图片设置相同的链接文件。

（2）选择文本"功效",在"属性"面板中的"链接"下拉列表框中输入"effect.html",然后为下方的"更多>>"文本设置相同的链接文件。

（3）选择文本"营养价值"，在"属性"面板中的"链接"下拉列表框中输入"nutrition.html"，完成后保存网页并预览效果。

5.4.2 制作"订单"网页

1. 练习目标

本练习要求制作"订单"网页，主要包括文本、图片、电子邮件、空链接等操作，并通过页面属性设置来设置超链接的属性，完成后的参考效果如图5-44所示。

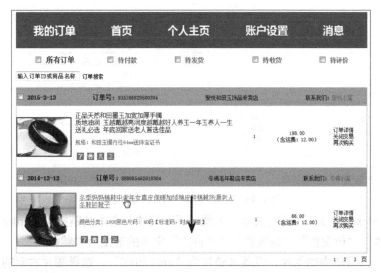

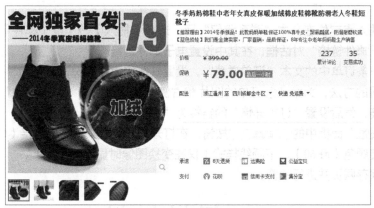

图5-44 "订单"网页

素材所在位置	光盘:\素材文件\第5章\课堂练习\order\
效果所在位置	光盘:\效果文件\第5章\课堂练习\order\order.html
视频演示	光盘:\视频文件\第5章\制作"订单"网页.swf

2. 操作思路

根据练习目标要求，本练习的操作思路如图5-45所示。

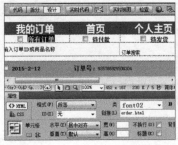  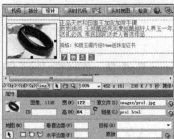

① 设置文本和空链接

② 设置电子邮件链接

③ 设置链接属性

图5-45　制作"订单"网页的操作思路

（1）打开"indexorder.hml"素材文档，设置"所有订单"文本的链接为"order.html"，设置"未付款""待发货""待收货""待评价"文本的链接为"#"。

（2）选择第一条订单中的图片，设置其链接为"pro1.html"，选择图片右侧的文本，设置其链接为"pro1.html"。

（3）将光标插入点定位在文本"联系我们"后，选择【插入】→【电子邮件】菜单命令，打开"电子邮件链接"对话框，在其中设置电子邮件链接。

（4）选择第一条订单中的文本"订单详情"，设置其链接为"info1.html"。

（5）使用相同的方法，为第二条订单的图片和右侧文本设置链接"pro2.html"，并设置电子邮件链接，然后设置"订单详情"的链接为"info2.html"。

（6）单击"属性"面板中的 页面属性...... 按钮，在打开的对话框中设置"链接（CSS）"属性，包括链接颜色（#F60）、下画线样式（仅在变换图像时显示下画线）。

（7）完成后保存网页并进行预览。

5.5 拓 展 知 识

脚本链接是指通过链接触发脚本命令，在此之前需要用户自定义脚本代码，在Dreamweaver中最常用的脚本链接代码有如下几种。

◎ **添加到收藏夹**：选择需要设置的文本，一般为"收藏网页"等，在"属性"面板的"链接"文本框中输入代码"javascript:window.external.addfavorite('要收藏的网页网址', '要收藏的网页名字')"即可，如图5-46所示。当预览网页时，单击文本，即可打开"添加收藏"对话框，如图5-47所示。

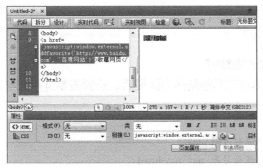

图5-46　输入脚本

图5-47　预览效果

◎ **关闭窗口**：选择需要设置的文本，在"属性"面板的"链接"文本框中输入代码
" javascript:window.close()"即可，如图5-48所示。当预览网页时，单击文本，在打
开的提示对话框中单击 是(Y) 按钮可关闭窗口，如图5-49所示。

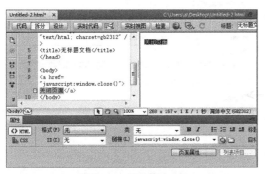

图5-48　输入脚本

图5-49　预览效果

◎ **弹出提示对话框**：选择需要设置的文本，在"属性"面板的"链接"文本框中输入
代码" javascript:alert('需要提示的内容')"即可，如图5-50所示。当预览网页时，单击文
本，在打开的提示对话框中即可看到输入的提示内容，如图5-51所示。

图5-50　输入脚本

图5-51　预览效果

5.6 课后习题

（1）新建一个网页，并保存为"nav.html"，在其中插入图片"bg.jpg"，然后通过在图片
上绘制热点来创建链接，其效果如图5-52所示。

图5-52 热点链接效果

提示：选择图片，在"属性"面板中选择热点工具绘制热点区域后，设置需要链接的地址即可。

素材所在位置	光盘:\素材文件\第5章\课后习题\nav\
效果所在位置	光盘:\效果文件\第5章\课后习题\nav\nav.html
视频演示	光盘:\视频文件\第5章\制作"热点链接"网页.swf

（2）本例将打开文章阅读网页，在其中练习空链接、锚点链接、文本链接的使用方法，并设置链接的属性，完成后的效果如图5-53所示。

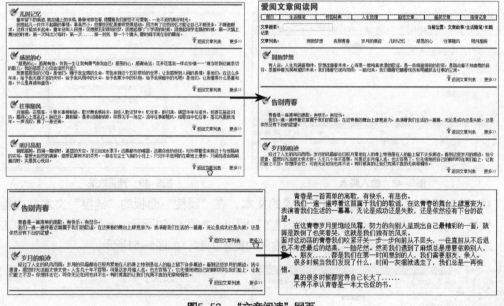

图5-53 "文章阅读"网页

提示：打开"index.html"网页，为导航菜单设置空链接，然后在最上方插入命名锚记"top"，为"返回文章列表"文本设置对应的锚记链接。在每一段文章的标题后分别创建"wz01""wz02""wz03""wz04""wz05""wz06""wz07"命名锚记，然后在"文章列表"文本后，为对应的文本设置锚记链接。最后为每一段文章的正文和"更多>>"文本设置文本超链接，分别为"dream.html""youth.html""years.html""memory.html""thanks.html""past.html""moon.html"，最后再设置超链接的链接颜色为"#069"，下画线样式为"仅在变换图像时显示超链接"。

素材所在位置	光盘:\素材文件\第5章\课后习题\yuedu\index.html
效果所在位置	光盘:\效果文件\第5章\课后习题\yuedu\index.html
视频演示	光盘:\视频文件\第5章\制作"文章阅读"网页.swf

第6章

表格布局页面

　　表格是网页中用于显示数据和布局的重要元素，用户可以通过表格的创建和嵌套等操作来确定网页的框架和制作思路。本章将学习在网页中插入表格以及调整表格结构的各种操作，让读者熟练掌握表格的使用。

 学习要点

◎　创建并设置表格
◎　调整表格结构
◎　表格的高级处理

 学习目标

◎　掌握插入和嵌套表格的方法
◎　掌握在表格中输入内容的方法
◎　掌握调整表格结构的方法
◎　掌握表格内容的移动和排序
◎　掌握表格数据的导入和导出

6.1 创建并设置表格

表格在网页中的功能很多，要熟练使用表格，需要掌握插入表格、嵌套表格、在表格中输入内容、设置表格属性的方法，下面将分别进行介绍。

6.1.1 插入表格

在网页中插入表格的方法很简单，其具体操作如下。

（1）新建一个网页，将鼠标定位在网页中，选择【插入】→【表格】菜单命令或按【Ctrl+Alt+T】组合键，打开"表格"对话框。

（2）将表格行数和列数分别设置为"6""3"，将表格宽度设置为"920像素"，将单元格边距和单元格间距均设置为"2"，单击 确定 按钮，如图6-1所示。

（3）保持插入表格的选择状态，在属性面板的"对齐"下拉列表框中选择"居中对齐"选项，如图6-2所示。

图6-1 设置表格

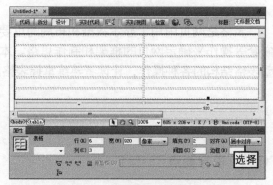

图6-2 查看插入的表格

知识提示

　　　　在"插入"工具栏中选择"布局"选项卡，单击"表格"按钮▦，也可打开"表格"对话框。

"表格"对话框中各选项的含义分别介绍如下。

◎ **"行数"文本框**：用于设置插入表格的行数。

◎ **"列"文本框**：用于设置插入表格每行的单元格数目。

◎ **"表格宽度"文本框**：有两种设置方式，一种是百分比方式，其参数值表示插入表格的宽度相对于页面或其父元素的宽度比例；另一种是像素方式，其参数值表示插入表格的实际宽度的像素值。

◎ **"边框粗细"文本框**：用于设置表格边框的宽度，其参数表示插入表格边框的实际像素值。

◎ **"单元格边距"文本框**：用于设置各单元格内容与单元格边线的间距，单位为像素（设置时被省略）。

◎ **"单元格间距"文本框**：用于设置单元格与单元格之间的间隔距离，单位为像素（设置时被省略）。

◎ "无"选项：不启用列或行标题。

◎ "左"选项：可将表格的第一列作为标题列，以便为表中的每一行输入一个标题。

◎ "顶部"选项：可将表格的第一行作为标题行，以便为表中的每一列输入一个标题。

◎ "两者"选项：使表格中既可以输入列标题，又可以输入行标题。

◎ "标题"文本框：用于为插入的表格设置一段标题文本。

◎ "摘要"列表框：给出了表格的说明。屏幕阅读器可以读取摘要文本，但是该文本不会显示在用户的浏览器中。

6.1.2　嵌套表格

嵌套表格是指在表格的某个单元格中所插入的表格，它可以将网页的结构更为细化，方便用户进行操作。其方法是：将光标插入点定位到要进行操作的单元格中，选择【插入】→【表格】菜单命令或按【Ctrl+Alt+T】组合键，在打开的"表格"对话框中进行设置即可，如图6-3所示即为在第3行的第1列中插入一个4行2列的表格。

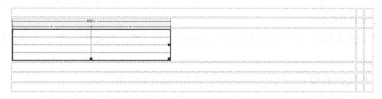

图6-3　嵌套表格

6.1.3　在表格中输入内容

在表格中除了嵌套表格外还可添加各种网页元素。添加表格内容的方法很简单，只需将光标插入点定位到所需的单元格中，然后按照添加网页元素的方法操作即可，如图6-4所示为添加了图像和文本的表格。

图6-4　在表格中输入内容

6.1.4　设置表格属性

插入表格后，可在"属性"面板中对其进行设置，根据选中表格部位的不同，可以分为对整个表格的属性设置和对行或列的属性设置。下面分别进行介绍。

1. 设置整个表格的属性

选中整个表格，在"属性"面板中可以对表格的属性进行设置，如图6-5所示。

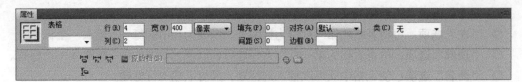

图6-5 表格"属性"面板

表格"属性"面板中主要功能项的介绍如下。

◎ "表格"下拉列表框：为表格进行命名，可用于脚本的引用或定义CSS样式。

◎ "行"和"列"文本框：设置表格的行数和列数。

◎ "宽"文本框：设置表格的宽度。

◎ "填充"文本框：设置单元格边界和单元格内容之间的距离，与"表格"对话框中的
"单元格边距"文本框作用相同。

◎ "间距"文本框：设置相邻单元格之间的距离，与"表格"对话框中的"单元格间
距"文本框作用相同。

◎ "对齐"下拉列表框：设置表格与文本或图像等网页元素之间的对齐方式，只限于和
表格同段落的元素。

◎ "边框"文本框：设置边框的粗细，通常设置为0，如需要边框，可通过定义CSS样式
来实现。

◎ "类"下拉列表框：用于选择应用于表格的CSS样式。

◎ ▦按钮：单击该按钮，可取消单元格的宽度设置，使表格宽度随单元格内容自动调整。

◎ ▣按钮：单击该按钮，可取消单元格的高度设置，使表格高度随单元格内容自动调整。

◎ ▤按钮：单击该按钮，可将表格宽度度量单位从百分比转换为像素。

◎ ▥按钮：单击该按钮，可将表格宽度度量单位从像素转换为百分比。

2. 设置行或列的属性

将鼠标光标定位在行或列中，其"属性"面板如图6-6所示。

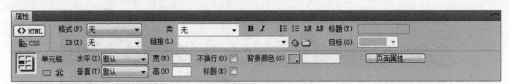

图6-6 行或列的属性设置

单元格"属性"面板中的主要功能介绍如下。

◎ ▫按钮：单击该按钮可合并选中的单元格。

◎ ▫按钮：单击该按钮可进行单元格的拆分操作。

◎ "水平"下拉列表框：用于设置单元格中内容的水平方向上的对齐方式，包括"左对
齐""居中对齐""右对齐""默认"4个选项。

◎ "垂直"下拉列表框：用于设置单元格中内容的垂直方向上的对齐方式，包括"顶
端""居中""底部""基线""默认"5个选项。

◎ "宽"文本框：设置单元格的宽度，如果直接输入数字，则默认度量单位为像素，如
果要以百分比作为度量单位，则应在输入数字的同时输入"%"符号，如"90%"。

◎ "高"文本框：设置单元格的高度，默认单位为像素。

◎ 不换行(O) ☑复选框：单击选中该复选框可以防止换行，从而使指定单元格中的所有文本都在一行中。

◎ 标题(E) ☑复选框：可以将所选的单元格格式设置为表格标题单元格（也可通过"表格"对话框中的"标题"栏进行设置）。默认情况下，表格标题单元格的内容为粗体且居中。

◎ "背景颜色"色块 ▢：设置表格的背景颜色。

6.1.5 课堂案例1——创建多表格嵌套

本例将通过表格的插入、嵌套和表格属性的设置来制作网页，完成后的效果如图6-7所示。

图6-7 网页效果

素材所在位置	光盘:\素材文件\第6章\课堂案例1\images\tup.jpg
效果所在位置	光盘:\效果文件\第6章\课堂案例1\index.html
视频演示	光盘:\视频文件\第6章\创建多表格嵌套.swf

（1）新建"index.html"网页文件，选择【插入】→【表格】菜单命令，打开"表格"对话框。

（2）在"行数"文本框中输入"3"，在"列"文本框中输入"4"，设置"表格宽度"为"756像素"，"边框粗细""单元格边距""单元格间距"都为"0"，在"标题"栏中选择"无"选项，单击 确定 按钮，如图6-8所示。

（3）保持表格的选中状态，在"属性"面板中的"对齐"下拉列表框中选择"居中对齐"选项，如图6-9所示。

（4）将鼠标光标定位到第1行第1列中，单击标签选择器上的<tr>标签选择第1行，在"属性"面板的"背景颜色"面板中设置颜色值为"#8F5F48"。使用相同的方法设置第3行、第2行第1列和第2行第4列的背景颜色，完成后的效果如图6-10所示。

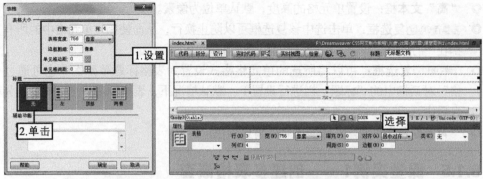

| 图6-8 "表格"对话框 | 图6-9 设置表格对齐方式 |

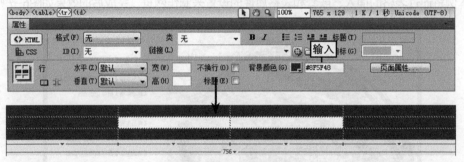

图6-10 设置单元格背景颜色

（5）将鼠标定位在第2行第2列中，选择【插入】→【图像】菜单命令，打开"选择图像源文件"对话框，选择素材图片"tup.jpg"，单击 确定 按钮，如图6-11所示。

（6）打开"图像标签辅助功能属性"对话框，保持默认设置不变，单击 确定 按钮，如图6-12所示。

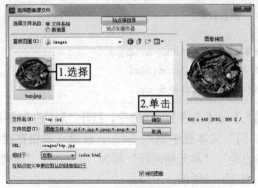
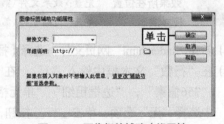

图6-11 选择图像源文件　　　　　图6-12 图像标签辅助功能属性

（7）将鼠标光标定位在第2行第3列中，在"属性"面板的"宽"文本框中输入"220"，设置表格宽度。然后再次选择【插入】→【表格】菜单命令，打开"表格"对话框。

（8）设置"行数"为"12"，列为"1"，表格宽度为"100%"，单元格间距为"15"，单击 确定 按钮，如图6-13所示。

（9）在嵌套的表格中输入对应的文本并设置文本格式，完成页面的制作。完成后的嵌套表格和页面效果如图6-14所示。

提6-13　嵌套表格

图6-14　表格效果

6.2　调整表格或单元格结构

创建表格后，可以对表格的结构进行调整，使表格效果更加美观。包括选择表格及单元格，调整表格或单元格大小，添加和删除表格行/列，拆分与合并单元格，复制、剪切和粘贴表格等。

6.2.1　选择表格或单元格

在对表格进行操作之前需先选中相应的表格对象。可以选中整个表格，也可以只选中某行、某列，或者是某个单元格。

1．选中整个表格

选中整个表格有以下几种方法。

◎　将光标移到表格边外框线上，当边框线为红色且光标变为 形状时，单击鼠标左键即可选中整个表格，如图6-15所示。

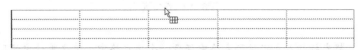

图6-15　单击表格外框线选中表格

◎　将光标移到表格中的任一边框上，当鼠标光标变为 或 形状时单击鼠标即可选中整个表格，如图6-16所示。

图6-16　单击表格中的任一边框线选中表格

◎　将光标插入点定位到表格的任意一个单元格中，单击窗口左下角标签选择器中的<table>标签即可。

◎　将光标插入点定位到表格的任意一个单元格中，表格上端或下端将显示绿线的标志，单击表示整个表格宽度的绿线中的▼按钮，在打开的列表中选择"选择表格"选项，如图6-17所示。

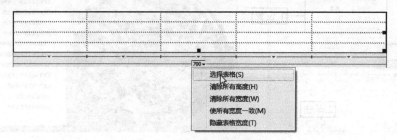

图6-17　通过列表选择表格

2. 选中行和列

选中行和列表格的方法如下。

◎ 将鼠标光标移到所需行的左侧，当光标变为➡形状且该行的边框线变为红色时单击鼠标即可选中该行，如图6-18所示。

图6-18　选中行

◎ 将鼠标光标移到所需列的上端，当光标变为⬇形状且该列的边框线变为红色时单击鼠标即可选中该列，如图6-19所示。

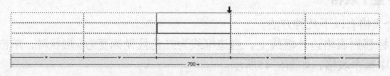

图6-19　选中列

操作技巧

　　将光标插入点定位到表格中任意一个单元格中，单击需选中的列上端的绿线中的▼按钮，在打开的下拉列表中选择"选择列"选项也可选择整列。

3. 选择单元格

选择单个单元格时，只需将光标插入点定位到所需单元格中单击即可。如需选择多个单元格，主要有以下两种情况。

◎ **选中相邻单元格区域**：选择一个单元格，按住鼠标左键不放，对角拖动鼠标，如从右下角到左上角，在需要选择的单元格区域中的最后一个单元格上释放鼠标即可选择相邻单元格区域，如图6-20所示为选中的相邻单元格区域。

◎ **选中不相邻单元格区域**：按住【Ctrl】键，单击要选择的单元格即可选择多个不相邻的单元格，如图6-21所示为选择的不相邻单元格区域。

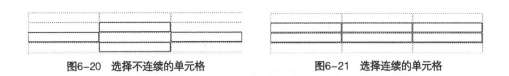

| 图6-20 选择不连续的单元格 | 图6-21 选择连续的单元格 |

6.2.2 调整表格或单元格的大小

选择需要调整大小的表格，将光标移动至表格右侧，当鼠标光标变为⇔或形状时，拖动鼠标即可改变表格的大小，如图6-22所示。将光标定位在单元格中，移动鼠标光标，当其移动到行或列的相交处时，鼠标将变为⇟或╫形状，此时拖动鼠标可调整单元格的大小，如图6-23所示。

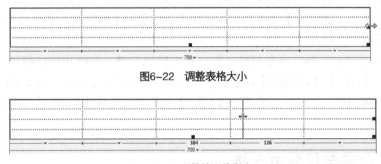

图6-22 调整表格大小

图6-23 调整单元格大小

6.2.3 增加和删除表格的行和列

制作网页时，若插入表格的行、列不够或行、列太多，可根据实际情况进行插入或删除操作。下面分别对行和列的插入和删除方法进行介绍。

1. 插入行或列

插入行或列分为插入单行、单列和插入多行、多列，下面分别进行讲解。

◎ **插入单行、单列**：将光标插入点定位到所需的单元格中，单击鼠标右键，在弹出的快捷菜单中选择【表格】→【插入行】菜单命令，将在选择单元格的上面插入一行新的单元格；若在弹出的快捷菜单中选择【表格】→【插入列】菜单命令，将在选择单元格的左侧插入一列新的单元格，如图6-24所示。

图6-24 插入行或列

◎ **插入多行、多列**：将光标插入点定位到所需的单元格中。单击鼠标右键，在弹出的快捷菜单中选择【表格】→【插入行或列】菜单命令，打开"插入行或列"对话框，在对话框中可选择是插入行还是插入列，其中在"行数""列数"文本框中可设置插入的行或列的数值，在"位置"选项组中可选择插入单元格的位置，如图6-25所示。

图6-25　插入多行、多列

2. 删除行或列

删除行或列的方法有如下几种。

◎ 将光标插入点定位到需删除的单元格中，单击鼠标右键，在弹出的快捷菜单中选择【表格】→【删除行】菜单命令或选择【表格】→【删除列】菜单命令可删除光标插入点所在的行或列。

◎ 选中需要删除的多行或多列单元格，单击鼠标右键，在弹出的快捷菜单中选择【表格】→【删除行】或选择【表格】→【删除列】菜单命令可一次删除多行或多列。

◎ 选中行或列后，选择【编辑】→【清除】菜单命令或按【Delete】键执行删除行或列的操作。

6.2.4　合并与拆分单元格

为了更好地对网页进行布局，在使用表格时常常需要把单元格进行拆分或合并，以适应布局的需要。

1. 合并单元格

合并单元格的操作比较简单，选择要合并的连续单元格区域后，单击"属性"面板左下角的□按钮即可。也可在选择单元格区域后，单击鼠标右键，在弹出的快捷菜单中的快捷菜单中选择【表格】→【合并单元格】菜单命令，如图6-26所示。

2. 拆分单元格

将插入点定位到需拆分的单元格中，单击"属性"面板左下角的按钮，也可在需拆分的单元格上单击鼠标右键，在弹出的快捷菜单中选择【表格】→【拆分单元格】菜单命令，打开"拆分单元格"对话框。在该对话框中可选择将单元格拆分为行或是列，并设置需拆分的行数或列数，单击 确定 按钮即可，如图6-27所示。

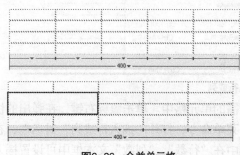

图6-26　合并单元格

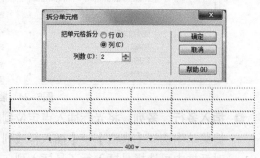

图6-27　拆分单元格

如果需要将表格中的内容移动到其他位置，选择需移动的行或列，按【Ctrl+X】组合键或选择【编辑】→【剪切】菜单命令执行剪切操作，然后将光标插入点定位到所需行或列的任意一个单元格中，按【Ctrl+V】组合键或选择【编辑】→【粘贴】菜单命令执行粘贴操作，即可将剪切的整行或整列单元格移动到选择单元格的上面或左边。若要进行复制操作，可将【Ctrl+X】组合键换为【Ctrl+C】组合键或选择【编辑】→【拷贝】菜单命令。

知识提示

6.2.5 课堂案例2——制作"热卖推荐"网页

根据本节所学知识，制作"热卖推荐"网页，以熟练掌握表格的创建、嵌套、结构调整、属性调整的方法，完成后的效果如图6-28所示。

图6-28 "热卖推荐"网页

素材所在位置　光盘:\素材文件\第6章\课堂案例2\images\
效果所在位置　光盘:\效果文件\第6章\课堂案例2\tuijian.html
视频演示　　　光盘:\视频文件\第6章\制作"热卖推荐"网页.swf

（1）新建"tuijian.html"网页文件，选择【插入】→【表格】菜单命令，打开"表格"对话框。设置表格"行数"为"3"，列为"1"，"表格宽度"为"913"，"单元格间距"为"2"，如图6-29所示。

（2）单击 确定 按钮，保持表格的选择状态，在"属性"面板的"对齐"下拉列表框中选择"居中对齐"选项，如图6-30所示。

（3）将鼠标光标定位在第1行中，单击"属性"面板中的 按钮，打开"拆分单元格"对话框。

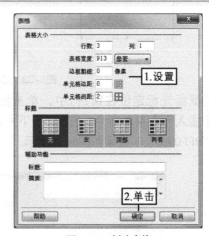

图6-29 创建表格

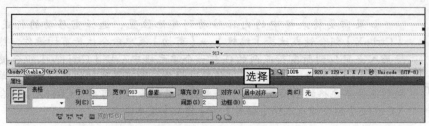

图6-30 设置表格对齐方式

（4）在"拆分单元格"对话框中单击选中"列"单选项，在"列数"文本框中输入"2"，单击 ▢确定▢ 按钮，如图6-31所示。

（5）将鼠标光标定位在第2行中，选择【插入】→【表格】菜单命令，打开"表格"对话框，将表格行数和列数分别设置为"3"和"1"，将表格宽度设置为"913像素"，将单元格间距设置为"2"，其他保持默认不变，如图6-32所示。

图6-31 拆分单元格

图6-32 嵌套表格

（6）单击 ▢确定▢ 按钮，此时在5×1的表格中便嵌套了一个2×4的表格，在2×4表格的第一行第一列嵌套一个4×2的表格，单元格边距和单元格间距均设置为"2"，效果如图6-33所示。

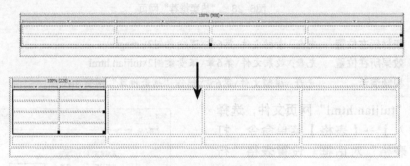

图6-33 查看嵌套表格后的效果

（7）将鼠标光标定位在第1行中，单击鼠标右键，在弹出的快捷菜单中选择【表格】→【插入行】菜单命令，在第1行下方插入一行。然后合并该行，并设置其背景颜色为"#FF0066"，效果如图6-34所示。

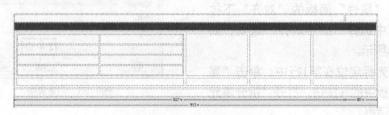

图6-34 插入行

（8）拖动鼠标选择嵌套的4×2表格的第一行的两个单元格，在属性面板中单击"合并所选单元格"按钮□，如图6-35所示。

（9）选择嵌套4×2表格的第2行的两个单元格，在其上单击鼠标右键，在弹出的快捷菜单中选择【表格】→【合并单元格】菜单命令，如图6-36所示。

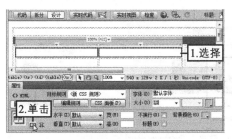

图6-35 合并单元格

图6-36 合并单元格

（10）将鼠标光标移至表格列线上，当其变为╬形状时，按住鼠标左键不放并向右拖动鼠标，此时表格上方将同步显示当前列的宽度数据。拖动到列宽为"163"时，释放鼠标即可，如图6-37所示。

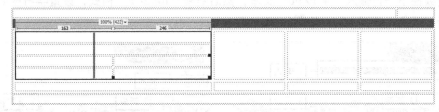

图6-37 调整列宽

（11）选择嵌套表格第4行第1列的单元格，在属性面板中单击"拆分单元格"按钮北，将其拆分为2列。然后将最后一行表格的最后1列拆分为5列，并拖动鼠标调整单元格行高，效果如图6-38所示。

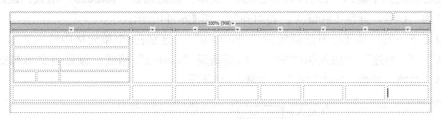

图6-38 完成表格结构的调整

（12）将鼠标定位在第1行第1列中，输入"热卖推荐"文本。选择输入的文本，设置字体格式为"黑体、18号、加粗、墨绿（#030）"，新建"font01"格式，如图6-39所示。

（13）将鼠标定位在第1行第2列中，输入"更多>>"文本，新建"font01a"格式，设置字体格式为"默认字体、14

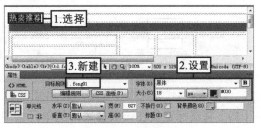

图6-39 font01格式

号、加粗、蓝色（#006）、右对齐"，如图6-40所示。

（14）将鼠标定位在下方嵌套的表格的第1行第1列中，选择【插入】→【图像】菜单命令，打开"选择图像源文件"对话框，选择需要插入的图片，这里选择"1.jpg"，如图6-41所示。

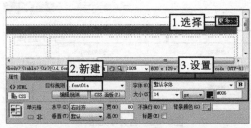

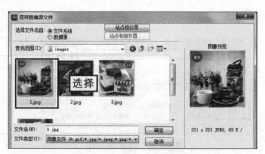

图6-40　font01a格式　　　　　　　　　　　图6-41　选择插入的图片

（15）在图片下方的单元格中输入对应的文本，并新建"font02"格式，设置文本样式为"14号、灰色（#333）"，如图6-42所示。

（16）继续在下一行输入"￥39.90"文本，然后新建"font02a"格式，设置字符格式为"18号、红色（#F00）"，如图6-43所示。

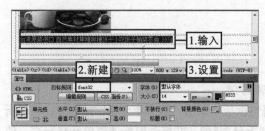

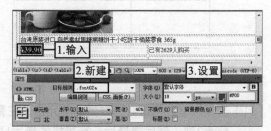

图6-42　输入文本并设置font02样式　　　　　图6-43　输入文本并设置font02a样式

（17）在右侧的列中输入"已有2629人购买"文本，然后新建"font02b"格式，设置文本样式为"13号、蓝色（#06F）、右对齐"，如图6-44所示。

（18）设置下一行的单元格背景颜色为"#FF0066"，分别在3个单元格中输入文本"立即购买""+关注""加入购物车"，然后新建"font03"格式，设置自文本样式为"14号、白色、加粗、居中对齐"，如图6-45所示。

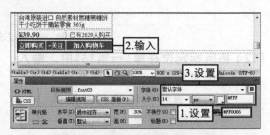

图6-44　输入文本并设置font02b样式　　　　　图6-45　输入文本并设置font03样式

（19）将鼠标定位在该嵌套表格的单元格中，选择标签选择器中的<table>标签，在"宽"文本框中输入"225"，然后适当调整表格第4行的列宽，使文本正常显示，效果如图6-46所示。

（20）再次选择该表格，按【Ctrl+C】组合键进行复制，将鼠标光标定位到原始表格第3行的第2列中，按【Ctrl+V】组合键，在打开的对话框中单击 确定 按钮进行粘贴。

（21）依次定位到后面的单元格中进行复制表格的操作，完成后的效果如图6-47所示。

图6-46 调整表格

图6-47 复制表格

（22）对表格中的图片和文本内容进行修改，然后在倒数第2行的5个单元格中分别输入文本"上一页""1""2""3""下一页"。设置"1""2""3"单元格的背景颜色为"#999999"，文本样式为"font04""加粗"。"上一页""下一页"的文本样式为"font04a""14号"，并分别设置其单元格对齐方式为右对齐和左对齐，完成后的效果如图6-48所示。

图6-48 查看表格效果

6.3 表格高级处理

除了通过表格来进行页面布局外，还可像办公软件一样，将表格作为数据处理的工具，本节将介绍在Dreamweaver中对表格中的数据进行排序、导入/导出、扩展等操作。

6.3.1 导入/导出表格数据

为了更方便地进行数据的操作，可以通过导入/导出数据的方法来进行，下面分别进行讲解。

1. 导入表格数据

导入数据的操作很简单，其具体操作如下。

（1）将鼠标光标定位在网页中，选择【文件】→【导入表格式数据】菜单命令，打开"导入表格式数据"对话框。

（2）在"数据文件"文本框中输入需要导入的数据文件，如"学生成绩.txt"，如图6-49所示。

（3）在"定界符"下拉列表框中选择"逗点"选项，在"表格宽度"栏中单击选中"设置为"单选项，设置其宽度为"200像素"，在"格式化首行"下拉列表框中选择"粗体"选项，如图6-50所示。

图6-49　导入的数据文件

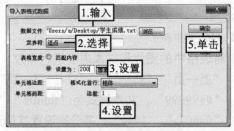

图6-50　导入表格式数据

（4）单击 确定 按钮完成表格的设置，效果如图6-51所示。

知识提示　定界符的格式需要与数据中的内容相匹配，并且表格数据文件不能为.xls或.xlsx格式。若要导入Excel表格，可选择【文件】→【导入】→【Excel文档】菜单命令进行操作。

2. 导出表格数据

当要将网页中的表格数据应用到其他地方，可进行数据的导出操作。其方法是：将光标插入点定位到需导出表格的任一单元格中，选择【文件】→【导出】→【表格】菜单命令，打开"导出表格"对话框，如图6-52所示，再根据提示选择导出文档并保存导出的文档即可。

学号	姓名	性别	科目	分数
0001	成旭	男	语文	89
0002	肖云	男	语文	92
0003	梁丹	女	语文	85
0004	赵姚	女	语文	90
0005	李芸	女	语文	88
0006	夏雪	女	语文	91
0007	陈晨	男	语文	76
0008	李红	女	语文	80
0009	刘枭	男	语文	95
0010	夏宇	男	语文	82

图6-51　导入后的效果

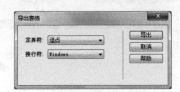

图6-52　导入后的效果

6.3.2　排序表格

当需要按照某一个标准来查看表格中的数据时，可对表格进行排序，其具体操作如下。

（1）将鼠标光标定位在表格中的任意一个单元格中，选择【命令】→【排序表格】菜单命令，打开"排序表格"对话框。

（2）在"排序按"下拉列表框中选择"列3"选项，在"排序"栏中选择"按字母排序"和"升序"选项，在"再按"下拉列表框中选择"列5"选项，在"顺序"栏中选择"按字母排序"和"降序"选项，如图6-53所示。

（3）单击 确定 按钮，返回网页中即可看到排序后的效果，如图6-54所示。

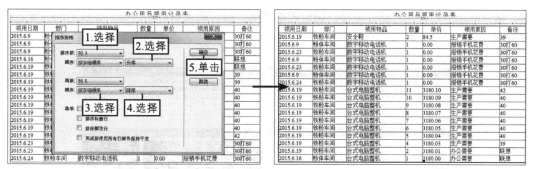

图6-53 排序表格

办公用品领用记录表

领用日期	部门	领用物品	数量	单价	领用原因	备注
2015.6.19	铁粉车间	安全鞋	2	84.5	生产需要	39
2015.6.9	粉体车间	数字移动电话机	1	0.00	报销手机花费	30打60
2015.6.23	铁粉车间	数字移动电话机	1	0.00	报销手机花费	30打60
2015.6.9	粉体车间	数字移动电话机	1	0.00	报销手机花费	30打60
2015.6.23	铁粉车间	数字移动电话机	1	0.00	报销手机花费	30打60
2015.6.9	粉体车间	数字移动电话机	1	0.00	报销手机花费	30打60
2015.6.24	铁粉车间	数字移动电话机	1	0.00	报销手机花费	30打60
2015.6.19	铁粉车间	台式电脑整机	11	3180.10	生产需要	42
2015.6.19	铁粉车间	台式电脑整机	10	3180.09	生产需要	40
2015.6.19	铁粉车间	台式电脑整机	9	3180.08	生产需要	40
2015.6.19	铁粉车间	台式电脑整机	8	3180.07	生产需要	40
2015.6.19	铁粉车间	台式电脑整机	7	3180.06	生产需要	40
2015.6.19	铁粉车间	台式电脑整机	6	3180.05	生产需要	40
2015.6.19	铁粉车间	台式电脑整机	5	3180.04	生产需要	40
2015.6.19	铁粉车间	台式电脑整机	4	3180.03	生产需要	39
2015.6.19	铁粉车间	台式电脑整机	2	3180.01	办公需要	联想
2015.6.16	粉体车间	台式电脑整机	1	3180.00	办公需要	联想

图6-54 查看排序后的效果

6.3.3 表格扩展模式

表格布局的操作方法非常简单，为了更便于初学者使用，Dreamweaver CS5提供了扩展表格模式，对表格进行了特殊视觉处理，使其看上去更清晰、容易分辨，更有利于进行布局设计。

在“插入”工具栏的“布局”类中单击扩展按钮，切换到扩展表格模式，此时文档窗口顶部将出现蓝色的提示条，便于与标准模式进行区别。在该模式下，进行表格操作与标准模式下并无区别，但表格的边框和单元格间距都进行了加粗、加宽显示，使布局操作相对于标准模式更加容易，如图6-55所示。

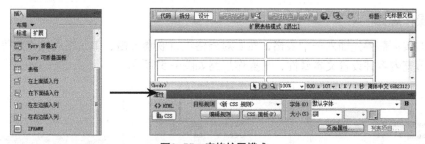

图6-55 表格扩展模式

知识提示

单击文档窗口顶部的“退出”超链接，或单击“插入”面板中的标准按钮，可退出表格扩展模式。

6.4 课堂练习

本课堂练习将分别制作“信息列表”网页和“照片展示”网页，综合练习本章学习的知识点，将学习到的创建并设置表格、调整表格或单元格结构、表格高度处理的方法进行巩固。

6.4.1 制作“信息列表”网页

1. 练习目标

本练习的目标是制作“信息列表”网页，通过插入表格、嵌套表格等操作，确定表格的框架，结合单元格的合并与拆分等操作调整表格结构，最后输入对应的内容，完成后的效果如图6-56所示。

图6-56 "信息列表"网页

素材所在位置	光盘:\素材文件\第6章\课堂练习\info\images\
效果所在位置	光盘:\效果文件\第6章\课堂练习\info\info.html
视频演示	光盘:\视频文件\第6章\制作"信息列表"网页.swf

2. 操作思路

完成本实训需要先插入一个表格，然后对表格进行嵌套表格、单元格属性设置等操作，并在表格中填充内容并设置文本属性，其操作思路如图6-57所示。

① 插入表格　　　　　② 嵌套表格　　　　　③ 设置链接属性

图6-57 "信息列表"网页的制作思路

（1）新建"info.html"网页文档，在其中插入一个3行2列，宽度为"720像素"，单元格边距和单元格间距都为"2"的表格，并设置表格对齐方式为"居中对齐"。

（2）在第一行的第一列中插入一个6行2列，宽度为"380像素"，单元格边距和单元格间距都为"0"的表格。

（3）设置插入的表格的第一行的的背景颜色为"#2C9BD0"，宽度为"296像素"，高度为"20像素"，并在第一行第一列中输入文本"新闻报道"，新建"font01"文本样式，设置文本样式为

"12号、加粗、#009"。在第一行第二列中输入文本"更多>>"，为其应用相同的样式。

（4）在第2行中输入内容，新建"font02"样式，设置文本样式为"12号、#2C9BD0"，依次在下方的行中输入文本，并应用相同的样式。

（5）选择该嵌套表格，将鼠标光标定位到原始表格的第1行第2列中，将其复制并粘贴到该表格中，修改表格中的文本。

（6）在原始表格的第2行第1列中嵌套一个5行1列，宽度为"380像素"，单元格边距和单元格间距都为"2"的表格。在第1行中输入文本"热门文章"，并应用"font01"样式。

（7）在第2行输入文章标题并设置为"空链接"，新建"font03"样式，设置文本"加粗"，然后在第3行输入相应的文本。

（8）在剩余的2行中输入文章标题和内容，并应用对应的样式，然后设置链接样式的"链接颜色"为"#FC0"，"下画线样式"为"始终无下画线"。

（9）在原始表格的第2行第2列中插入一个4行3列，宽度为"380像素"，单元格边距和单元格间距都为"2"的表格，在其中输入文本并插入图像。

（10）最后在原始表格的最后一行中输入文本，完成网页的制作。

6.4.2 制作"照片展示"网页

1. 练习目标

本练习要求制作"照片展示"网页，首先插入一个表格，然后通过表格的嵌套和单元格的编辑操作来完成本例，完成后的参考效果如图6-58所示。

图6-58 "照片展示"网页

素材所在位置	光盘:\素材文件\第6章\课堂练习\photo\images\
效果所在位置	光盘:\效果文件\第6章\课堂练习\photo\photo.html
视频演示	光盘:\视频文件\第6章\制作"照片展示"网页.swf

2. 操作思路

根据练习目标要求，本练习的操作思路如图6-59所示。

① 插入表格　　　　　　　② 嵌套表格　　　　　③ 设置文本样式

图6-59　制作"照片展示"网页的操作思路

（1）新建"photo.html"网页文档，在页面属性对话框中设置文本大小为"12px"，颜色为"白色（#FFF）"。

（2）在页面中插入一个6行1列，"表格宽度"为"950像素"，"边框粗细""单元格边距""单元格间距"都为"0"，并设置"表格对齐方式"为"居中对齐"。

（3）设置表格的背景颜色为"黑色（#000000）"，将第一行拆分为2列，并在第一列中输入文本"照片展示>宠物"，新建样式"font01"，设置文本样式为"16px、加粗、白色（#FFF）"。

（4）在第一行第二列中输入文本"更多>>"，在第2行中插入一个2行3列，表格宽度"为"100百分比"，边框粗细、单元格边距、单元格间距分别为"0""2""5"的表格，并设置表格对齐方式为"居中对齐"。

（5）设置嵌套表格的单元格的对齐方式为"居中对齐"，在第一行的3列中分别插入素材图片"1.jpg"～"3.jpg"，在第2行中输入对应的文本。

（6）再复制嵌套的表格，在原始表格的第3、4、5行中进行粘贴操作，完成表格的复制。并修改其中的图片和文本。

（7）在表格最后一行中输入文本，并设置文本对齐方式为"居中对齐"，完成网页的制作。

6.4 拓 展 知 识

选择网页中插入的表格，选择【修改】→【表格】菜单命令，在打开的子列表中除了可以对表格的结构进行调整外，还可对表格的单位进行设置，如图6-60所示。下面分别对这几个菜单命令的含义进行介绍。

◎ **清除单元格高度**：清除用户自定义的高度，使表格高度恢复默认设置。

◎ **清除单元格宽度**：清除用户自定义的宽度，使表格宽度恢复默认设置。

◎ **转换宽度为像素**：当表格宽度的单位设置为百分比时，选择该菜单命令，可使表格宽度的单位转换为像素。

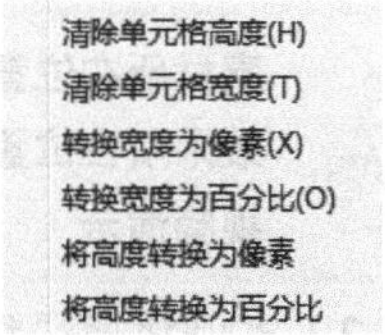

```
清除单元格高度(H)
清除单元格宽度(T)
转换宽度为像素(X)
转换宽度为百分比(O)
将高度转换为像素
将高度转换为百分比
```

图6-60 表格大小单位设置

◎ **转换宽度为百分比**：当表格宽度的单位设置为像素时，选择该菜单命令，可使表格宽度的单位转换为百分比。

◎ **将高度转换为像素**：当表格高度的单位设置为百分比时，选择该菜单命令，可使表格高度的单位转换为像素。

◎ **转换高度为百分比**：当表格高度的单位设置为像素时，选择该菜单命令，可使表格高度的单位转换为百分比。

6.5 课后习题

（1）新建"jianli.html"网页文档，在其中插入表格，并结合表格的合并、表格大小的调整等知识来进行制作，最后再输入文本并设置背景图像，效果如图6-61所示。

个人简历

姓 名：		性 别：		
出生年月：		民 族：		
学 历：		专 业：		
毕业学校：		联系电话：		
住 址：				
电子邮箱：				
工作经历：				
个人简介：				

图6-61 "个人简历"网页

提示：新建"jianli.html"网页文档，设置页面背景图像为"bg.jpg"，在其中输入文本"个人简历"，设置其样式为"黑体""18号""居中对齐"。在文本后插入水平线，设置水平线的"宽""高"为"600像素""3像素"。在水平线后插入一个10行5列，单元格填充为"2"，边框为"1"的表格，然后通过单元格的合并、拆分、调整单元格大小等操作完成网页的制作。

素材所在位置	光盘:\素材文件\第6章\课后习题\jianli\bg.jpg
效果所在位置	光盘:\效果文件\第6章\课后习题\jianli\jianli.html
视频演示	光盘:\视频文件\第6章\制作"个人简历"网页.swf

（2）本例将通过结合表格的插入、编辑、文本样式的设置等知识来制作"团购"网页，完成后的效果如图6-62所示。

图6-62　"团购"网页

提示： 本例可在课堂案例2的基础上进行制作，先将网页另存为"tuangou.html"，选择"一口价"部分，并修改表格中的内容。然后在其上方插入一个1行3列的表格，在第一行中输入文本并设置文本格式，在第二行中插入水平线，将第3行拆分为2列，在第1列中插入图片，在第2列中插入一个4行1列的表格，在其中输入表格内容并进行设置。

素材所在位置	光盘:\素材文件\第6章\课后习题\tuangou\images\
效果所在位置	光盘:\效果文件\第6章\课后习题\tuangou\tuangou.html
视频演示	光盘:\视频文件\第6章\制作"团购"网页.swf

第7章

使用框架

　　框架实际上是一种特殊的网页，通过它可以在同一浏览窗口中显示多个不同的页面。它的每一个框架区域都是一个单独的网页。本章将在网页中使用框架布局的各种操作，让读者熟练掌握框架的使用方法。

 学习要点

- ◎　创建框架和框架集
- ◎　编辑框架
- ◎　设置框架和框架集属性
- ◎　使用Spry框架

 学习目标

- ◎　掌握创建框架和框架集的几种方式
- ◎　掌握编辑框架的相关内容
- ◎　掌握设置框架和框架集属性的操作方法
- ◎　掌握Spry框架的使用方法

7.1 创建框架和框架集

框架网页一般由框架集和框架两部分组成，其中框架记录具体的网页内容，每个框架对应一个网页。框架集则记录整个框架页面中所有框架的相关信息，下面分别介绍在Dreamweaver CS5中创建框架和框架集的相关操作。

7.1.1 了解框架和框架集

框架是浏览器窗口中的一个区域，可以显示与浏览器窗口的其余部分中所显示的内容无关的HTML文档。

1. 框架的实现

框架技术主要通过框架集和单个框架来实现。框架集其实是一个页面，用于定义在文档中显示多个文档框架结构的Html网页。它定义了一个文档窗口中显示网页的框架数、框架大小、踩入框架的网页、其他可定义的属性等。默认情况下，框架集文档中的内容不会显示在浏览器中，用户可将框架集看作一个容纳和组织多个文档的容器。而单个框架就是框架集中被组织和显示的一个文档。

框架网页之所以能够实现在同一窗口中显示内容，其实质是通过超级链接，将网站的目录或导航条与具体的内容页面进行链接，将各框架所对应网页的内容一并显示在同一个窗口中，给浏览者的感觉就如在一个网页中。使用框架布局最常用的布局模式是将窗口的左侧或顶部区域设置为目录区，用于显示文件的目录或导航条；而将右侧面积较大的区域设置为页面的主体区域。通过在文件目录和文件内容之间建立超链接，实现页面内容的访问。

2. 框架的优点

使用框架布局页面主要有以下优点。

◎ **很好地保持网站风格统一**：由于框架页面中导航部分是同一网页，因此整体风格统一。
◎ **便于浏览者访问**：框架网页中导航部分是固定的，不需要滚动条，便于访问。
◎ **提高网页制作效率**：可以将每个网页都用到的相同内容制作成一个或多个单独页面，作为网页的一个框架页面，不需要在每个页面中重新输入相同的内容，从而节约时间，提高效率。
◎ **方便更新、维护网站**：在更新网站时，只需要修改相同部分的框架内容，使用该框架内容的文档就会自动更新，从而完成整个网站的更新修改。
◎ **常用于网站首页**：一个页面中，可使用框架的嵌套来实现网页设计中的多种需求。如对框架设置边框颜色，设置框架的链接和跳转功能，设置框架的行为等，从而实现更加复杂网页结构的制作。

3. 框架的缺点

使用框架布局页面虽然具有很多优点，但也存在以下缺点。

◎ 某些早期的浏览器不支持框架结构的网页。
◎ 下载框架式网页速度慢。
◎ 不利于内容较多、结构复杂页面的排版。

◎ 大多数的搜索引擎都无法识别网页中的框架，或者无法对框架中的内容进行预览或搜索。

7.1.2 创建预定义框架集

创建预定义框架集的方法与创建一般的网页方法类似，都是从"新建文档"对话框中创建。不同的是，需要为每一个框架指定标题，其具体操作如下。

（1）选择【文件】→【新建】菜单命令，打开"新建文档"对话框，在左侧列表中选择"示例中的页"选项，在中间列表中选择"框架页"选项，在右侧选择需要的框架集类型，如图7-1所示。

（2）单击 创建(R) 按钮，在打开的"框架标签辅助功能属性"对话框中单击 确定 按钮即可，如图7-2所示。

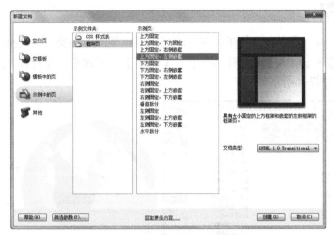

图7-1 "新建文档"对话框

图7-2 默认框架标题

（3）Dreamweaver将自动在网页文档中创建选择的框架，效果如图7-3所示。

知识提示　在"插入"面板的"布局"选项卡中单击"框架"按钮，在打开的下拉列表中选择需要的框架集命令，或选择【插入】→【HTML】→【框架】菜单命令，在打开的列表中选择需要的框架集命令都可以创建框架。

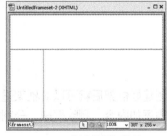

图7-3 创建的框架效果

7.1.3 创建自定义框架集

自定义框架集主要有以下几种方法。

◎ 将鼠标移动到框架外层边框线上，当鼠标变为 形状时，按住鼠标左键并拖动边框线到合适的位置释放，即可将当前框架拆分，如图7-4所示。

◎ 将鼠标移动到最外层框架的边角上，当鼠标变为 形状时，按住鼠标左键并拖动到合适位置，可一次创建垂直和水平的两条边框，将框架分隔为4个框架，如图7-5所示。

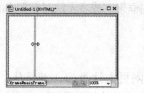
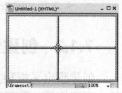

图7-4 拖动外层框架边缘创建　　　　　　　　　图7-5 拖动外层框架边角创建

知识提示　　创建的自定义框架默认是没有名称的，若想为其设置名称，可在"框架"面板中将其选择，然后在"属性"面板的"框架名称"文本框中输入需要的名称即可。

7.1.4　创建嵌套框架

在框架内部还可以创建框架集，即嵌套框架集。其方法与创建框架的方法类似，将插入点定位到需要嵌套框架的位置，选择【插入】→【HTML】→【框架】菜单命令，在打开的列表中选择需要嵌套的框架即可，如图7-6所示。

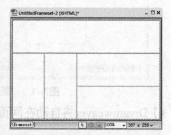

图7-6　嵌套框架

7.2　编辑框架

创建好框架后就可以对框架进行编辑操作，如选择框架和框架集、保存框架和框架集、向框架中添加内容、删除框架、分割框架等。

7.2.1　选择框架和框架集

对框架或框架集进行操作前，必须先选择该框架，选择框架和框架集主要有两种方法。

1. 在"框架"面板中选择

选择框架集或框架需要利用"框架"面板来实现，首先需要选择【窗口】→【框架】菜单命令打开"框架"面板，然后按照下述方法实现框架集与框架的选择。

◎ **选择框架集：** 在"框架"面板中框架集的边框上单击即可选择整个框架集，当框架集被选择后，其边框将呈虚线显示，如图7-7所示。

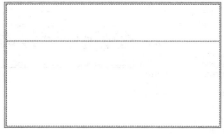

图7-7 选择框架集

◎ **选择框架**：在"框架"面板中的某个框架区域内单击鼠标即可选择该框架，被选择的框架在"框架"面板中以粗黑实线显示，在网页窗口中该框架的边框将呈虚线显示，如图7-8所示。

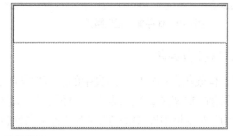

图7-8 选择框架

2. 在编辑窗口中选择

在设计视图中单击某个框架边框，可选择该框架所在的框架集。当一个框架集被选中时，框架集内的所有框架边框都会带有虚线轮廓，若要选择单个框架，只需要在该框架中单击。

移动选择框架的操作主要有以下几种。

◎ 按"Alt"键和左右键，可将选择移动到下一个框架。

◎ 按"Alt"键和上箭头键，可将选择移动到父框架。

◎ 按"Alt"键和下箭头键，可将选择移动到子框架。

7.2.2 保存框架和框架集

保存框架网页和保存普通网页的操作有所不同，可以单独保存某个框架文档，也可以保存整个框架集文档等。

1. 保存框架文档

保存框架文档的方法与保存框架集有所不同，它是指对框架集中指定的单个框架网页进行保存。

（1）将插入点定位到某一个需要保存的框架文档中，选择【文件】→【保存框架】菜单命令，如图7-9所示。

（2）打开"另存为"对话框，在"保存在"下拉列表框中设置保存位置，在"文件名"下拉列表框中设置文件名称，单击 保存(S) 按钮即可完成保存框架集的操作，如图7-10所示。

图7-9　保存单个框架网页　　　　　　　　图7-10　设置保存位置和名称

2. 保存框架集

保存框架集是指将框架网页中的所有框架内容以及框架集本身都进行保存，其方法为：在网页中需保存的框架区域单击鼠标定位插入点，选择【文件】→【保存框架页】菜单命令，在打开的"另存为"对话框中设置框架的保存位置和名称后，单击 保存(S) 按钮即可。

3. 保存所有框架文档

选择【文件】→【保存全部】菜单命令，可在打开的"另存为"对话框中完成框架集及所有框架网页文档的保存工作，如图7-11所示。在保存时，通常先保存框架集网页文档，再保存各个框架网页文档，被保存的当前文档所在的框架或框架集边框将以粗实线显示。

图7-11　保存单个框架网页

> **操作技巧**　选择"文件"选项后，如果未出现"保存框架页"选项，有可能是没有选择整个框架集。只需在"框架"面板中重新选择整个框架集，再选择【文件】→【保存框架页】菜单命令即可。另外，当选择"保存全部"选项后，若框架集中有些框架文档没有保存，则Dreamweaver会打开"另存为"对话框提示保存该文档。如果其中有多个框架文档没有保存，则会多次打开"另存为"对话框。

7.2.3 在框架中添加内容

创建框架后就可以向框架中添加内容。每个框架都是一个文档，用户可以直接向框架中添加内容，也可以在框架中打开已有的文档，下面分别介绍。

◎ **直接向框架中添加内容**：该方法与直接制作网页文档方法相同，先设置页面属性，然后向网页中添加网页元素即可。

◎ **打开已有的网页文档**：将插入点定位到需要插入已有文档的框架中，然后选择【文件】→【在框架中打开】菜单命令，打开"选择HTML文件"对话框，然后双击需要的文件即可。

7.2.4 删除框架

若需删除框架，可用鼠标将要删除框架的边框拖动至页面外即可，如图7-12所示；如果要删除嵌套框架集，需将其边框拖到父框架边框上或拖离页面，如图7-13所示。

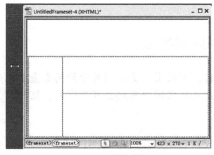
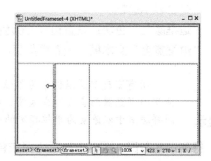

图7-12 删除框架　　　　图7-13 删除嵌套框架集

知识提示

需要注意的是，在删除框架时，嵌套框架集可以删除，但框架集却不能删除。

7.2.5 调整框架大小

当用户在网页文档中插入框架后，常常需要调整框架的大小，此时，可将鼠标光标移至需调整的框架边框上，当鼠标光标变为形状时，按住鼠标左键不放并拖动至所需位置，然后释放鼠标，即可改变框架的大小，如图7-14所示。

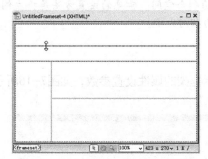
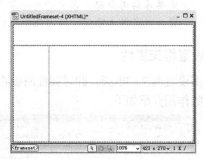

图7-14 调整框架大小

7.2.6 设置框架和框架集属性

每个框架或框架集都有其"属性"面板,通过该面板可设置框架和框架集属性,如设置框架或框架集的名称、边框颜色、边界宽度等。

1. 设置框架集属性

选择需设置属性的框架集后,属性面板中出现图7-15所示的参数。其中部分参数的作用介绍如下。

图7-15 "框架集"属性面板

◎ **"边框"下拉列表**:设置在浏览器中查看网页时是否在框架周围显示边框效果,其中包括"是""否""默认值"3种选项,其中"默认值"表示根据浏览器自身设置来确定是否显示边框。

◎ **"边框颜色"色块**:设置边框的颜色。

◎ **"边框宽度"文本框**:设置框架集中所有边框的宽度。

知识提示　　　　所有宽度都是以像素为单位指定的,若指定的宽度相对于访问者查看框架集所使用的浏览器而言太宽或太窄,框架集将按比例伸缩调整可用空间,这种设置方法同样适用于以像素为单位指定的高度。

◎ **行列选定范围**:图框中显示为深灰色部分表示当前选择的框架,浅灰色表示没有被选择的框架,若要调整框架的大小,可在该处选择需要调整的框架,然后在"值"文本框中输入数字。

◎ **"值"文本框**:指定选择框架的大小。

◎ **"单位"下拉列表**:设置框架尺寸的单位,包含"像素"、"百分比"或"相对"3个选项。

知识提示　　　　选择"像素"选项时,尺寸是永远固定的,若网页中其他框架用不同的单位设置框架的大小,则浏览器首先为该框架分配屏幕空间,再将剩余空间分配给其他类型的框架;选择"百分比"选项时,框架的大小会随着框架集大小按所设比例发生变化,在浏览器分配屏幕空间时,该选项比"像素"类型的框架后分配,比"相对"类型的框架先分配;选择"相对"选项时,表示框架在前两种类型的框架分配完屏幕后再分配,占前两种框架所有的剩余空间。常见的设置方法是将左侧框架设置为固定像素宽度,将右侧框架设置为相对大小。

2. 设置框架属性

选择需设置属性的框架,此时属性面板将显示框架的属性设置参数,如图7-16所示。其中部分参数的作用介绍如下。

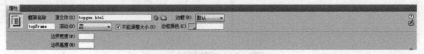

图7-16 "框架"属性面板

◎ **"框架名称"文本框**：设置当前框架文档的名称，框架名称应该是一个单词，也可以使用下画线链接，但必须以字母开头，不能使用连字符、句点、空格、JS中的保留字。需要注意的是框架名称是要被超链接和脚本引用的，因此必须符合框架的命名规则。

◎ **"源文件"文本框**：设置在当前框架中初始显示的网页文件名称和路径。

◎ **"边框"下拉列表框**：设置是否显示框架的边框，需要注意的是当该选项设置与框架集设置冲突时，此选项设置才会起作用。

◎ **"滚动"下拉列表**：设置框架显示滚动条的方式，包括"是""否""自动""默认"4个选项。其中"是"表示显示滚动条；"否"表示不显示滚动条；"自动"表示根据窗口大小显示滚动条；"默认"表示根据浏览器自身设置显示滚动条。

◎ **"不能调整大小"复选框**：单击选中该复选框将不能在浏览器中通过拖曳框架边框来改变框架大小。

◎ **"边框颜色"文本框**：设置框架边框颜色。

◎ **"边界宽度"文本框**：设置当前框架中的内容距左右边框的距离。

◎ **"边界高度"文本框**：设置当前框架中的内容距上下边框的距离。

7.2.7 课堂案例1——使用框架制作"公司公告"网页

本例将通过框架来制作"公司公告"网页。首先需要创建框架页，然后对框架集和框架进行适当调整与编辑，最后在各个框架中指定需要显示的网页源文件即可，完成后的效果如图7-17所示。

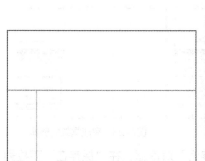
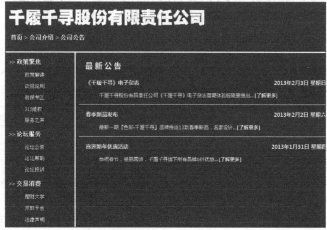

图7-17 "公司公告"网页的最终效果

素材所在位置	光盘:\素材文件\第7章\课堂案例1\top.html、left.html、right.html
效果所在位置	光盘:\效果文件\第7章\课堂案例1\gsgg.html
视频演示	光盘:\视频文件\第7章\使用框架制作"公司公告"网页.swf

（1）在Dreamweaver操作界面中选择【文件】→【新建】菜单命令，如图7-18所示。

（2）打开"新建文档"对话框，在左侧的列表框中选择"示例中的页"选项，在"示例文件夹"列表框中选择"框架页"选项，在"示例页"列表框中选择"上方固定"选项，单

击 创建(R) 按钮，如图7-19所示。

图7-18　新建网页　　　　　　　　　　　图7-19　选择框架模板

（3）打开设置框架标题的对话框，默认设置，单击 确定 按钮，如图7-20所示。

（4）完成框架集的创建，效果如图7-21所示。

（5）在"框架"面板中单击下方的框架区域将其选择，如图7-22所示。

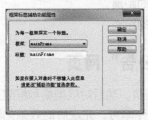

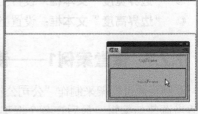

图7-20　设置框架名称　　　图7-21　创建的框架集效果　　　图7-22　选择框架

（6）将鼠标光标移至网页中所选框架的左边框上，当其变为↔形状时，如图7-23所示。

（7）按住鼠标左键不放并向右侧拖动，如图7-24所示。

（8）释放鼠标即可将下方的框架拆分为两个框架，同时"框架"面板中也将同步更新框架集的结构，效果如图7-25所示。

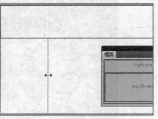

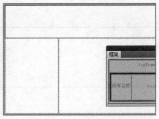

图7-23　定位鼠标指针　　　　图7-24　拆分框架　　　　图7-25　完成框架的创建

（9）选择【文件】→【保存框架页】菜单命令打开"另存为"对话框，在"保存在"下拉列表框中设置保存位置，在"文件名"下拉列表框中输入"gsgg.html"，单击 保存(S) 按钮即可完成保存框架集的操作。

（10）在"框架"面板中选择上方的框架，然后单击"属性"面板中"源文件"文本框右侧的"浏览文件"按钮 ，如图7-26所示。

（11）打开"选择HTML文件"对话框，选择"top.html"网页文件，单击 确定 按钮，如图7-27所示。

图7-26 选择框架 　　　　　　　图7-27 指定网页文件

（12）打开"Dreamweaver"提示对话框，单击 是(Y) 按钮，如图7-28所示。

（13）此时将打开"复制文件为"文本框，在其中选择复制的文件放置位置，然后单击 保存(S) 按钮，如图7-29所示。

图7-28 确认复制 　　　　　　　图7-29 设置文件保存位置

（14）所选框架中便插入了指定的网页文件。继续在"框架"面板中选择左侧的框架，单击"属性"面板中的"浏览文件"按钮，如图7-30所示。

（15）打开"选择HTML文件"对话框，选择提供的"left.html"网页文件，单击 确定 按钮，打开"Dreamweaver"提示对话框，单击 是(Y) 按钮，如图7-31所示。

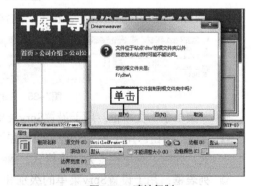

图7-30 选择框架 　　　　　　　图7-31 确认复制

（16）将鼠标移动到框架边缘，当其变为↔形状时按住鼠标左键并拖动，调整框架大小，使其全部显示页面内容，然后在"框架"面板中选择右侧的框架，单击"属性"面板中的"浏览文件"按钮，在打开的对话框中选择"right.html"文件，如图7-32所示。

（17）打开"Dreamweaver"提示对话框，单击 是(Y) 按钮，如图7-33所示。

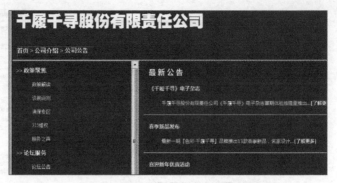

图7-32 选择网页文件　　　　　　　　　　图7-33 为其他框架指定网页

7.3 使用Spry框架

Spry是网页制作的一个特殊功能。使用Spry可为网页增加交互功能，丰富网页结构。Dreamweaver中可使用Spry制作菜单、选项卡、折叠面板等。

7.3.1 Spry菜单栏

Spry菜单栏通常用于导航栏的制作，该菜单可实现多级标题导航功能，其方法为：选择【插入】→【布局对象】→【Spry菜单栏】菜单命令，或在"插入"面板的"布局"选项卡中单击"Spry菜单栏"按钮，打开"Spry菜单栏"对话框，在其中进行设置，然后单击 确定 按钮即可，如图7-34所示。

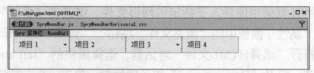

图7-34 插入菜单栏

此时属性面板如图7-35所示，相关参数含义如下。

图7-35 Spry菜单栏属性面板

◎ "菜单条"文本框：用于设置Spry菜单栏的名称。

◎ 禁用样式 按钮：用于设置Spry菜单栏是否使用预定义的样式，单击该按钮将禁用菜单样式，此时，菜单栏变为列表样式，禁用样式 按钮变为 启用样式 按钮。

◎ 列表框：用于设置Spry菜单的级别和名称，第一个列表栏用于设置一级菜单，第二个列表栏用于设置二级标题，以此类推。

◎ ＋和－按钮：用于增加和删除菜单项。

◎ ▲和▼按钮：用于移动菜单项的位置。

◎ "文本"文本框：在列表框中选择菜单项，可在该文本框中设置菜单项名称。

◎ "链接"文本框：用于设置菜单项链接的目标位置。

7.3.2 Spry选项卡式面板

选择【插入】→【布局对象】→【Spry选项卡式面板】菜单命令，或在"插入"面板的"布局"选项卡中单击"Spry选项卡式面板"按钮🗔，即可在插入点处插入一个选项卡式面板，在"标签"处可更改面板的名称，在"内容"处可制作面板中要显示的内容，如图7-36所示，属性面板如图7-37所示，相关参数含义如下。

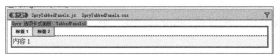

图7-36　选项卡式面板　　　　　　　　　　　　图7-37　Spry选项卡式面板属性面板

◎　"选项卡式面板"文本框：用于设置Spry选项卡式面板的名称。

◎　"面板"列表框：用于设置Spry选项卡的数量，单击上方的➕按钮可增加选项卡数量，单击➖按钮则可减少选项卡数量。

◎　"默认面板"下拉列表：用于设置Spry选项卡面板默认显示的面板。

7.3.3 Spry折叠式

选择【插入】→【布局对象】→【Spry折叠式】菜单命令，或在"插入"面板的"布局"选项卡中单击"Spry折叠式"按钮🗔，即可在插入点处插入一个折叠式列表，在"标签"处可更改折叠栏的名称，在"内容"处可制作折叠栏中要显示的内容，如图7-38所示，属性面板如图7-39所示，相关参数含义如下。

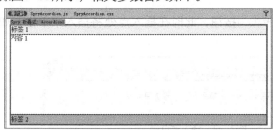

图7-38　Spry折叠式　　　　　　　　　　　　　图7-39　Spry折叠式属性面板

◎　"折叠式"文本框：用于设置Spry折叠式的名称。

◎　"面板"列表框：用于设置Spry折叠栏的数量，单击上方的➕按钮可增加折叠栏数量，单击➖按钮则可减少折叠栏数量。

7.3.4 Spry可折叠面板

选择【插入】→【布局对象】→【Spry可折叠面板】菜单命令，或在"插入"面板的"布局"选项卡中单击"Spry可折叠面板"按钮🗔，即可在插入点处插入一个可折叠面板，在"标签"处可更改可折叠面板的名称，在"内容"处可制作可折叠面板中要显示的内容，如图7-40所示，属性面板如图7-41所示，相关参数含义如下。

◎　"可折叠面板"文本框：用于设置Spry可折叠面板的名称。

◎　"显示"下拉列表：用于设置可折叠面板的显示方式。

◎　"默认状态"下拉列表：用于设置可折叠面板的默认状态。

Dreamweaver网页制作教程

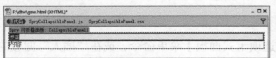

图7-40　Spry可折叠面板　　　　　　　　　　　图7-41　Spry可折叠面板属性面板

7.3.5　课堂案例2——为教务处网页制作导航栏

根据本节所学知识，为教务处网页制作导航栏，要求使用Spry菜单栏制作有多级目录的导航，完成后的效果如图7-42所示。

图7-42　导航栏效果

| 效果所在位置 | 光盘:\效果文件\第6章\课堂案例2\jwc.html |
| 视频演示 | 光盘:\视频文件\第6章\为教务处网页制作导航栏.swf |

（1）新建一个名为"jwc"的网页文档，然后选择【插入】→【布局对象】→【Spry菜单栏】菜单命令，或在"插入"面板的"布局"选项卡中单击"Spry菜单栏"按钮，打开"Spry菜单栏"对话框，如图7-43所示。

（2）单击选中"水平"单选项，然后单击 确定 按钮，此时在插入点处将插入菜单栏，如图7-44所示。

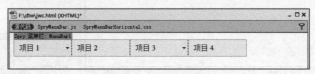

图7-43　"Spry菜单栏"对话框　　　　　　　　图7-44　插入菜单栏

（3）在属性面板中的"文本"对话框中输入"首页"文本，在中间列表框中选择"首页"选项，然后单击＋按钮，如图7-45所示。

（4）在"文本"文本框中输入一级菜单名称，然后在中间列表框中选择选项，在"文本"文本框中输入二级菜单名称，效果如图7-46所示。

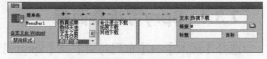

图7-45　设置一级菜单　　　　　　　　　　　图7-46　设置二级菜单

（5）此时设计窗口中原来的菜单栏会显示属性面板中设置的菜单项目，在菜单栏上的任意一个菜单上单击，选择其中一个AP元素，然后在属性面板中的"宽"文本框中输入"142px"，效果如图7-47所示。

（6）在CSS面板中选择"SpryMenuBarHorizontal.css"选项下的"ul.MenuBarHorizontal ul"样式，单击"编辑"按钮，在打开的对话框中按照图7-48所示参数设置。

图7-47 设置菜单宽度　　　　　　　　图7-48 修改菜单边框颜色

（7）选择"ul.MenuBarHorizontal a"样式，在"CSS"面板中删除背景颜色属性，效果如图7-49所示。

（8）在CSS面板中选择"SpryMenuBarHorizontal.css"选项下的"ul.MenuBarHorizontal ul"样式，在下面的属性栏中更改背景颜色，如图7-50所示。

（9）选择"ul.MenuBarHorizontal a.MenuBarItemSubmenu"样式，按照图7-51所示进行设置。

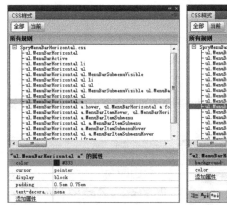

图7-49 去除菜单项的背景　　图7-50 修改鼠标移上去菜单显示效果　　图7-51 修改文本大小和对齐方式

（10）其他保持默认设置不变，保存网页时，系统将自动弹出"复制相关文件"对话框，这时Dreamweaver自动生成脚本文件和CSS文件，直接单击 确定 按钮即可。

（11）此时在浏览器中预览网页，即可看到设置的Spry菜单栏效果。

7.4 课堂练习

本课堂练习将分别制作"歇山园林"网页和"景点介绍"网页，综合练习本章学习的知识点，将学习到的框架布局的方法进行巩固。

7.4.1 制作"歇山园林"网页

1．练习目标

本练习的目标是为某园林公司制作企业网站网页。通过框架的各种操作来完成网站的布局，然后向框架中添加内容即可，完成后的效果如图7-52所示。

素材所在位置　　光盘:\素材文件\第7章\课堂练习\index\
效果所在位置　　光盘:\效果文件\第7章\课堂练习\index\
视频演示　　　　光盘:\视频文件\第7章\制作"歇山园林"网页.swf

图7-52　"歇山园林"网页

2. 操作思路

完成本练习需要先创建框架，然后将框架保存，最后向框架中添加相关的内容并调整框架大小等，其操作思路如图7-53所示。

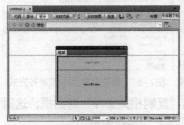

①创建框架　　②添加内容　　③调整框架大小

图7-53　"歇山园林"网页的制作思路

（1）新建一个上方固定的框架网页文档，将框架集保存为"index.html"。

（2）在上方的框架中通过链接网页的方法添加内容为"top.html"页面，下方框架链接"zxhh.html"页面。

（3）完成后调整上方框架大小到合适位置，然后保存即可。

7.4.2　制作"蓉锦大学首页"网页

1. 练习目标

本练习目标是为"蓉锦大学"网站制作"首页"网页，要求页面简洁、大方，布局规整。本实训的参考效果如图7-54所示。

素材所在位置　　光盘:\素材文件\第7章\课堂练习\indexrjdx\

效果所在位置　　光盘:\效果文件\第7章\课堂练习\indexrjdx\

视频演示　　　　光盘:\视频文件\第7章\制作"蓉锦大学首页"网页.swf

图7-54 "蓉锦大学首页"网页的制作效果

2. 操作思路

根据练习目标,主要包括框架的创建、保存、设置属性,其操作思路如图7-55所示。

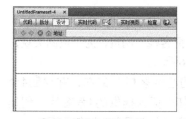

① 插入表格和嵌套表格

③ 绘制AP Div

图7-55 "蓉锦大学首页"网页的制作思路

(1)新建一个上方固定的框架网页文档,将框架集保存为"indexrjdx.html"。

(2)在上方的框架中通过链接网页的方法添加内容为"top.html"页面,下方框架链接"mainrjdx.html"页面。

(3)完成后调整上方框架大小到合适位置,然后保存即可。

7.5 拓 展 知 识

使用框架布局页面时,还有一个非常实用的对象——浮动框架,它可以实现在某个框架页面中进一步嵌入页面。下面对浮动框架的创建和设置等操作进行拓展介绍。

◎ **创建浮动框架**:浮动框架是通过在代码视图中添加<iframe></iframe>标签来实现的,首先在网页中需插入浮动框架的页面处单击鼠标定位插入点,然后切换到代码视图,输入"<iframe></iframe>",最后单击"属性"面板中的 刷新 按钮即可(设计视图中的灰色方框便代表创建的浮动框架)。

◎ **宽度设置**:在<iframe>标签中的"iframe"后按空格键,在打开的列表框中双击"width"选项,并在插入的双引号中输入具体的宽度值,如"100%"或"500px"。

◎ **高度设置**:在<iframe>标签中的"iframe"后按空格键(也可在其余设置好的参数代

码后按空格键），在打开的列表框中双击"height"选项，并在插入的双引号中输入具体的高度值，如"50px"。

◎ **边框设置**：在<iframe>标签中的"iframe"后按空格键（也可在其余设置好的参数代码后按空格键），在打开的列表框中双击"frameborde"选项，并在插入的双引号中输入具体的边框粗细，输入"0"表示无边框。

◎ **指定源文件**：在<iframe>标签中的"iframe"后按空格键（也可在其余设置好的参数代码后按空格键），在打开的列表框中双击"src"选项，然后选择"浏览"选项，可在打开的对话框中为浮动框架指定显示的网页文件。

◎ **滚动条设置**：在<iframe>标签中的"iframe"后按空格键（也可在其余设置好的参数代码后按空格键），在打开的列表框中双击"scrolling"选项，可在打开的列表框中选择滚动条显示方式，包括"auto""yes""no"选项。

◎ **对齐方式设置**：在<iframe>标签中的"iframe"后按空格键（也可在其余设置好的参数代码后按空格键），在打开的列表框中双击"align"选项，可在打开的列表框中选择对齐方式，包括"bottom""left""middle""right""top"选项。

7.6 课 后 习 题

根据前面所学知识，利用表格布局网页的方法制作"我的心情客栈"网页，为了页面美观，可结合下一章Div内容进行页面美化，完成后的参考效果如图7-56所示。

提示：创建"top.html"网页，在其中输入并设置"我的心情客栈"文本，并绘制4个AP Div对象，方法可参考下一章讲解的内容，在其中插入提供的4张图片。创建"bottom.html"网页，利用表格制作网页效果。创建"上方固定"框架网页，在上方的框架中指定"top.html"网页，在下方的框架中指定"bottom.html"网页，适当调整后保存并预览效果。

图7-56 "我的心情客栈"网页效果

素材所在位置	光盘:\素材文件\第7章\课后习题\dh-1.png、dh-2.png、dh-3.png…
效果所在位置	光盘:\效果文件\第7章\课后习题\xqkz-me\
视频演示	光盘:\视频文件\第7章\制作"我的心情客栈"网页.swf

第8章

CSS+DIV的应用

使用CSS样式可以统一页面风格，减少重复工作量，使用DIV布局页面则可以丰富页面效果。网页设计中，常将DIV布局和CSS样式结合起来使用。本章将学习利用CSS+DIV制作网页的相关知识，让读者熟练掌握CSS+DIV的应用。

✳ 学习要点

- ◎ 认识CSS样式表
- ◎ 设置CSS属性
- ◎ 管理CSS样式表
- ◎ 认识DIV标签
- ◎ 认识盒模型
- ◎ 使用AP Div

✳ 学习目标

- ◎ 掌握CSS样式的相关知识
- ◎ 掌握DIV的相关设置

8.1 CSS样式表

网页设计中一些比较规则或元素较为统一的页面，可使用CSS样式来控制页面风格，减少重复工作量，本节将主要介绍CSS样式的基本知识。

8.1.1 CSS概述

CSS是Cascading Style Sheet（层叠样式表）的缩写，将多重样式定义可以层叠为一种。CSS是标准的布局语言，用于为HTML文档定义布局，如控制元素的尺寸、颜色、排版等，解决了内容与表现分离的问题。

1. 元素

在HTML中，元素是指表示文档格式的一个模块，可以包括一个开始标签、结束标签、包含在这两个标签之间的所有内容，如"<h1>我是标题标记</h1>"就是一个元素，表示一个一级标题，通常将标签名作为元素名称。

2. 父元素和子元素

当元素的开始标签和结束标签之间包含有其他元素，则将被包含在元素内的元素称为外层元素的子元素，外层次元素则称为父元素。如"<p><b>我是段落标记</b></p>"，元素p是元素b的父元素，元素b是元素p的子元素。

3. 属性

在HTML中，属性是指某个元素某方面的特性，如颜色、字体、大小、高度、宽度等，每个属性有且只能指定一个值。

4. CSS功能

CSS功能归纳起来主要有以下几点。

◎ 灵活控制页面文字的字体、字号、颜色、间距、风格、位置等。
◎ 随意设置一个文本块的行高和缩进，并能为其添加三维效果的边框。
◎ 方便定位网页中的任何元素，设置不同的背景颜色和背景图片。
◎ 精确控制网页中各种元素的位置。
◎ 可以为网页中的元素设置各种过滤器，从而产生诸如阴影、模糊、透明等效果。通常这些效果只能在图像处理软件中才能实现。
◎ 可以与脚本语言结合，使网页中的元素产生各种动态效果。

5. CSS特点

CSS的特点主要包括以下几点。

◎ **使用文件**：CSS提供了许多文字样式和滤镜特效等，不仅便于网页内容的修改，而且能提高下载速度。
◎ **集中管理样式信息**：将网页中要展现的内容与样式分离，并进行集中管理，便于在需要更改网页外观样式时，保持HTML文件本身内容不变。

◎ **将样式分类使用**：多个HTML文件可以同时使用一个CSS样式文件，一个HTML文件也可同时使用多个CSS样式文件。

◎ **共享样式设定**：将CSS样式保存为单独的文件，可以使多个网页同时使用，避免每个网页重复设置的麻烦。

◎ **冲突处理**：当文档中使用两种或两种以上样式时，会发出冲突，如果在同一文档中使用两种样式，浏览器将显示出两种样式中除了冲突外的所有属性；如果两种样式互相冲突，则浏览器会显示样式属性；如果存在直接冲突，那么自定义样式表的属性将覆盖HTML标记中的样式属性。

8.1.2 CSS的基本语法

CSS样式设置规则由选择器和声明两部分组成。CSS的基本语法是：选择器{属性1：属性1值；属性2：属性2值；…}。其中选择器是表示已设置格式元素的术语，如body、table、tr、ol、p、类名、ID名等，声明则是用于定义样式的属性，通过CSS语法结构可看出，声明由属性和值两部分组成，如图8-1所示的代码中，body为选择器，{}中的内容为声明块，分号用于分隔多个属性定义。图中代码表示HTML中<body></body>标记内的所有内容外边距为0，内边距为0，字号为12点，字体为宋体，行高为18点，背景颜色为红色。

图8-1 CSS基本语法

8.1.3 认识"CSS样式"面板

CSS样式的使用离不开"CSS样式"面板，因此在学习CSS样式之前，有必要对"CSS样式"面板的用法有所了解。选择【窗口】→【CSS样式】菜单命令或按【Shift+F11】组合键即可打开"CSS样式"面板，如图8-2所示，其中各参数的作用介绍如下。

◎ 全部**按钮**：单击该按钮可显示当前网页中所有创建的CSS样式。

◎ 当前**按钮**：单击该按钮可显示当前选择的CSS样式的详细信息。

◎ **"所有规则"栏**：显示当前网页中所有创建的CSS样式规则。

◎ **"属性"栏**：显示当前选择的CSS样式的规则定义信息。

◎ **"显示类别视图"按钮** ：单击该按钮可在"属性"栏中分类显示所有的属性。

图8-2 "CSS样式"面板

◎ **"显示列表视图"按钮** ：单击该按钮可在"属性"栏中按字母顺序显示所有属性。

◎ **"只显示设置属性"按钮** ：单击该按钮只显示设定了值的属性。

◎ **"附加样式表"按钮** ：单击该按钮可链接外部CSS文件。

◎ **"新建CSS规则"按钮** ：单击该按钮可新建CSS样式。

◎ **"编辑样式"按钮** ：单击该按钮可编辑选择的CSS样式。

◎ **"禁用CSS样式规则"按钮** ：单击该按钮可禁用或启用"属性"栏中所选择的CSS

样式的规则。

◎ "删除CSS规则"按钮 🗑：单击该按钮可删除选择的CSS样式规则。

8.1.4 CSS样式表的创建方法

在Dreaweaver CS5中，内容与表现分离，因此在设计网页时，通常会创建相关的CSS样式，创建CSS样式的具体操作如下。

（1）选择【格式】→【CSS样式】→【新建】菜单命令，打开"新建CSS规则"对话框，如图8-3所示，相关选项含义如下。

◎ **选择器名称**：用于设置新建的样式表的名称。

◎ **选择器类型**：用于定义样式类型，并将其应用到特定的部分。若选择"类"选项，则需要在"选择器名称"下拉列表中自定义名称，该名称可以是字母和数字的组合，若没有输入"."符号，系统会自动添加；若选择"标签"选项，则需要在"选择器名称"下拉列表中选择一个HTML标签，也可手动输入该标签；若选择"符合类容"选项，则需要在"选择器名称"下拉列表中选择一个选择器类型，也可手动输入该类型。

◎ **规则定义**：用于设置新建的CSS语句的位置。选择"仅对该文档"选项，表示将CSS样式保存在当前文档中，包含在文档的头部标签"<head></head>"中；选择"新建样式表文件"选项，将新建一个专门用来保存CSS样式的文件，其扩展名为".css"。

（2）在其中进行相关设置，完成后单击 确定 按钮，打开"将样式表文件另存为"对话框，如图8-4所示。

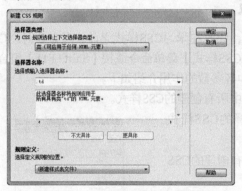

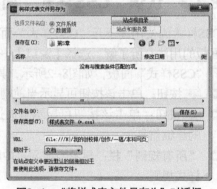

图8-3 "新建CSS规则"对话框　　　　图8-4 "将样式表文件另存为"对话框

（3）单击 保存(S) 按钮，打开".td 的CSS规则定义"对话框，在其中可设置CSS样式的相关属性，完成后单击 确定 按钮即可创建样式。

知识提示　　选择【窗口】→【CSS样式】菜单命令，打开"CSS样式"面板，在其中单击"新建CSS规则"按钮 🟦 也可以打开"新建CSS规则"对话框。

8.1.5 样式表的链接

CSS样式链接到HTML文档中的方法有以下几种。

◎ **外部链接**：这种方式是目前网页设计行业中最常用的CSS样式链接方式，即将CSS保存为文件，与HTML文件分离，减小HTML文件大小，加快页面加载速度。其链接方法是：将页面切换到"代码"视图，在HTML语言头部的"<title></title>"标签下方输入代码"<link href="(CSS样式文件路径)" type=text/css rel=stylesheet>"即可。其中"rel=stylesheet"表示在页面中使用外部的样式表；"type=text/css"表示文件的类型是样式表文件；href="(CSS样式文件路径)"表示文件所在的位置。

知识提示　　　一个外部样式表文件可以应用于多个页面，当改变该样式表文件时，所有应用了样式表的页面样式都随着改变。在制作大量相同样式页面的网站时，这种链接方法非常有用，不仅减少重复工作量，且有利于以后的修改、编辑，浏览时也减少了重复下载代码的过程。

◎ **行内嵌入**：该种链接方式是将CSS样式代码直接嵌入到HTML语言中，使用这种方法可以很简单地对某个元素单独定义样式，主要在body内实现。使用方法是：直接在HTML标记中添加style参数，该参数的内容就是CSS的属性和值，在style参数后面的引号内的内容相当于在样式表中大括号中的内容。这种方法使用比较简单，显示很直观，但无法发挥样式表的优势，不利于网页的加载，且会增大文件的体积，因此不推荐使用这种链接方式。

◎ **内部链接**：这种方式是将CSS样式从HTML代码行中分离出来，直接放在HTML语言头部的"<title></title>"标签下方，即<head></head>标签内，并以<style type="text/css"></style>形式体现，本书中的CSS样式均采用该链接方式。

◎ **导入外部样式表**：这种方法是指在样式表的<style>里导入一个外部样式表，导入时使用@import标签，如"<style type="text/css">@import slstyle.css</style>"，其中@import slstyle.css表示导入slstyle.css样式表。需要注意的是，在导入外部样式表的路径、方法和链接外部样式表的方法类似，但导入外部样式表输入方式更简单，实质上使用这种方法时，外部样式表是存在于内部样式表中的。

8.2　定义CSS样式

CSS样式可以控制许多HTML无法控制的属性。使用CSS样式可以统一网页在多个浏览器中处理页面布局和外观时更加一致。Dreamweaver CS5将属性分为8类，分别为类型、背景、区块、方框、边框、列表、定位、扩展，本节将详细讲解这些属性设置的作用。

8.2.1　设置类型属性

在"CSS规则定义"对话框左侧的"分类"列表框中选择"类型"选项，可在界面右侧设置CSS类型属性，如图8-5所示，其中各参数的作用介绍如下。

◎ **"Font-family"下拉列表框**：选择需要的字体外观。

◎ **"Font-size"下拉列表框**：选择或输入字号来设置字体大小。

◎ **"Font-weight"下拉列表框**：选择或输入数值来设置文本的粗细程度，有"normal（正常）""bold（粗体）""bolder（特粗）""lighter（细体）"和9组具体粗细值。

◎ "Font-style"下拉列表框：设
置 "normal（正常）" "italic
（斜体）" "obliquec（偏斜
体）"作为字体样式。

◎ "Font-variant"下拉列表框：
选择文本的变形方式。

◎ "Line-height"下拉列表框：
选择或输入数值来设置文本的
行高，有 "normal（正常）"
和 "value（值）"两个选项，
其中 "value（值）"的常用单
位为 "px（像素）"。

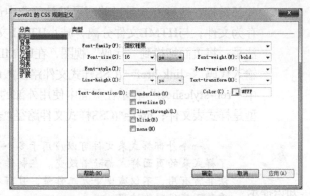

图8-5　设置CSS样式的"类型"属性

◎ "Text-transform"下拉列表框：选择文本的大小写方式，有 "capitalize（首字母大
写）" "uppercase（大写）" "lowercase（小写）" "none（无）"4个选项。

◎ "Text-decoration"栏：单击选中相应的复选框可修饰文本效果，有 "underline（下画
线）" "overline（上画线）" "line-through（删除线）" "blink（闪烁）" "none
（无）"选项。

◎ "Color"栏：单击颜色按钮或在文本框中输入颜色编码设置文本颜色。

8.2.2　设置背景属性

在 "CSS规则定义"对话框左侧的"分类"列表框中选择"背景"选项，可在界面右侧设
置背景样式，如图8-6所示，其中各参数的作用介绍如下。

◎ "Background-color"栏：单
击浏览颜色按钮或在文本框
中输入颜色编码设置网页背
景颜色。

◎ "Background-image"下拉列
表框：单击 浏览 按钮，可在打
开的对话框中选择背景图像。

◎ "Background-repeat"下
拉列表框：选择背景图像
的重复方式，有 "no-repet
（不重复）" "repet（重
复）" "repet-X（横向平铺）" "repet-Y（纵向平铺）"4个选项。

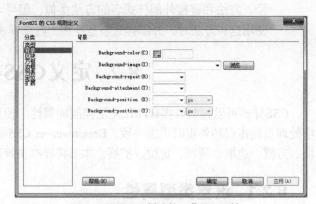

图8-6　设置CSS样式的"背景"属性

◎ "Background-attachment"下拉列表框：用于设置背景图像是否随页面的滚动而一起
滚动，有 "fixd（固定）"和 "scroll（滚动）"两个选项。

◎ "Background-position（X）"下拉列表框：选择背景图像相对于对象的水平位置。

◎ "Background-position（Y）"下拉列表框：选择背景图像相对于对象的垂直位置。

知识提示　　若在"Background-position（X）"和"Background-position（Y）"下拉列表框选择输入值，则元素的位置是相对于文档窗口的，而不是相对于元素本身。

8.2.3　设置区块属性

在"CSS规则定义"对话框左侧的"分类"列表框中选择"区块"选项，可在界面右侧设置区块样式，如图8-7所示，其中各参数的作用介绍如下。

◎　"Word-spacing"下拉列表框：选择或直接输入单词之间的间隔距离，有"normal（正常）"和"value（值）"两个选项，当选择"value（值）"选项时，可在右侧的下拉列表框中设置数值的单位。

◎　"Letter-spacing"下拉列表框：选择或直接输入字母间

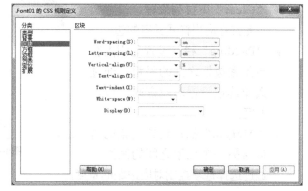

图8-7　设置CSS样式的"区块"属性

的间距，在右侧的下拉列表框中可设置数值的单位。

◎　"Vertical-align"下拉列表框：选择指定元素相对于父级元素在垂直方向上的对齐方式。若将2×3像素的GIF图像同字母元素文字的顶部垂直对齐，则该GIF图像将在该行文字的顶部显示。该属性有"baseline（基线）""sub（下标）""super（上标）""top（顶部）""text-top（文本顶对齐）""middle（中线对齐）""bottion（底部）""text-bottion（文本底对齐）""value（值）"9个选项。

◎　"Text-align"下拉列表框：选择文本在应用该样式元素中的对齐方式。

◎　"Text-indent"文本框：通过输入设置首行的缩进距离，在右侧的下拉列表框中可设置数值单位。

◎　"White-space"下拉列表框：设置处理空格的方式。在HTML中，空格是被省略的，即在一个段落标签开始处无论输入多少个空格都是无效的。若要输入空格，可直接切换到代码窗口，输入" "空格代码，或使用"<pre>"标签。在CSS规则中使用该属性可控制空格的输入，该属性有"normal（正常）""pre（保留）""nowrap（不换行）"3个选项。

◎　"Display"下拉列表框：指定是否以及如何显示元素。共有19个选项，分别是"none（无）""inline（内嵌）""block（块）""list-item（列表项）""run-in（追加部分）""inlink-biock（内联块）""compact（紧凑）""marker（标记）""table（表格）""inline-table（内嵌表格）""table-row-group（表格行组）""table-header-group（表格标题组）""table-footer-group（表格脚注组）""table-row（表格行）""table-column-geoup（表格列组）""table-column（表格列）""table-cell（表格单元格）""table-header（表格标题）""inherit（继承）"。

8.2.4 设置方框属性

在CSS规则定义对话框左侧的"分类"列表框中选择"方框"选项，可在界面右侧设置方框样式，如图8-8所示，其中各参数的作用介绍如下。

◎ "Width"下拉列表框：设置元素的宽度。

◎ "Height"下拉列表框：设置元素的高度。

◎ "Float"下拉列表框：设置元素的文本环绕方式。

◎ "Clear"下拉列表框：设置层不允许在应用样式元素的边。

◎ "Padding"栏：设置元素内容与元素边框之间的间距，通过选择选项设置对应方向的留白宽度。

◎ "Margin"栏：设置元素的边框与另一个元素之间的间距，通过选择选项控制对应边距的宽度。

图8-8 设置CSS样式的"方框"属性

操作技巧

撤销选中"全部相同"复选框，可分别设置元素上下左右四周的数值。但如果上下左右的数值都相同，则建议单击选中"全部相同"复选框，通过设置一个方向上的数值，而自动应用其他方向的数值。

8.2.5 设置边框属性

在CSS规则定义对话框左侧的"分类"列表框中选择"边框"选项，可在界面右侧设置边框样式，如图8-9所示，其中各参数的作用介绍如下。

◎ "Style"栏：设置元素上、下、左、右的边框样式。

◎ "Width"栏：设置元素上、下、左、右的边框宽度。

◎ "Color"栏：设置元素上、下、左、右的边框颜色。

8.2.6 设置列表属性

在"CSS规则定义"对话框左侧的"分类"列表框中选择"列表"选项，可在界面右侧设置列表样式，如图8-10所示，其中各参数的作用介绍如下。

图8-9 设置CSS样式的"边框"属性

◎ "List-style-type"下拉列表框：选择无序列表框的项目符号类型及有序列表框的编号类型。

◎ "List-style-image"下拉列表框：通过单击 浏览 按钮进行设置作为无序列表框的项目符号

的图像。

◎ **"List-style-Position"下拉列表框**：设置列表框文本是否换行和缩进。其中"inside"选项表示当列表框过长而自动换行时不缩进；"outside"选项表示当列表框过长而自动换行时以缩进方式显示。

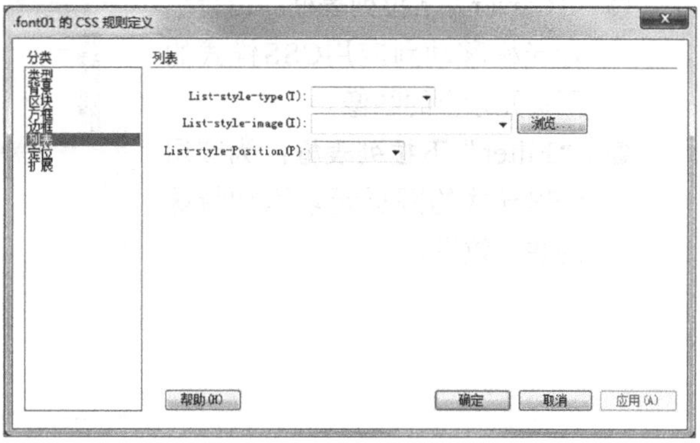

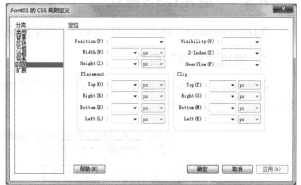

图8-10 设置CSS样式的"列表"属性

8.2.7 设置定位属性

在"CSS规则定义"对话框左侧的"分类"列表框中选择"定位"选项，可在界面右侧设置定位样式，如图8-11所示，其中各参数的作用介绍如下。

◎ **"Position"下拉列表框**：设置定位方式，其中"absolute"选项可使用定位框中输入的坐标相对于页面左上角来放置层；"relative"选项可使用定位框中输入的坐标相对于对象当前位置来放置层；"static"选项可将层放在它在文本流中的位置。

◎ **"Visibility"下拉列表框**：设置AP元素的显示方式，其中"inherit"选项表示将继承父AP元素的可见性属性，如果没有父AP元素，默认为可见；"visible"选项将显示AP元素的内容；"hidden"选项将隐藏AP元素的内容。

◎ **"Z-Index"下拉列表框**：设置AP元素的堆叠顺序，其中编号较高的AP元素显示在编号较低的AP元素的上面。

◎ **"Overflow"下拉列表框**：设置当AP元素的内容超出AP元素大小时的处理方式，其中"visible"选项将使AP元素向右下方扩展，使所有内容都可见；"hidden"选项将保持AP元素的大小并剪辑任何超出的内容；"scroll"选项将不论内容是否超出AP元素的大小，都在AP元素中添加滚动条；"auto"选项表示当AP元素的内容超出AP元素的边界时显示滚动条。

图8-11 设置CSS样式的"定位"属性

◎ **"Placement"栏**：设置AP元素的位置和大小。

◎ **"Clip"栏**：设置AP元素的可见部分。

8.2.8 设置扩展属性

在"CSS规则定义"对话框左侧的"分类"列表框中选择"扩展"选项，可在界面右侧设置扩展样式，如图8-12所示，其中各参数的作用介绍如下。

◎ **"分页"栏**：控制打印时在CSS样式的网页元素之前或之后进行分页。

◎ "Cursor"下拉列表框：设置鼠标光标移动到应用CSS样式的网页元素上的图像。

◎ "Filter"下拉列表框：为应用CSS样式的网页元素添加特殊的滤镜效果。

图8-12 设置CSS样式的"扩展"属性

8.3 管理CSS样式表

CSS样式的功能如此强大，在学会如何创建并设置CSS样式后，还应该掌握如何在网页中使用CSS样式，本小节将详细介绍如何使用CSS样式的相关知识。

8.3.1 应用CSS样式

在Dreamweaver CS5中，可使用多种方法来应用已经创建好的CSS样式，下面分别介绍。

1. 通过"属性"面板

选择需要应用CSS样式的内容，在"属性"面板的"目标规则"下拉列表中选择已经创建好的样式，如图8-13所示。

图8-13 通过"属性"面板应用样式

2. 通过菜单命令

选择需要应用CSS样式的内容，然后选择【格式】→【CSS样式】菜单命令，在打开的子菜单中选择需要的CSS样式即可。

3. 通过"CSS样式"面板

选择需要应用CSS样式的内容，然后在"CSS样式"面板中选择一种需要的样式，再在其上单击鼠标右键，在弹出的快捷菜单中选择"套用"命令即可。

8.3.2 编辑CSS样式

重新编辑已创建的CSS样式时，只需选择CSS样式选项即可，主要有以下两种方法。

1. 通过"CSS样式"面板

在"CSS样式"面板中选择需要编辑的CSS样式，并在下方的"属性"栏中单击"添加属性"超链接，在打开的下拉列表中选择"font-size"选项，最后在右侧下拉列表框中选择"12px"选项，此时页面中使用了该样式的元素将同步进行更改，如图8-14所示。

图8-14 直接在面板中修改属性

2. 通过"CSS规则定义"对话框

通过CSS规则对话框编辑CSS样式的具体操作如下。

（1）在"CSS样式"面板中的"所有规则"列表框中选择需要修改的CSS样式，单击下方的"编辑样式表"按钮。

（2）打开"CSS规则定义"对话框，在其中按照创建CSS样式的方法修改相关属性设置，如图8-15所示。

（3）单击 确定 按钮，此时使用了该样式的元素将自动应用，如图8-16所示。

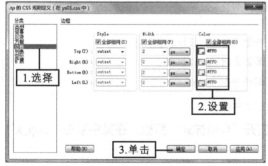

图8-15 更改CSS样式

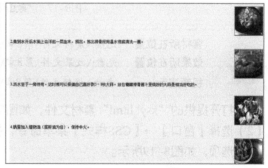

图8-16 对应修改效果

8.3.3 删除CSS样式

删除CSS样式的方法主要有以下几种。

◎ **利用按钮删除**：选择"CSS样式"面板中需删除的CSS样式选项，单击"删除CSS规则"按钮。

◎ **利用快捷键删除**：选择"CSS样式"面板中需删除的CSS样式，直接按【Delete】键。

◎ **利用右键菜单删除**：在"CSS样式"面板中需删除的CSS样式上单击鼠标右键，在弹出的快捷菜单中选择"删除"命令。

8.3.4 课堂案例1——制作导航条

本例将通过添加CSS样式的方法制作导航条，要求实现当鼠标光标移动到导航条上时背景会发生变化，完成后的效果如图8-17所示。

图8-17 "歇山园林"导航条效果

素材所在位置　光盘:\素材文件\第8章\课堂案例1\xsyl.html、img

效果所在位置　光盘:\效果文件\第8章\课堂案例1\xsyl.html

视频演示　　　光盘:\视频文件\第8章\制作导航条.swf

（1）打开提供的"xsyl.html"素材文件，如图8-18所示。

（2）选择【窗口】→【CSS样式】菜单命令，打开"CSS样式"面板，在其中双击".top_x"选项，如图8-19所示。

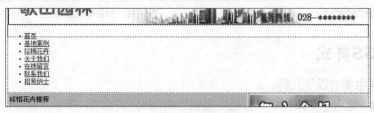

图8-18 打开素材　　　　　　　　　　　　　　图8-19 选择CSS样式

（3）打开".top_x的CSS规则定义"对话框，在其中按照如图8-20所示进行设置，更改该CSS样式的属性。

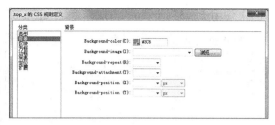
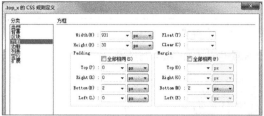
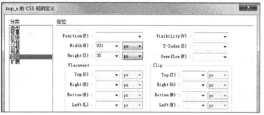

图8-20　编辑".top_x"样式

（4）单击 确定 按钮，即可应用样式，如图8-21所示。

（5）在"CSS样式"面板中单击"新建CSS规则"按钮 ，打开"新建CSS规则"对话框，在其中按照如图8-22所示设置。

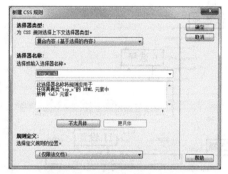

图8-21　编辑样式后的效果　　　　　图8-22　新建".top_x ul"样式

（6）单击 确定 按钮，在打开的对话框中分别设置方框、边框、列表属性，应用参数后的效果如图8-23所示。

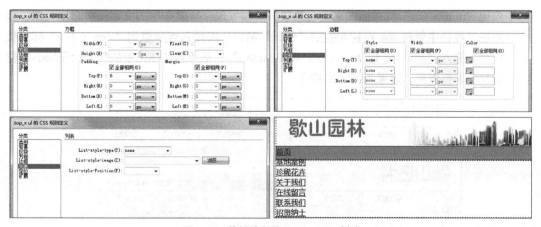

图8-23　编辑并应用".top_x ul"样式

（7）使用步骤5到步骤6的方法新建".top_x li"样式，CSS属性设置如图8-24所示。

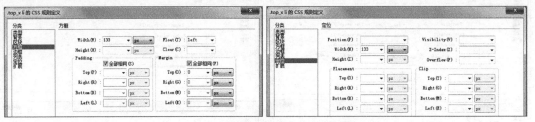

图8-24　编辑并应用".top_x li"样式

（8）使用相同的方法创建".top_x li a"样式，CSS属性设置如图8-25所示。

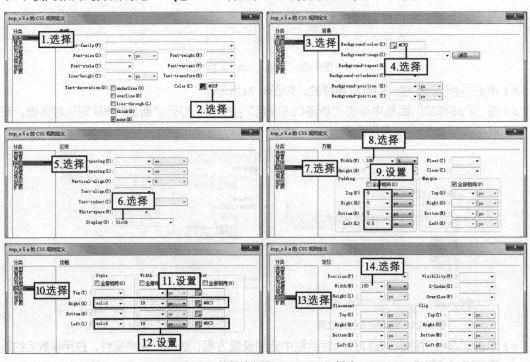

图8-25　编辑并应用".top_x li a"样式

（9）应用".top_x li a"样式后即可查看效果，观察发现，导航条中的文字已经超出容器，因此在工具栏中单击 代码 按钮切换到"代码"窗口，将插入点定位到".top_x li a"样式代码后，输入"html>body .top_x li a{width:auto;}"，表示当HTML中的内容大于body容器时自动调整宽度，效果如图8-26所示。

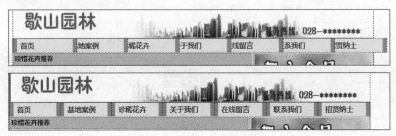

图8-26　调整CSS样式效果

（10）使用步骤5到步骤6的方法新建 ".top_x li a:hover" 样式，CSS属性设置如图8-27所示。

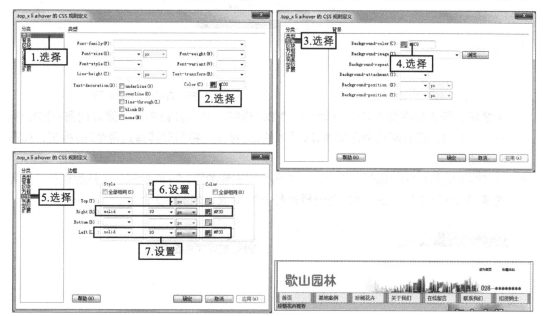

图8-27　编辑并应用 ".top_x li a:hover" 样式

（11）此时完成对导航条样式的设置，保存网页，然后按【F12】键预览网页，将鼠标光标移动到导航栏上即可发生变化。

8.4　DIV标签

随着CSS+DIV布局被广泛采用，在HTML网站设计标准中，许多设计师不再采用表格定位技术，而是采用CSS+DIV结构来布局和定位网页。下面具体介绍DIV的相关知识。

8.4.1　DIV概述

DIV是用来为HTML文档大块内容提供结构和背景的元素，由<div>和</div>标签作为DIV的起始标签和结束标签，该标签中可放置段落、表格、图片等内容构成文档的大块内容，其中所包含元素的特性由DIV标签的属性或通过设置CSS样式来控制。使用CSS属性可以精确地设置元素的位置，将元素叠放在一起。这突破了过去使用<table>标签布局的局限。

8.4.2　DIV嵌套

DIV嵌套是指在一个Div标签中插入更多的Div标签，以对网页元素进行定位，即具体操作如下。

（1）选择【插入】→【布局对象】→【Div标签】菜单命令，打开"插入Div标签"对话框，保持默认设置不变，单击 确定 按钮，如图8-28所示。

（2）此时，插入的Div标签呈选择状态，并默认输入"此处显示Div标签的内容"文本，如图8-29所示。

图8-28 插入Div标签

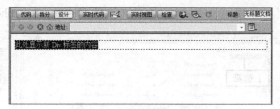

图8-29 查看插入的Div标签

（3）将鼠标光标定位在文本后，再插入一个Div标签，并为其命名为"嵌套的第1个Div标签"，此时，返回网页中选择第1次插入的Div标签，将同时选择这两个Div标签，如图8-30所示。

（4）在"嵌套的第1个Div标签"中插入一个名为"嵌套的第2个Div标签"，然后选择"嵌套的第1个Div标签"标签，将同时选择这两个Div标签，如图8-31所示。

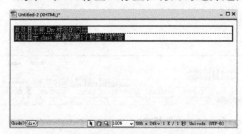

图8-30 选择第1次插入的Div标签

图8-31 选择第2次插入的Div标签

8.4.3 DIV与CSS布局优势

掌握使用CSS样式布局是实现Web标准的基础。在制作主页时采用CSS技术，可以有效地对页面布局、字体、颜色、背景、其他效果实现更加精确的控制。只要对相应的代码进行简单的修改，就可改变网页的外观和格式。采用CSS+DIV布局主要有以下优点。

◎ **页面加载更快**：CSS+DIV布局的网页因DIV是一个松散的盒子而使其可以一边加载一边显示出网页内容，而使用表格布局的网页必须将整个表格加载完成后才能显示出网页内容。

◎ **修改效率更高**：使用CSS+DIV布局时，外观与结构是分离的，当需要进行网页外观修改时，只需要修改CSS规则即可，从而快速实现对应用了该CSS规则的DIV进行统一修改的目的。

◎ **搜索引擎更容易检索**：使用CSS+DIV布局时，因其外观与结构是分离的，当搜索引擎进行检索时，可以不用考虑结构而只专注内容，因此更易于检索。

◎ **站点更容易被访问**：使用CSS+DIV布局时，可使站点更容易被各种浏览器和用户访问，如手机和PDA等。

◎ **页面简洁**：内容与表现分离，将设计部分分离出来放在独立的样式文件中，大大缩减了页面代码，提高页面的浏览速度，缩减带宽成本。

◎ **提高设计者速度**：CSS具有强大的字体控制和排版能力，且CSS非常容易编写，可像HTML代码一样轻松编写；另外，以前一些必须通过图片转换实现的功能，现在可利用CSS样式轻松实现；并且能轻松控制页面的布局。

知识提示 采用CSS+DIV布局需要注意浏览器的兼容问题。IE5.5以前版本中，盒子对象width为元素的内容、填充和边框三者之和，IE6之后的浏览器版本则按照上面讲解的width计算。这也是导致许多使用CSS+DIV布局网站显示在浏览器中不同的原因。

8.5　盒模型

盒模型就是CSS+DIV布局的通俗说法，网页元素定位中常使用盒模型来进行定位。下面具体介绍DIV的相关知识。

8.5.1　盒模型概述

盒子模型是根据CSS规则中涉及的margin（边界）、border（边框）、padding（填充）、content（内容）来建立的一种网页布局方法，如图8-32所示即为一个标准的盒子模型结构，左侧为代码，右侧为效果图。

代码中相关参数介绍如下。

图8-32　CSS+DIV布局

◎ margin：margin区域主要控制盒子与其他盒子或对象的距离，上图中最外层的右斜线区域便是margin区域。

◎ border：border区域即盒子的边框，这个区域是可见的，因此可进行样式、粗细、颜色等属性设置，上图中的红色区域便是border区域。

◎ padding：padding区域主要控制内容与盒子边框之间的距离，上图中粉色区域内侧的左斜线区域便是padding区域。

◎ content：内容区即添加内容的区域，可添加的内容包括文本和图像及动画等。上图中内部的图片区域即content区域。

◎ background-color：该参数表示设置背景颜色，图中蓝色区域表示盒子的背景颜色。

盒子模型是CSS+DIV布局页面时非常重要的概念，只有掌握了盒子模型和其中每个元素的使用方法，才能正确布局网页中各个元素的位置。

知识提示 所谓盒子模式就是将每个HTML元素当作一个可以装东西的盒子，盒子里面的内容到盒子的边框之间的距离为填充（padding），盒子本身有边框（border），而盒子边框外与其他盒子之间还有边界（margin）。每个边框或边界，又可分为上下左右四个属性值，如margin-bottom表示盒子的下边界属性，background-image表示背景图片属性。在设置DIV大小时需要注意，CSS中的宽和高指的是填充以内的内容范围，即一个DIV元素的实际宽度为左边界+左边框+左填充+内容宽度+右填充+右边框+右边界，实际高度为上边界+上边框+上填充+内容高度+下填充+下边框+下边界。

8.5.2 float（浮动）

float属性定义元素在什么方向浮动，在CSS中，任何元素都可以浮动。无论浮动元素本身是哪种元素，都会生成一个块级框。需要注意的是float是相对定位，会随着浏览器的大小和分辨率的变化而变化，且CSS允许任何元素浮动float，无论元素之前是什么状态，浮动后都会变为块级元素。浮动元素的宽度默认为auto。

float语法为"float:none/left/right"，其中相关声明如下。

◎ 如果float值为none或没有设置float时，不会发生任何浮动，此时，块元素独占一行，紧随其后的块元素将在新行中显示，如图8-33所示中没有设置DIV的float属性时，每个DIV都单独占用一行，如图8-34所示。

◎ 若float值为left，表示设置对象左浮动，其后的块元素紧跟其后在同一行并列显示。

◎ 若float值为right，表示设置元素右浮动。

对图8-35中的代码进行修改，如对da应用float:left设置后，可以看到da向左浮动，而db在水平方向紧跟其后，两个DIV占用一行，并排显示。

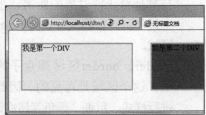

图8-33 样式代码　　　图8-34 没有使用float浮动效果　　　图8-35 使用float浮动后的效果

8.5.3 position（定位）

position在CSS布局中非常重要，许多特殊的容器定位必须使用position完成。position允许用户精确定义元素出现框出现的相对位置，可以相对于它常出现的位置，相对于其上级元素，相对于另一个元素或相对于浏览器本身。每个元素都可以用定位的方法描述，其位置由该元素包含块来决定。

position语法为"position:static/absolute/fixed/relative"，其中相关声明如下。

◎ static表示默认，无特殊定位，对象要遵循HTML定位规则。

◎ absolute表示采用绝对定位，需要同时使用left、right、top、bottom等属性进行绝对定位，层叠的对象通过z-index属性定义，这时，对象不具有边框，但仍然有填充和边框。

◎ fixed表示当页面滚动时，元素保持在浏览器视图窗口内。

◎ relative表示采用相对定位，对象不可层叠，但将依据left、right、top、bottom等属性设置在页面中的偏移位置。

8.5.4　margin（边界）

margin表示元素与元素之间的距离，设置盒子的边界距离时，可以对margin的上、下、左、右边距都进行设置，其对应的属性介绍如下。

◎　top：用于设置元素上边距的边界值。

◎　bottom：用于设置元素下边距的边界值。

◎　right：用于设置元素右边距的边界值。

◎　left：用于设置元素左边距的边界值。

Dreamweaver CS5中可以在CSS的规则定义对话框中选择"方框"选项，在其右侧界面的"Margin"栏中即可对margin进行设置。但标签的类型与嵌套的关系不同，则相邻元素之间的边距也不相同，可分为以下几种情况。

◎　**行内元素相邻**：当两个行内元素相邻时，它们之间的距离是第一个元素的边界值与第二个元素的边界值之和。

◎　**父子关系**：是指存在嵌套关系的元素，它们之间的间距值是相邻两个元素之和。

◎　**产生换行效果的块级元素**：如果没有对块元素的位置进行定位，而是只用于产生换行效果，则相邻两个元素之间的间距会以边界值较大的元素的值来决定。

操作技巧　　　　　在并列显示的Div标签中，可设置margin属性的值，使其与其他元素分离。

8.5.5　border（边框）

border用于设置网页元素的边框，可达到分离元素的效果，如图8-36所示。border的属性主要有color、width、style，分别介绍如下。

◎　**color属性**：用于设置border的颜色，其设置方法与文本的color属性相同，但一般采用十六进制来进行设置，如黑色为"#000000"。

◎　**width属性**：用于设置border的粗细程度，其值包括medium、thin、thick、length。

◎　**style属性**：用于设置border的样式，其值包括dashed、dotted、double、groove、hidden、inherit、none、solid。

图8-36　边框效果

8.5.6 padding（填充）

用于设置content与border之间的距离，其属性主要有top、right、bottom、left，如图8-37左图所示为设置padding的过程，图8-37右图所示为在网页中应用后的效果。

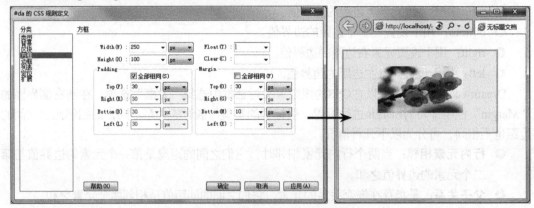

图8-37 使用padding（填充）效果

8.5.7 content（内容）

content即盒子包含的内容，就是网页要展示给用户观看的内容，它可以是网页中的任一元素，包含块元素、行内元素、HTML中的任一元素，如文本、图像等。

8.6 AP Div

AP Div是布局网页灵活性最大的元素，具有可移动性，可以在页面内任意创建和移动，是非常有用的网页布局工具，本节将主要介绍创建和设置AP Div的相关知识。

8.6.1 创建AP Div

AP元素代表绝对定位元素，是分配有绝对位置的HTML页面元素，即Div标签或其他任何标签。AP Div中可以包含任何HTML元素，从而实现对元素的精确定位。要使用AP Div前需要先创建AP Div，在Dreamweaver中可创建独立的AP Div，也可嵌套AP Div，下面分别介绍。

1. 创建独立的AP Div

创建独立的AP Div主要有以下3种方法。

◎ **通过菜单命令**：将鼠标光标移动到需要插入AP Div的位置单击，然后选择【插入】→【布局对象】→【AP Div】菜单命令，即可插入一个默认的AP Div。

◎ **通过"布局"面板**：在"插入"面板的"布局"选项下拖动"绘制AP Div"按钮 到文档编辑区中即可插入一个默认大小的AP Div。

◎ **手动绘制**：在"插入"面板的"布局"选项下单击"绘制AP Div"按钮 ，然后将鼠标光标移至编辑区中，当鼠标光标变为+形状时，拖曳鼠标绘制一个自定义大小的AP Div。在单击"绘制AP Div"按钮 时按住【Ctrl】键不放可连续绘制多个AP Div。

2. 嵌套AP Div

嵌套AP Div也是网页设计者常用的网页布局方法,嵌套AP Div主要有两种方式,一是在AP Div新建内部嵌套AP Div;二是将已经存在的AP Div添加到另一个AP Div中,使其成为嵌套AP Div。分别介绍如下。

◎ **绘制嵌套**AP Div:选择【编辑】→【首选参数】菜单命令,打开"首选参数"对话框,在"分类"列表中选择"AP元素"选项,在右侧面板中单击选中"在AP Div中创建以后嵌套"复选框,然后在"插入"面板的"布局"选项下拖动"绘制AP Div"按钮,并在现有的AP Div中拖曳鼠标,即可将绘制的AP Div嵌入到原来AP Div中。

◎ **插入嵌套**AP Div:将鼠标光标定位到需要嵌套的AP Div中,然后选择【插入】→【布局对象】→【AP Div】菜单命令,插入一个嵌套的AP Div,如图8-38所示。

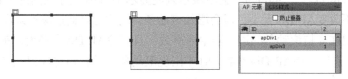

图8-38 插入嵌套AP Div

◎ **嵌套已有的**AP Div:在"AP元素"面板中选择一个AP Div,按住【Ctrl】键将其拖曳到另一个AP Div上面,即可嵌套。

8.6.2 选择AP Div

要设置AP Div前还需要先选择AP Div,在Dreaweaver CS5中,可一次选择一个或同时选择多个AP Div,具体有以下几种方法。

◎ 单击AP Div边线,可选择单个AP Div。

◎ 单击"AP Div选择"按钮,即可选择AP Div,如果没有显示"AP Div选择"按钮,将鼠标光标移至AP Div中即可显示。

◎ 在"AP元素"面板中,单击AP Div名称进行选择,可按住【Shift】键选择多个AP Div,也可在页面中按住【Shift】键选择多个AP Div。

8.6.3 设置AP Div属性

插入的默认AP Div或手动绘制的AP Div的大小和位置不一定精确,这时,可通过设置AP Div的属性来解决这一问题。设置AP Div属性的方法是:在文档中选择AP Div,在"属性"面板中会显示AP Div的属性,如图8-39所示,在其中进行相关设置即可,相关选项含义如下。

图8-39 AP Div的"属性"面板

◎ **"CSS-P元素"下拉列表**:用于设置AP Div的ID。为AP Div创建高级CSS样式或使用行为来控制AP Div时需要用到该设置。

◎ **"左"和"上"文本框**:用于设置AP Div的左边框、上边框与文档左边界、上边界的距离。

◎ **"宽"和"高"文本框**：用于设置AP Div的宽度和高度。

◎ **"z轴"文本框**：用于设置AP Div在垂直平面方向上的顺序号。

◎ **"可见性"下拉列表**：用于设置AP Div的可见性，包括"default（默认）""inherit（继承父AP Div的该属性）""visible（可见）""hidden（隐藏）"4个选项。

◎ **"背景图像"文本框**：用于设置AP Div的背景图像。

◎ **"背景颜色"文本框**：用于设置AP Div的背景颜色。

◎ **"类"下拉列表**：用于添加对所选CSS样式的引用。

◎ **"溢出"下拉列表**：设置当AP Div内容超过AP Div的大小时在浏览器中的显示方式。其中包括4个选项，"visible"选项表示按照内容的尺寸向右下扩大AP Div，以显示AP Div的全部内容；"nidden"选项表示只能显示AP Div尺寸以内的内容；"scroll"选项表示不改变AP Div大小，但会增加滚动条，用户可以通过滚动来浏览整个AP Div。该选项只在支持滚动条的浏览器中才有效，且无论AP Div有多大，都会显示滚动条；"auto"选项只在AP Div不够大时才出现滚动条，设置该选项只在支持滚动条的浏览器中才有效。

◎ **"剪辑"栏**：用于指定AP Div的可见部分，其中在"左"和"右"数值框输入的数值是距离AP Div的左边界的距离；在"上"和"下"数值框输入的数值是距离AP Div的上边界的距离。经过剪辑后，只有指定的矩形区域才是可见的。

8.6.4 改变AP Div的可见性

AP Div的可见性不仅可以在"属性"面板中更改，还可在"AP元素"面板中进行修改，方法是：在"AP元素"面板中，单击需要修改可见性的AP Div左侧的 👁 图标，设置其为可见或不可见。默认情况下，👁 图标表示该AP Div继承父AP Div的可见性，如图8-40所示。

操作技巧 👁 图标表示AP Div可见，如左侧图所示，👁 图标表示AP Div不可见，如中间图所示。另外，若要一次设置多个AP Div的可见性，单击眼睛列表顶端的 👁 图标即可，如右侧图所示。

图8-40 可见性对比效果

8.6.5 更改AP Div的堆叠顺序

当多个AP Div发生了重叠，就会涉及堆叠顺序的问题，更改堆叠顺序可以控制显示的区域或遮挡的区域，其方法为：选择需调整堆叠顺序的AP Div对象，选择【修改】→【排列顺序】→【移到最上层】（或【移到最下层】）菜单命令即可。如图8-41所示即为将尺寸较小的AP Div移到最上层和移到最下层时的对比效果。

图8-41　AP Div的不同堆叠顺序产生的效果

操作技巧　　选择需要修改堆叠顺序的AP Div后，在"属性"面板的"Z轴"文本框中输入值可修改AP Div的堆叠顺序，也可以直接在"AP 元素"面板中选择需要修改堆叠顺序的AP Div，在"Z轴"列表中修改数字或拖动鼠标移动需要修改堆叠顺序的AP Div到适当位置，将显示直线，释放鼠标也可完成修改。

8.6.6　调整AP Div的尺寸

通过绘制的方式创建的AP Div，其尺寸不一定满足实际需要，此时可以通过设置AP Div的尺寸来进行修改。主要有以下两种方法。

◎ **通过"属性"面板设置**：选择需要调整尺寸的AP Div，在"属性"面板的"宽"和"高"数值框中查看AP Div的当前尺寸大小，然后分别在"宽"和"高"数值框中修改数值，此时AP Div的尺寸将同步发生变化，如图8-42所示。

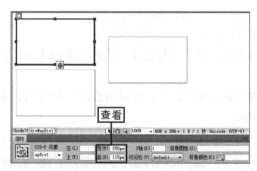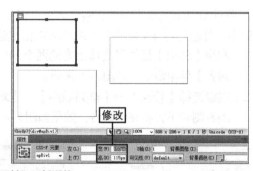

图8-42　通过"属性"面板调整

◎ **手动调整**：当对AP Div的大小精度要求不高时，可在选择AP Div后，直接通过拖动边框上的控制点调整其尺寸，如图8-43所示。

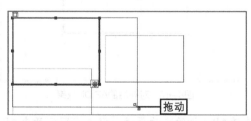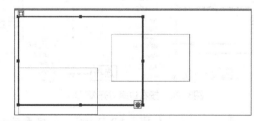

图8-43　手动调整

◎ **同时调整多个**：选择需要统一调整的多个AP Div，在"属性"面板中的"宽"数值框中输入需要的值，此时选择的多个AP Div将同时调整宽度。

8.6.7　移动AP Div

在绘制并调整AP Div大小后，由于尺寸发生了变化，其位置也相应变动，此时需要通过移动AP Div对其进行调整，其具体操作如下。

（1）在需移动的AP Div边框上按住鼠标左键不放，拖动到需要的目标位置，如图8-44所示。

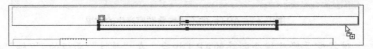

图8-44 拖动AP Div边框

（2）释放鼠标后，拖动的AP Div对象便将移动到鼠标指定的目标位置，效果如图8-45所示。

图8-45 移动后的AP Div

选择单个或多个AP Div对象后，直接按键盘上的【↑】、【↓】、【←】或【→】键，可将所选AP Div向键位对应的方向进行微移。在微移时若按住【Shift】键，则每按一次方向键，将使AP Div移动10个像素值的间距。

8.6.8 对齐AP Div

移动AP Div的操作虽然直观、方便，但却无法保证能将AP Div排列整齐。在Dreamweaver CS5中，可通过对齐功能将若干AP Div按指定边缘进行对齐。其具体操作如下。

（1）利用【Shift】键同时选择上方的两个AP Div对象，选择【修改】→【排列顺序】→【右对齐】菜单命令，如图8-46所示。

（2）继续选择【修改】→【排列顺序】→【对齐下缘】菜单命令，此时所选两个AP Div对象的右侧和下方将完全重合，效果如图8-47所示。

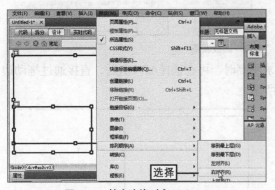

图8-46 按右边缘对齐AP Div

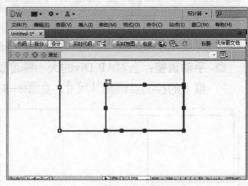

图8-47 对齐后的AP Div效果

在对齐AP Div时，一定要注意选择AP Div的先后属性，假设有甲乙两个AP Div，如果需要让甲AP Div对齐到乙AP Div的右边缘，则应先选择甲AP Div，再选择乙AP Div，然后选择【修改】→【排列顺序】→【右对齐】菜单命令。换句话说，后选择的AP Div是对齐时的参考对象。

8.6.9 课堂案例2——制作蓉锦大学教务处网页

根据所学知识，使用CSS+DIV来布局"蓉锦大学教务处"页面，制作时先创建DIV，然后进行编辑，最后通过CSS样式来统一控制页面风格。通过本案例的学习，可以掌握CSS+DIV布局页面的方法，完成后的效果如图8-48所示。

图8-48 使用CSS+DIV布局蓉锦大学教务处页面效果

素材所在位置   光盘:\素材文件\第8章\课堂案例2\jwc.html、img

效果所在位置   光盘:\效果文件\第8章\课堂案例2\rjdxjwc.html

视频演示   光盘:\视频文件\第8章\制作蓉锦大学教务处网页.swf

（1）新建一个空白网页，将其保存为"rjdxjwc.html"，然后选择【插入】→【布局对象】→【Div标签】菜单命令，打开"插入Div标签"对话框，在"ID"下拉列表中输入名称"all"，单击 新建 CSS 规则 按钮，如图8-49所示。

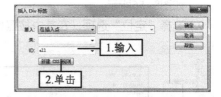

图8-49 输入Div标签的ID名称

（2）打开"新建 CSS 规则"对话框，直接单击 确定 按钮，如图8-50所示。

（3）打开"CSS规则定义"对话框，在"分类"列表框中选择"方框"选项，将宽度和高度分别设置为"1002px"和"1230px"，将左右边界设置为"auto"，如图8-51所示。

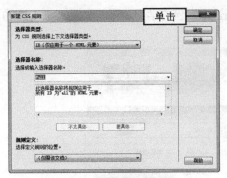

图8-50　新建CSS规则　　　　　　图8-51　设置Div的CSS方框规则

（4）单击 确定 按钮，返回"插入 Div 标签"对话框，然后单击 确定 按钮即可在网页中创建Div标签，效果如图8-52所示。

（5）删除该标签中预设的文本内容，在"插入"面板中选择"插入 Div 标签"选项，效果如图8-53所示。

图8-52　插入Div标签　　　　　　图8-53　插入Div标签效果

（6）打开"插入 Div 标签"对话框，在"ID"下拉列表框中输入"top"，单击 新建 CSS 规则 按钮，效果如图8-54所示。

（7）打开"新建 CSS 规则"对话框，直接单击 确定 按钮，打开"CSS规则定义"对话框，在"分类"列表框中选择"方框"选项，将宽度和高度分别设置为"1002px"和"251px"，将左右边界设置为"auto"，如图8-55所示。

图8-54　插入Div标签　　　　　　图8-55　设置大小和位置

（8）依次单击 确定 按钮确认。然后使用相同的方法在"all"标签中插入一个名为"maid"Div标签，设置CSS方框规则中"高"为"908px"，其他与top标签参数相同，如图8-56所示。

（9）选择"定位"选项，在其中按照如图8-57所示设置标签距离all标签顶部为270px。

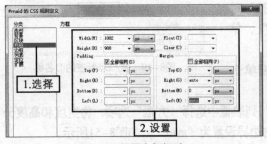　　　　　　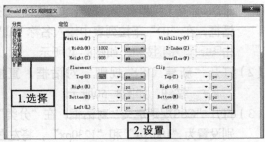

图8-56　设置方框规则　　　　　　图8-57　设置定位规则

（10）使用相同的方法创建一个名为"bottion"的Div标签，高为"60px"，定位在距顶部"1179px"处，完成网页主要结构的布局。

（11）将插入点定位到"top"Div标签中，然后选择【插入】→【布局对象】→【AP Div标签】菜单命令，直接插入一个默认大小的AP Div标签，如图8-58所示。

（12）单击AP Div的边框，选择该AP Div，然后在属性面板的"宽"和"高"文本框中分别修改当前尺寸为"1002px、151px"，如图8-59所示。

图8-58　插入默认大小效果　　　　　　　　图8-59　修改后的效果

（13）在属性面板的"背景图像"文本框右侧单击"浏览"按钮□，打开"选择图片"对话框，在其中选择图片"\jwc_01.png）"，单击 确定 按钮，如图8-60所示。

（14）此时选择的图片将在该标签中显示，效果如图8-61所示。

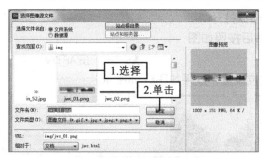

图8-60　选择背景图片　　　　　　　　图8-61　设置背景后效果

（15）使用相同的方法，在下方创建一个AP Div标签，大小可参考图片的尺寸大小，并将"jwc_02.png"作为背景图片插入，效果如图8-62所示。

（16）保持选择状态，将鼠标光标移动到AP Div边框上，按住【Shift】键的同时，按住鼠标左键不放，将其拖曳到需要的目标位置，释放鼠标后，所拖曳的AP Div对象便被移动到了鼠标指定的目标位置，效果如图8-63所示。

图8-62　创建AP Div　　　　　　　　图8-63　调整AP Div位置

（17）使用相同的方法在导航栏下方插入一个宽为"1002px"、高为"60px"的AP Div标签，并将其移动到合适位置。

（18）在CSS面板中单击选择该标签对应的样式，单击"编辑样式"按钮，在打开的对话框中按照如图8-64所示设置。

（19）单击 确定 按钮确认设置后，效果如图8-65所示。

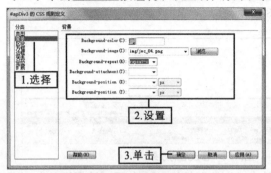

图8-64　创建AP Div

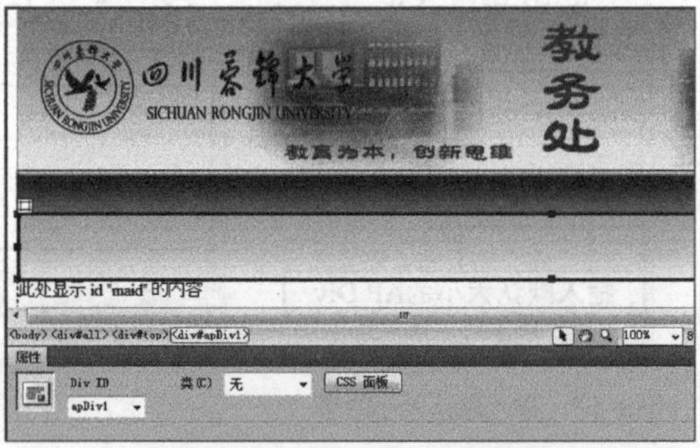

图8-65　插入AP Div标签效果

（20）继续使用相同的方法在maid标签中创建AP Div，并添加相应的图片，效果如图8-66所示。

（21）再次插入一个AP Div，然后通过"CSS"面板打开CSS样式编辑对话框，选择"边框"选项，然后按照如图8-67所示进行设置。

图8-66　创建AP Div

（22）确认后再次创建其他的AP Div，并进行定位设置，效果如图8-68所示。

图8-67　设置AP Div边框

图8-68　创建其他AP Div标签

（23）在搜索栏上单击定位插入点，然后插入一个AP Div标签，设置高度与搜索栏高度相同，在其中输入"今 阴 13-15℃ 空气质量：重度污染 3月5日 周三 农历：二月初五"文本，在属性面板中单击 编辑规则 按钮，在打开的对话框中按照如图8-69所示进行设置。

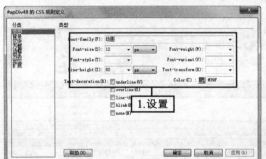

图8-69　设置文本CSS样式

（24）继续使用相同的方法在网页中添加文字，并按照前面讲解的方法设置相应的CSS样式，效果如图8-70所示。

（25）在中间的Div标签中单击定位插入点，然后在属性面板中单击 <> HTML 按钮，单击"项目列表"按钮 ☰ ，然后在其中输入相关文本，这里只是为了效果需要，因此使用了重复文字，实际网页设计中，根据客户提供的内容修改即可，如图8-71所示。

图8-70 编辑其他Div样式

图8-71 创建项目文本

（26）将输入插入点定位到文本中，然后单击 编辑规则 按钮，在打开的对话框中设置类型、区块、边框、列表选项参数，如图8-72所示。

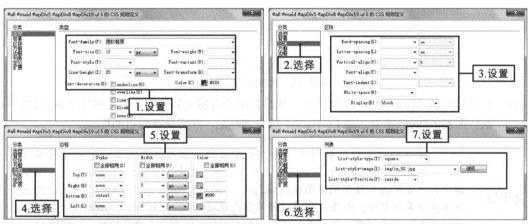

图8-72 设置CSS样式

（27）设置完成后单击 确定 按钮确认设置，然后在每行文本后输入日期，并选择前面的文本，在"HTML"中设置链接位置，这里设置为空连接，完成后效果如图8-73所示。

（28）将插入点定位到导航栏下方的日期中，打开CSS规则定义，按照如图8-74所示进行设置。

图8-73 设置CSS样式

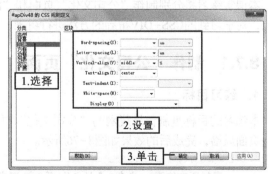

图8-74 列表效果

（29）使用前面相同的方法为其他Div标签添加页面元素，并设置CSS样式，完成后效果如图8-75所示。

图8-75　制作其他AP Div

（30）打开提供的"jwc.html"素材网页，选择其中的内容将其复制，然后将插入点定位到导航栏所在的Div标签中，按【Ctrl+V】组合键粘贴，然后保存网页即可。

知识提示　在专业的网页设计和制作领域，大多数设计者都偏爱使用盒子模型来布局网页。一般来讲，专业的盒子模型有两种，分别是IE盒子模型和标准W3C盒子模型。其中标准W3C盒子模型的范围包括margin、border、padding、content，并且content部分不包含其他部分；而IE盒子模型的范围也包括margin、border、padding、content，与标准W3C盒子模型不同的是，IE盒子模型的content部分包含了border和padding。

8.7　课堂练习

本课堂练习将分别制作"公司文化"页面和"消费者保障"网页，综合练习本章学习的知识点，对学习到的CSS+DIV布局的方法进行巩固。

8.7.1　制作"公司文化"页面

1. 练习目标

本练习的目标是制作果蔬网的"公司文化"页面，要求使用DIV来布局页面，使用CSS来统一页面风格，完成后的效果如图8-76所示。

素材所在位置	光盘:\素材文件\第8章\课堂练习1\img\、公司文化.txt
效果所在位置	光盘:\效果文件\第8章\课堂练习1\gswgswh.html
视频演示	光盘:\视频文件\第8章\制作"公司文化"网页.swf

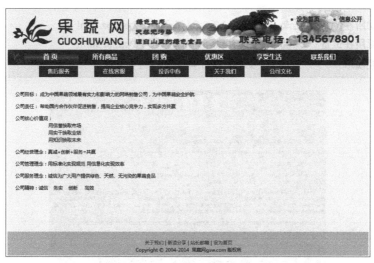

图8-76 "公司文化"网页最终效果

2. 操作思路

完成本练习需要先使用DIV进行页面布局，然后再向DIV中添加相关内容，并设置CSS样式统一页面风格，其操作思路如图8-77所示。

① 创建DIV并设置相关格式

② 添加内容并设置超链接及其CSS样式

图8-77 "公司文化"网页的制作思路

（1）新建一个网页文件，在其中先插入一个DIV，将其居中对齐，用于放置页面中所有的DIV容器。

（2）创建其他DIV，并设置相关大小的位置，可先为DIV设置一个任意的背景色，便于查看。

（3）在相关的DIV中插入提供的素材图片，然后使用IE浏览器测试页面效果。

（4）返回Dreamweaver，继续制作页面的导航栏等，然后制作页面的内容部分，将提供的文字素材复制到DIV中，并设置文本格式，相关设置可参见效果文件。

（5）在页面底部制作网页的底部，添加相关超链接，链接为空，完成后保存文件即可。

8.7.2 制作"消费者保障"网页

1. 练习目标

本练习目标是为购物网站制作一个"消费者保障"的页面，要求利用盒子模型来完成页面的布局。本练习的参考效果如图8-78所示。

素材所在位置	光盘:\素材文件\第8章\课堂练习2\xfzbz.html
效果所在位置	光盘:\效果文件\第8章\课堂练习2\xfzbz.html
视频演示	光盘:\视频文件\第8章\制作"消费者保障"网页.swf

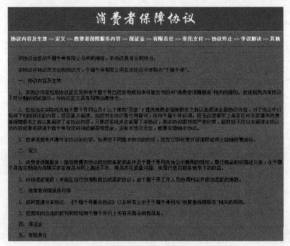

图8-78　　"消费者保障"网页的布局效果

2. 操作思路

根据练习目标，主要包括Div标签的插入和CSS样式的设置，其操作思路如图8-79所示。

① 插入Div标签

② 设置CSS样式

图8-79　　"消费者保障"网页的制作思路

（1）打开提供的素材网页文件，然后在其中插入相关的Div标签。

（2）在DIV中输入相关的内容，然后选择输入的内容，打开"CSS样式规则定义"对话框对其格式进行相关的设置。

（3）完成后保存网页，并按【F12】键预览网页效果。

8.8 拓 展 知 识

本章主要学习了使用CSS+DIV布局的相关知识，设计网站标准的相关知识，网站标准即Web标准，它不是一个单一的标准，而是一系列标准的集合，一般包括结构化标准语言、表现标准语言、行为标准，掌握了这3种语言，有利于学习并制作出效果美观的网页。下面将分别对其进行介绍。

1. 结构化标准语言

结构化标准语言主要包括XML和XHTML，其中XML是指可扩展表示语言，而XHTML则是可扩展超文本表示语言，下面分别对这两种语言进行介绍。

◎ XML是The Extensible Markup Language的简写，用于标记电子文件使其具有结构性的标记语言。可以用来标记数据、定义数据类型，是一种允许用户对自己的标记语言进行定义的源语言。它只能进行数据的存储，适合用于Web传输。

◎ XHTML是The Extensible HyperText Markup Language的缩写，是一种标识语言，表现方式与超文本标识语言（HTML）类似，不过语法上更加严格。XHTML的标签必须闭合，即开始标签要有相应的结束标签。另外，XHTML中所有的标签必须小写，所有的参数值，包括数字，必须用双引号括起来。所有元素，包括空元素，比如img、br等，也都必须闭合。XHTML是一个过渡技术，结合了部分XML的强大功能及大多数HTML的简单特性，使其在XML的规则上进行扩展，使网页制作更加简单、方便。

2. 表现标准语言

表现标准语言主要是指CSS（Cascading Style Sheets），即层叠样式表，是一种用来表现HTML或XML等文件样式的计算机语言。CSS能够对网页中对象的位置进行精确控制，支持几乎所有的字体字号样式，并能对网页对象和模型样式进行编辑，进行初步的交互设计，是目前基于文本展示最优秀的表现设计语言。目前的最新版本为CSS3，它能够真正做到网页表现与内容的分离。同时CSS还能根据使用者不同，对其进行简化或优化，适合各类人群，具有较强的易读性和实用性。

3. 行为标准

行为标准主要包括DOM和ECMAScript两种。下面分别对其进行介绍。

◎ DOM是Document Object Model文档对象模型的缩写，是W3C组织推荐的处理可扩展置标语言的标准编程接口，可以以一种独立于平台和语言的方式访问和修改一个文档的内容和结构。DOM是以对象管理组织（OMG）的规约为基础的，可以用于任何编程语言，它可以使页面动态变化（如动态显示或隐藏元素，改变元素的属性等），大大提高了页面的交互性。

◎ ECMAScript是ECMA(European Computer Manufacturers Association)制定的标准脚本语言（JAVAScript）。它在互联网上应用广泛，被称为JavaScript或JScript，但实际上它们都是基于ECMA-262标准的实现和扩展。

8.9 课后习题

（1）利用提供的素材图片，使用CSS+DIV进行布局，制作"招生就业"页面，参考效果如图8-80所示。

提示：创建网页，然后创建DIV，最后在其中添加内容，并设置CSS样式。

图8-80　"蓉锦大学招生就业"页面效果

素材所在位置	光盘:\素材文件\第8章\课后习题\img\
效果所在位置	光盘:\效果文件\第8章\课后习题\rjdx_hzjy.html
视频演示	光盘:\视频文件\第8章\制作"招生就业"网页.swf

（2）利用AP Div制作"千履千寻"网站的首页，要求页面布局灵活简洁，完成后的参考效果如图8-81所示。

　　提示： 首先需要绘制AP Div对象，并通过选择、调整大小、移动、对齐等操作编辑AP Div对象，然后在各个AP Div中输入文本和插入图像即可。

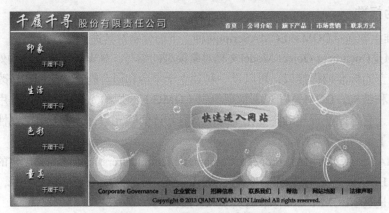

图8-81　"千履千寻"网站首页效果

素材所在位置	光盘:\素材文件\第8章\课后习题\index.html、bq.jpg、dh.jpg…
效果所在位置	光盘:\效果文件\第8章\课后习题\index.html
视频演示	光盘:\视频文件\第8章\制作"千履千寻"网站首页.swf

第9章

使用模板与库

在Dreamweaver中可以通过库和模板等功能来快速完成相同界面网页的制作，以提高网页制作的效率，减少不必要的重复操作。本章将介绍模板和库的使用方法，让读者掌握快速制作网页的方法。

 学习要点

◎ 创建并编辑模板
◎ 应用并管理模板
◎ 使用库

 学习目标

◎ 掌握模板的创建、编辑和删除等操作
◎ 掌握打开、更新和脱离网页模板的方法
◎ 使用库快速为网页添加网页对象

9.1 创建并编辑模板

同一网站的网页通常都会采用大致相同的页面布局、导航条、LOGO等，为了方便用户创建网页，此时就可以将这些相同的部分制作为网页模板，在该模板中添加可编辑区域，再通过这个模板创建其他的网页，在可编辑区域中输入新的内容即可。

9.1.1 模板概述

模板主要用于制作带有固定特征和共同格式的文档基础，是进行批量制作的高效工具。如客户要求网站与页面具有统一的结构和外观，或希望编写某种带有共同格式和特征的文档用于多个页面，则可以将共同的格式创建为模板，然后再通过模板来制作页面。这样就可以在这个专门的通用页基础上进行修改，从而派生出各个具有不同正文内容的子页面，这种方式不但保证了站点内网页风格的统一，同时也大大提高了工作效率，这就是"模板"的基本原理。

Dreamweaver CS5中的网页模板文件与一般网页文件的格式不同，为".dwt"。严格意义上讲，模板并不是真正意义上的网页，因为没有哪个网站会将模板作为正常的页面文件来使用，而必须在模板基础上创建基于模板的网页文件，这样模板才能够得到实际的应用。

9.1.2 将普通网页保存为模板

制作好一个网页后，可以将其保存为模板。其方法是：在Dreamweaver CS5中打开制作好的网页，选择【文件】→【另存为模板】菜单命令，打开"另存模板"对话框，如图9-1所示。在"站点"下拉列表框中选择保存模板的站点，在"另存为"文本框中输入模板的名称，单击 保存 按钮关闭对话框，模板文件即被保存在指定站点的Templates文件夹中，文件格式为.dwt，如图9-2所示。

图9-1 "另存模板"对话框　　　　　图9-2 新建的模板

9.1.3 创建新模板

在Dreamweaver CS5中可以创建一个空白的新模板，用户可以根据需要将内容添加到模板中，其具体操作如下。

（1）启动Dreamweaver CS5，选择【文件】→【新建】菜单命令，打开"新建文档"对话框。

（2）在对话框左侧选择"空模板"选项卡，在"模板类型"列表框中选择"HTML模板"选项，然后在"布局"列表框中选择一种布局样式，如图9-3所示。

（3）单击 创建(R) 按钮关闭对话框完成创建。

（4）在编辑窗口中对模板进行编辑后，选择【文件】→【保存】菜单命令或按【Ctrl+S】组合键，将打开"另存模板"对话框，按照相同的方法对模板进行保存即可。

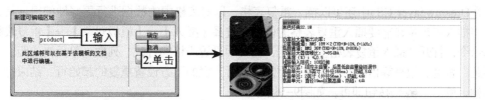

将网页保存为模板时，如果网页中添加了非站点中的图像或其他文件，Dreamweaver将打开提示对话框，询问是否更新链接，单击"是"按钮即可更新。

知识提示

图9-3 新建模板

9.1.4 编辑模板

模板创建好后需对模板进行编辑，如创建可编辑区域、更改可编辑区域的名称、删除可编辑区域、创建区域等操作。

1. 创建可编辑区域

可编辑区域是指该区域是基于模板的文档中未锁定的区域。它是模板中可编辑的部分，要使创建的模板生效，在创建的模板中至少应该包含一个可编辑区域。在模板中创建可编辑区域的具体操作如下。

（1）在Dreamweaver中打开创建的模板网页，将光标插入点定位到需创建可编辑区域的位置或选择要设置为可编辑区域的对象，如表格、单元格、文本等。

（2）选择【插入记录】→【模板对象】→【可编辑区域】菜单命令或在"常用"插入栏中单击"模板"按钮后的·按钮，在打开的下拉列表中选择"可编辑区域"选项。

（3）打开"新建可编辑区域"对话框，在"名称"文本框中输入创建可编辑区域的名称，这里输入"product"，如图9-4所示。

（4）单击 确定 按钮，返回到工作界面中即可查看模板中创建的可编辑区域以绿色边框显示，并以可编辑区域的名称标识，如图9-5所示。

图9-4 创建可编辑区域　　　　　图9-5 查看创建的可编辑区域

插入可编辑区域后，可对其名称进行更改。其方法是：单击可编辑区域左上角的名称标签选中该可编辑区域，此时在"属性"面板的"名称"文本框中输入一个新的名称，按【Enter】键即可完成修改。

操作技巧

2. 创建可选区域

可选区域是指模板中放置内容的部分可显示在网页中，也可进行隐藏。在可选区域中用户无法编辑其中的内容，只能控制该区域在所创建的页面中是否可见，其方法为：选择需要设置为可选区域的页面元素，选择【插入】→【模板对象】→【可选区域】菜单命令，打开"新建可选区域"对话框，在"基本"选项卡中单击选中"默认显示"复选框即可使其不可见，如图9-6所示。选择"高级"选项卡，单击选中"使用参数"或"输入表达式"单选项，可自定义可选区域的显示或隐藏，如图9-7所示。

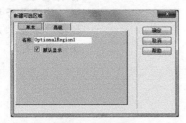
图9-6　基本选项

图9-7　高级选项

3. 创建重复区域

重复区域一般用于表格中，以使表格中的内容重复出现。其方法为：将插入点定位到要创建重复区域的位置，选择【插入】→【模板对象】→【重复区域】菜单命令，打开"新建重复区域"对话框，在"名称"文本框中输入新建重复区域的名称，单击 确定 按钮，将在网页文档中插入一个重复的区域，如图9-8所示。

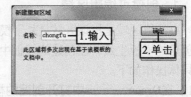
图9-8　创建重复区域

4. 可编辑的可选区域

可编辑的可选区域除了可控制是否显示某区域外，还可在该区域中进行编辑，其创建方法与可选区域的创建相似，只需选择需要创建的区域，选择【插入】→【模板对象】→【可编辑的可选区域】菜单命令或单击"常用"插入栏中的"模板"按钮 后的 按钮，在打开的下拉列表中选择"可编辑的可选区域"选项，在打开的对话框中进行设置即可。

5. 插入重复表格

在Dreamweaver CS5中还可以插入重复表格，以对表格中的数据进行更好地编辑。其方法是：将插入点定位在需要插入重复表格的位置，选择【插入】→【模板对象】→【重复表格】菜单命令，打开"插入重复表格"对话框，在其中设置表格的行数、列数、单元格边距、单元格间距、宽度、边框等信息，然后在"重复表格行"栏的下方设置重复的起始行、结束行、区域名称，单击 确定 按钮即可，如图9-9所示。

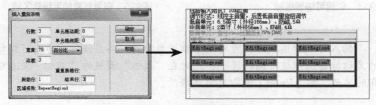
图9-9　插入重复表格

9.1.5 课堂案例1——制作模板页面

本例将通过模板的创建和可编辑区域的创建来制作果蔬网模板，完成后的效果如图9-10所示。

图9-10 模板网页效果

 素材所在位置 光盘:\素材文件\第9章\课堂案例1\gswlxwm.html
效果所在位置 光盘:\效果文件\第9章\课堂案例1\Templates\gswlxwm.dwt
视频演示 光盘:\视频文件\第9章\制作模板页面.swf

（1）打开"gswlxwm.html"网页文件，选择【文件】→【另存为模板】菜单命令。

（2）打开"另存模板"对话框，在"站点"下拉列表框中选择"mbuan"选项，在"另存为"文本框中输入"gswlxwm"，单击 保存 按钮，如图9-11所示。

（3）在打开的提示对话框中单击 是(Y) 按钮，如图9-12所示。

（4）在"gswlxwm.dwt"模板文件中将插入点定位到"联系我们"文本下方的空白单元格中，选择【插入】→【模板对象】→【可编辑区域】菜单命令。

（5）打开"新建可编辑区域"对话框，在"名称"文本框中输入"嵌套表格"，单击 确定 按钮，如图9-13所示。

图9-11 保存模板

图9-12 更新模板

图9-13 插入可编辑区域

（6）此时插入点所在的单元格将出现创建的可编辑区域，效果如图9-14所示。

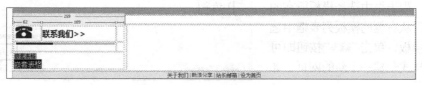

图9-14 查看创建的可编辑区域

（7）将插入点定位到右侧的空白单元格中，按相同方法再次创建名称为"指示图像"的可编辑区域，然后按【Ctrl+S】组合键保存模板即可，效果如图9-15所示。

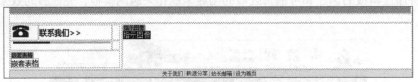

图9-15　插入"指示图像"可编辑区域

（8）单击"嵌套表格"可编辑区域的蓝色底纹标签并将其选择，在属性面板的"名称"文本框中将内容修改为"导航栏目"，如图9-16所示。

（9）选择"嵌套表格"可编辑区域中的"嵌套表格"文本，直接修改为"导航栏目"即可，如图9-17所示。保存模板后关闭退出文档。

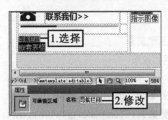

图9-16　修改可编辑区域的名称

图9-17　修改可编辑区域的内容

9.2　应用并管理模板

创建模板页面后，用户即可根据需要将模板应用到页面，或对模板进行操作，使其符合制作的需要。下面将主要讲解将模板应用到网页、将页面从模板分离、更新页面、重命名模板、删除模板等知识。

9.2.1　将模板应用到网页

若要用模板创建新网页，可以从"新建文档"对话框中选择模板并创建网页，也可以通过"资源"面板从已有模板创建新的网页，还可以为当前网页应用模板。

1. 使用"新建文档"对话框新建网页

从"新建文档"对话框中创建新网页的方法为选择【文件】→【新建】菜单命令，打开"新建文档"对话框，单击"模板中的页"选项卡，在"站点"列表框中选择模板所在的站点，然后从右侧的模板列表框中选择所需的模板，单击 创建(R) 按钮即可以该模板样式创建一个新的网页，如图9-18所示。

图9-18　使用"新建文档"对话框新建网页

知识提示   通过模板创建的网页在编辑窗口的四周为淡黄色，只有将鼠标光标移至可编辑区域时，鼠标光标变为可编辑状态 I 才能编辑网页，而移至其他区域时则变为不可编辑状态 ◇，不能对网页进行编辑操作。

2. 从"资源"面板中创建模板网页

通过"资源"面板也可以创建模板网页，但是在"资源"面板中只能使用当前站点中的模板创建网页。其具体操作如下。

（1）选择【窗口】→【资源】菜单命令或按【F11】键打开"资源"面板。

（2）在"资源"面板中单击左侧的"模板"按钮 🖿，在右侧的列表框中将显示当前站点中的模板列表，如图9-19所示。

（3）在模板列表中选择需要使用的模板，并在其上单击鼠标右键，在弹出的快捷菜单中选择"从模板新建"命令，如图9-20所示，将在编辑窗口中打开以该模板新建的网页。

图9-19　模板列表　　　图9-20　从模板新建

3. 为当前网页应用模板

在制作网页的过程中，可为当前编辑的网页应用已有模板，其具体操作如下。

（1）打开需应用模板的网页，选择【窗口】→【资源】菜单命令，打开"资源"面板，单击面板左侧的"模板"按钮 🖿 打开模板列表。

（2）在模板列表中选择要应用的模板，单击面板底部的 应用 按钮，或在所需的模板上单击鼠标右键，在弹出的快捷菜单中选择"应用"命令。

（3）如果网页中有不能自动指定到模板区域的内容，会打开"不一致的区域名称"对话框，如图9-21所示。

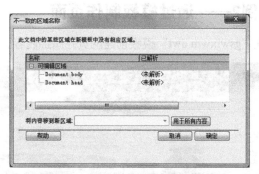

图9-21　"不一致的区域名称"对话框

（4）在该对话框的"可编辑区域"列表中选择应用的模板中的所有可编辑区域。

（5）在"将内容移到新区域"下拉列表框中选择将现有内容移到新模板中的区域，如果选择"不在任何地方"选项，则将不一致的内容从新网页中删除。

（6）单击 确定 按钮关闭对话框，即可将现有网页中的内容应用到指定的区域。

9.2.2 更新页面

用户可以随时对已有的模板进行修改，模板修改后，还需将对应该模板的网页进行更新。通常在对模板进行编辑修改后，按【Ctrl+S】组合键或选择【文件】→【保存】菜单命令保存模板，打开"更新模板文件"对话框，如图9-22所示。单击 [更新(U)] 按钮，可将更改移动到列表中的网页中，单击 [不更新(D)] 按钮则不会改变原有网页的内容。

图9-22　更新页面

9.2.3 删除模板

用户可以将不需要的模板删除，"资源"面板中选择需要删除的模板后，在其上单击鼠标右键，在弹出的快捷菜单中选择"删除"命令，或直接按【Delete】键，在打开的对话框中单击 [是(Y)] 按钮即可，如图9-23所示。

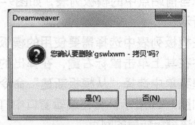

图9-23　删除页面

9.2.4 将页面从模板中分离

如果需要对应用了模板的网页进行更多的编辑操作，脱离模板对网页编辑的限制，可将网页与模板分离。分离后的网页将和一般网页一样，可以随意编辑和更改页面中的所有网页元素。分离后的模板就如同普通的网页文档一样可任意编辑，但更新原模板文件后，脱离模板后的网页是不会发生变化的，因为它们之间已没有任何关系。

分离网页模板的方法为：打开用模板创建的网页，选择【修改】→【模板】→【从模板中分离】菜单命令，即可将网页脱离模板。

9.2.5 课堂案例2——通过模板制作页面

根据所学知识，通过"gswlxwm.dwt"模板创建网页并添加内容，效果如图9-24所示。

图9-24　网页效果

素材所在位置	光盘:\素材文件\第9章\课堂案例2\Templates\gswlxwm.dwt.img\
效果所在位置	光盘:\效果文件\第9章\课堂案例2\gswlxwm.html
视频演示	光盘:\视频文件\第9章\通过模板制作页面.swf

（1）在Dreamweaver中选择【文件】→【新建】菜单命令，打开"新建文档"对话框，在对话框左侧选择"模板中的页"选项，在"站点"列表框中选择"muban"选项，并在右侧的列表框中选择"gswlxwm"选项，单击 创建(R) 按钮，如图9-25所示。

（2）此时将根据该模板创建网页，当鼠标光标移动到网页中的非可编辑区域时将变为禁用状态，表示不能对该内容进行编辑，如图9-26所示。

图9-25 新建页面　　　　　　　　　　图9-26 查看新建的模板网页

（3）在"导航栏目"可编辑区域中删除原有的"导航栏目"文本，插入5行2列的表格，输入文本并设置格式，效果如图9-27所示。

（4）在"指示图像"可编辑区域中删除原有的"指示图像"文本，插入提供的"gsw.jpg"图像，保存设置即可，效果如图9-28所示。

图9-27 嵌套表格　　　　　　　　　　图9-28 插入图像

（5）打开"gswlxwm.dwt"模板，修改版权信息中的内容，为其设置空链接并保存模板，如图9-29所示。

图9-29 修改模板内容

185

（6）打开基于"gswlxwm.dwt"模板创建的网页，选择【修改】→【模板】→【更新页面】
菜单命令，打开"更新页面"对话框，在"查看"下拉列表框中选择"整个站点"选
项，在右侧的下拉列表框中选择"xiangmuliu"选项，单击选中"模板"复选框，然后依
次单击 开始(S) 按钮和 关闭(C) 按钮，如图9-30所示。

（7）此时网页底部的标签信息将自动更新，效果如图9-31所示。完成后按【Ctrl+S】组合键
将网页保存为"gswlxwm.html"。

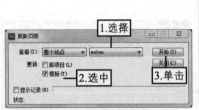

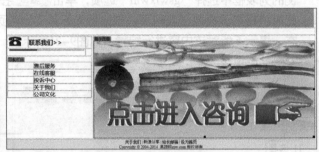

图9-30　设置更新范围　　　　　　　　　　　图9-31　更新后的网页

操作技巧　　　　如果不需要创建的可编辑区域对象，可将其取消。其方法为：选择可编辑区域
内的标签，然后选择【修改】→【模板】→【删除模板标记】菜单命令即可。

9.3　使用库

库是一种特殊的Dreamweaver文件，其中包含可放到网页中的一组资源或资源副本。在许
多网站中都会使用到库，在站点中的每个页面上或多或少都会有部分内容是重复使用的，如网
站页眉、导航区、版权信息等。下面将对库的概念和具体使用方法进行介绍。

9.3.1　库的概念

库主要用于存放页面元素，如图像和文本等，这些元素能够被重复使用或频繁更新，统称
为库项目。编辑库的同时，使用了库项目的页面将自动更新。

库项目的文件扩展名为.lbi，所有库项目默认统一存放在本地站点文件夹下的Library文件
夹中。使用库也可以实现页面风格的统一，主要是将一些页面中的共同内容定义为库项目，然
后放在页面中，这样对库项目进行修改后，通过站点管理，就可以对整个站点中所有放入了该
库项目的页面进行更新，实现页面风格的统一更新。

"资源"面板是库文件的载体。选择【窗口】→【资源】菜单命令即可打开"资源"面
板，单击左侧的"库"按钮，此时面板中显示的便是库文件资源的相关内容，如图9-32所
示。除此之外，"资源"面板中还包含了站点中的其他资源，如图像、颜色、超链接、视频、
模板等，只要单击该面板左侧相应的按钮，在右侧的界面中即可查看、管理、使用对应的资源
内容。

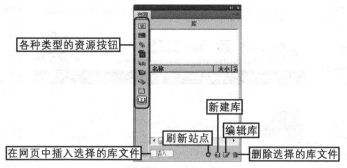

图9-32 "资源"面板

9.3.2 创建库项目

在Dreamweaver中创建库文件有两种方式，一种是直接将已有的对象创建为库文件，另一种是新建库文件，并在其中创建需要的元素。

1. 将已有对象创建为库文件

将已有对象创建为库文件的方法是：在网页文件中选择需要创建为库文件的元素，然后选择【修改】→【库】→【增加对象到库】菜单命令，在"资源"面板中修改创建的库文件名称即可，如图9-33所示。

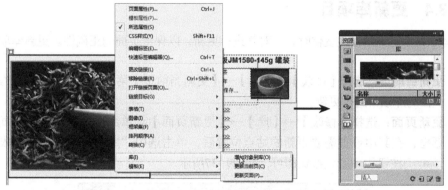

图9-33 将已有对象创建为库文件

2. 新建库文件

新建库文件后，用户可根据需要将网页元素添加到其中，其具体操作如下。

（1）打开"资源"面板，单击面板下方的"新建库项目"按钮，在"资源"面板中将创建的库文件名称更改为"product"，然后单击下方的"编辑"按钮，如图9-34所示。

（2）此时将打开库文件页面，在其中创建出需要的库文件内容，如图9-35所示。

（3）保存库文件并将其关闭，此时在"资源"面板中将显示创建的库文件，如图9-36所示。

知识提示　　新建并命名库文件后，直接在"资源"面板中双击库文件对应的选项也可打开该库文件页面，在其中可对文件内容进行添加和修改。

图9-34 创建并命名库名称　　　　　图9-35 编辑库项目　　　　　图9-36 查看库文件

9.3.3 应用库项目

创建好库文件后，便可在任意网页中重复使用该文件内容。应用库项目的方法有如下两种。

◎ 将插入点定位到网页中需要应用库项目的位置，打开"资源"面板，选择列表框中的库文件选项，单击 插入 按钮，此时网页中将插入选择的库文件内容，且无法对其进行编辑。

◎ 直接在"资源"面板中选择库文件后，将其拖曳到网页中，此时插入点将出现在鼠标光标对应的位置，确定插入点位置后，释放鼠标即可将库文件添加到相应的区域。

9.3.4 更新库项目

当库项目中的内容发生变化时，可对其进行更新，以保证页面的正确性。更新库项目的方法如下。

◎ 更新当前页：选择【修改】→【库】→【更新当前页】菜单命令，可直接对当前所在页面的库项目进行更新。

◎ 更新页面：选择【修改】→【库】→【更新页面】菜单命令，打开"更新页面"对话框，在其中设置需要更新的站点位置后，单击选中"库项目"复选框，依次单击 开始(S) 按钮和 关闭(C) 按钮即可，如图9-37所示。

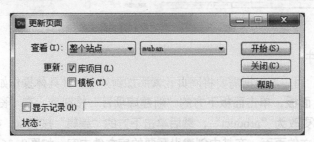

图9-37 更新库项目

9.3.5 删除库项目

如果库列表中有不再使用的资源，可将其从"资源"面板中删除。删除的方法是：选择要删除的资源文件，单击"资源"面板底部的"删除"按钮 即可将其删除。也可选择所需文件，并在其上单击鼠标右键，在弹出的快捷菜单中选择"删除"命令。

知识提示　　　在"资源"面板中可以为资源进行重新命名，让资源文件有一个容易记忆和区分的名称，便于用户查找。其方法是：选择所需文件，在其上单击鼠标右键，在弹出的快捷菜单中选择"重命名"命令，然后输入所需的名称即可。

9.4 课堂练习

本课堂练习将分别以制作"合作交流"模板网页和编辑"合作交流"页面为例，综合练习本章学习的知识点，以帮助用户掌握使用模板与库快速创建网页的方法。

9.4.1 制作"合作交流"模板网页

1. 练习目标

本练习要求通过模板来快速制作合作交流页面，制作时可先创建模板，并在其中创建可编辑区域。完成后的效果如图9-38所示。

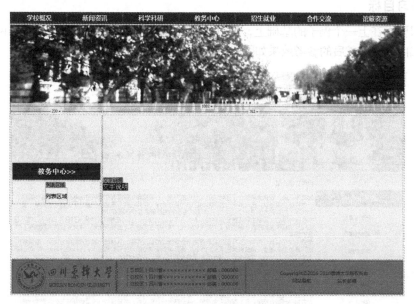

图9-38　合作交流"模板网页

素材所在位置　　光盘:\素材文件\第9章\课堂练习1\hzjl.html
效果所在位置　　光盘:\效果文件\第9章\课堂练习1\hzjl.html
视频演示　　　　光盘:\视频文件\第9章\制作"合作交流"模板网页.swf

2. 操作思路

本练习可先创建模板，然后对模板进行编辑，创建"列表区域"和"文字说明"两个可编辑区域，其操作思路如图9-39所示。

① 创建模板

② 创建"列表区域"可编辑区域

③ 创建"文字说明"可编辑区域

图9-39 "合作交流"模板网页的制作思路

（1）打开提供的"hzjl.html"素材网页，将其另存为模板文件。

（2）打开保存的模板文件，在页面左侧的"教务中心"文本下方定位鼠标光标，选择【插入】→【模板对象】→【可编辑区域】菜单命令，在打开的对话框中设置可编辑区域的名称为"列表区域"。

（3）在页面中间的空白区域定位插入点，选择【插入】→【模板对象】→【可编辑区域】菜单命令，在打开的对话框中设置可编辑区域的名称为"文字说明"。完成后保存模板文件。

9.4.2 应用并编辑"合作交流"模板网页

1. 练习目标

本练习要求在上一个例子的基础上，通过"hzjl.dwt"模板来新建"hzjl.html"网页，并在网页中添加内容，完成后的参考效果如图9-40所示。

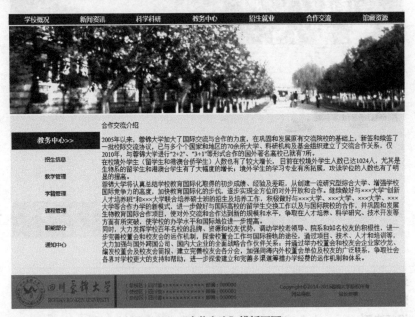

图9-40 "合作交流"模板网页

素材所在位置	光盘:\素材文件\第9章\课堂练习2\hzjl.dwt
效果所在位置	光盘:\效果文件\第9章\课堂练习2\hzjl.html
视频演示	光盘:\视频文件\第9章\应用并编辑"合作交流"模板网页.swf

2. 操作思路

根据练习目标要求，本练习的操作思路如图9-41所示。

① 基于模板新建网页

②插入表格

③ 输入并编辑文字

图9-41 应用并编辑"合作交流"模板网页的操作思路

（1）选择【文件】→【新建】菜单命令，在打开的对话框中基于"hzjl.dwt"模板网页新建文件，并将其保存为"hzjl.html"。

（2）在"列表区域"可编辑区域中插入一个6行1列的表格，并设置表格中的宽度为100%，单元格间距为2，单元格对齐方式为居中。

（3）在插入的表格中输入对应的内容。

（4）在"文字说明"可编辑区域中输入对应的文本内容，完成后按【F12】键预览网页效果。

9.4 拓 展 知 识

如果创建的模板需要运用到其他文档或站点，可将模板导出到其他站点根目录下，其方法为：选择【修改】→【模板】→【不带标记导出】菜单命令，打开"导出为无模板标记的站点"对话框，在"文件夹"文本框中输入需要导出的路径，然后单击 确定 按钮即可，如图9-42所示。

图9-42 导出模板

191

9.5 课后习题

（1）根据提供的素材网页文档，将其创建为模板，并在网页的左侧导航栏区域和中间空白部分创建可编辑区域。然后基于该模版创建网页，并编辑网页的内容，其效果如图9-43所示。

图9-43　"音乐网站"网页

提示： 新建模板并基于模板创建页面后，在进行可编辑区域内容的编辑时，对左侧的导航区域设置图像热点链接，对右侧的空白区域填充文本内容，可先插入一个1行1列，宽度为90%的表格，并设置表格的对齐方式为"居中"，最后输入需要的文本内容即可。

素材所在位置	光盘:\素材文件\第9章\课后习题\music\music.html
效果所在位置	光盘:\效果文件\第9章\课后习题\music\music.html
视频演示	光盘:\视频文件\第9章\制作"音乐网站"网页.swf

行业知识

在同一网站的不同页面中，往往有许多相同的板块，如网站Logo、Banner、版权区等，这些内容应尽量利用模板来设计。使用模板时一定要注意以下两点。

◎ 模板文件决不允许出现错误内容，包括错误的文字、图像、超链接等，否则将直接影响整个网站的专业性。

◎ 非固定版块不用模板设计，否则非但不能提高效率，修改内容时还会增加无谓的工作量和操作力度。

（2）本例根据所学知识，对网页中的素材进行操作，以熟练掌握库项目的新建、编辑、应用方法。

视频演示	光盘:\视频文件\第9章\库项目练习.swf

第10章

使用表单

　　表单是收集用户信息和访问者反馈信息的有效方式，在网络中的应用非常广泛，如常见的注册页面、登录页面、留言界面等都是由表单构成的。本章将介绍表单和表单对象，Spry验证表单构件的使用方法。

 学习要点

◎　　插入并设置表单

◎　　添加表单对象

◎　　验证表单

 **学习目标**

◎　　了解表单在网页中的作用

◎　　在网页中创建表单并设置表单属性

◎　　添加文本类表单对象

◎　　添加选择类表单对象

◎　　添加其他表单对象

◎　　使用Spry验证表单构件

10.1 插入并设置表单

在浏览网页时常会进行一些个人信息或其他信息的填写，如申请电子邮箱时填写个人信息，网上购物时填写购物单等，这些页面就是表单页面。下面将对表单的创建和属性设置进行讲解。

10.1.1 表单概述

表单通常由多个表单对象组成，如单选按钮、复选框、文本框、按钮等，网站管理员可以通过表单来收集浏览者的相关信息，从而实现信息的传递。

表单其实就是用于提交信息的一类网页元素，是通过表单标签和它所包含的表单元素共同组成的。其中表单标签用于定义表单的总体属性，如提交的目标地址、提交方式、表单名称等，但在浏览网页时并不会显示，只是用于定义表单的必要属性。表单元素（如文本域、复选框、按钮等）则是用于从客户端获取反馈信息。通常情况下表单元素需被包含在表单标签范围当中才能正常实现信息提交，如图10-1所示即为注册QQ账号的页面，它就是一个完整的表单页面，用户可以通过在该页面中填写注册信息后，提交信息到网站管理员处进行处理。

图10-1　表单页面

10.1.2 创建表单标签

表单是表单对象的容器，任何表单对象都必须在表单中才能生效，如果用户在添加表单对象时并未创建表单，这时系统将自动在文档中添加表单。表单的创建比较简单，但创建后的表单在默认情况下是以"100%"宽度显示，所以在创建表单前可根据实际需要创建一个容器，然后再进行表单的插入。插入表单的方法主要有以下两种。

◎ **通过"插入"按钮插入表单标签**：在网页中目标位置定位插入点，将"插入"面板切换至"表单"分类，单击其中的"表单"按钮█，可在目标位置插入一个表单标签。

◎ **通过菜单命令插入表单标签**：在网页中目标位置定位插入点，选择【插入】→【表单】→【表单】菜单命令可在目标位置插入一个表单标签。

如图10-2所示即为插入的表单标签，它呈红色虚线框显示。

图10-2　表单标签

10.1.3　设置表单属性

将插入点定位到表单中，在"属性"面板中可进行表单属性的设置。其"属性"面板如图10-3所示。

图10-3　"表单"属性

表单"属性"面板中各选项的含义介绍如下。

◎ **"表单ID"文本框**：设置表单的ID名，以方便在代码中引用该对象。

◎ **"动作"文本框**：指定处理表单的动态页或脚本所在的路径，该路径可以是URL地址、HTTP地址、Mailto邮箱地址等。

◎ **"目标"下拉列表框**：设置表单信息被处理后网页所打开的方式，如在当前窗口中打开或在新窗口中打开等，与设置超链接时的"目标"下拉列表框作用相同。

◎ **"类"下拉列表框**：为表单应用已有的某种类CSS样式。

◎ **"方法"下拉列表框**：设置表单数据传递给服务器的方式，一般使用"POST"方式，即将所有信息封装在HTTP请求中，对于传递大量数据而言是一种较为安全的传递方式。除了"POST"方式外，还有一种"GET"方式，这种方式直接将数据追加到请求该页的URL中，但它只能传递有限的数据，且安全性不如"POST"方式。

◎ **"编码类型"下拉列表框**：指定提交表单数据时所使用的编码类型。默认设置为application/x-www-form-urlencoded，通常与"POST"方式协同使用。如果要创建文件上传表单，则需要在该下拉列表框中选择"multipart/form-data"选项。

10.2　添加表单对象

完成表单对象的创建后，即可在其中添加表单对象以完成表单页面的制作。在Dreamweaver CS5中添加表单对象的方法很简单，可直接在"插入"栏的"表单"选项卡中添加，也可通过选择【插入】→【表单】菜单命令，在打开的子菜单中选择需要的表单对象进行添加。下面主要对各种类型的表单对象进行介绍。

10.2.1　文本字段

文本字段是最常见的表单对象之一，可接受任何类型文本内容的输入。添加文字字段后，用户即可根据需要对其属性进行设置，下面分别对文本字段的添加和顺序设置方法进行介绍。

1．添加文本字段

添加文本字段的具体操作如下。

（1）将插入点定位在表单中需添加单行文本字段的位置，在"表单"插入栏中单击"文本字段"按钮□，打开"输入标签辅助功能属性"对话框。

（2）在"ID"文本框中输入表单对象的ID名称，如"name"，在"标签"文本框中输入要在该表单对象前或后显示的文本，如"用户名："，在"样式"栏中设置是否添加标签标记，在"位置"栏中设置标签文字相对于表单对象的位置，如图10-4所示。

（3）单击 确定 按钮完成文本字段的添加，如图10-5所示。

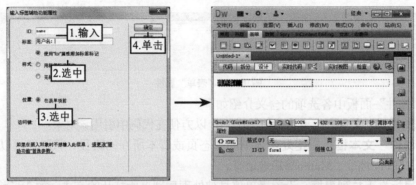

图10-4　"输入标签辅助功能属性"对话框　　　　图10-5　插入文本字段

知识提示　　　　对话框中的ID、标签、样式、位置等选项属于通用属性设置，在添加其他表单对象时也会有相应的设置。其中"ID"文本框用于设置表单的ID编号；"标签"文本框用于设置该文本域的标题，它将出现在文本域的前面或者后面；"样式"栏用于用于设置文本域的外形；"位置"栏用于设置"标签文字"相对于该文本域的位置。

2．设置文本字段的属性

插入"文本字段"后还需对文本字段的主要属性进行设置，如图10-6所示即为文本字段的"属性"面板。

图10-6　文本域"属性"面板

文本域"属性"面板中各选项的含义介绍如下。

◎　"文本域"文本框：设置文本域的名称。

◎　"字符宽度"文本框：用于指定文本域中可显示的字符数量，超出部分不会被显示，但仍会被文本域接收。

◎　"最多字符数"文本框：设置文本域中所能输入的最大字符数。

◎　"初始值"文本框：在其中输入文本字段默认状态时显示的内容，若不输入内容，文本字段将显示空白。

◎ **"类型"选项组：** 用于设置文本字段的类型，包括单行、多行、密码3种类型。当设置为单行时，文本字段可接受的文本内容较少，常用于输入账户名称、邮箱地址等。设置为多行时，"字符宽度"文本框将变为"行数"文本框，可设置多行文本字段所包含的行数，如图10-7所示。当设置为密码时，输入的内容呈不可见状态显示，常用"●"符号代替，如图10-8所示。

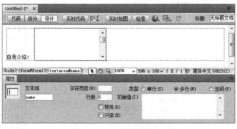

图10-7　多行文本字段　　　　　　　　　图10-8　密码文本字段

◎ **"类"下拉列表框：** 定义该对象的样式，可选择"附加样式表"选项来附加外部的CSS样式表定义样式。

10.2.2　隐藏域

隐藏域是用来收集或发送信息的不可见元素，用户在访问网页时，隐藏域是不可见的。当表单被提交时，隐藏域就会将信息用最初设置时定义的名称和值发送到服务器上。添加隐藏域的具体操作如下。

（1）将插入点定位到需添加隐藏域的位置。

（2）在"插入"栏中单击"表单"选项卡，在显示功能项中单击"隐藏域"按钮，在编辑窗口中将会添加一个隐藏域，显示为图标，如图10-9所示。

（3）选择该隐藏域图标，在"隐藏区域"文本框中输入隐藏域的名称，该名称可以被脚本或程序所引用。

（4）完成设置后按【Enter】键确认设置，此时可以在"属性"面板中查看隐藏域，并设置其属性，如图10-10所示。

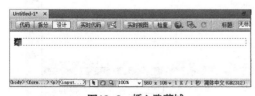

图10-9　插入隐藏域　　　　　　　　　图10-10　设置"隐藏域"属性

10.2.3　文本区域

文本区域与多行文本字段类似，可用于存放较多的文本字符，其具体操作如下。

（1）将插入点定位到需添加文本区域的位置。

（2）在"表单"插入栏中单击"文本区域"按钮，打开"输入标签辅助功能属性"对话框进行设置，如图10-11所示。

（3）单击 确定 按钮完成文本区域的添加，返回网页中即可在其"属性"面板中进行设置，如这里设置其类型为"多行"，字符宽度为"45"，行数为"8"，如图10-12所示。

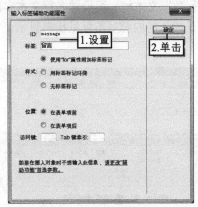

图10-11　插入文本区域

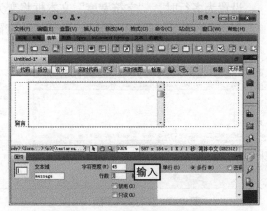

图10-12　设置文本区域的顺序

10.2.4　复选框

如果想让浏览者在给定的选项中选择一个或多个选项，可在表单中添加复选框。其具体操作如下。

（1）将插入点定位到表单中，输入文本"爱好："。

（2）在"表单"插入栏中单击"复选框"按钮☑，打开"输入标签辅助功能属性"对话框，设置ID为"read"，标签为"阅读"，位置为"在表单项后"，如图10-13所示。

（3）单击 确定 按钮，返回网页中选中复选框，在其"属性"面板中的"选定值"文本框中输入"1"，单击选中"未选中"单选项，如图10-14所示。

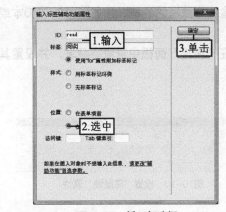

图10-13　插入复选框

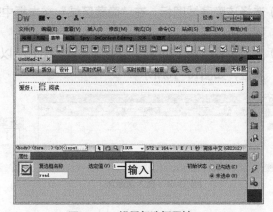

图10-14　设置复选框属性

知识提示

"选定值"文本框用于输入当选中该复选框时，发送给服务器的值；"初始状态"栏可设置该复选框默认状态下是选中或未选中。

（4）使用相同的方法在表单中添加多个复选框，并将其中的"其他"复选框设置为已勾选状态，完成后的效果如图10-15所示。

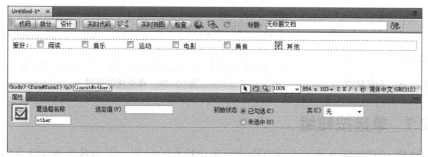

图10-15 查看效果

10.2.5 复选框组

复选框组的效果与添加多个复选框的效果相同，但其操作比重复添加复选框更加便捷，其具体操作如下。

（1）将插入点定位到表单中，输入文本"喜欢的小说类型："，按【Shift+Enter】组合键换行，在"表单"插入栏中单击"复选框组"按钮 ，打开"复选框组"对话框。

（2）在"名称"文本框中输入复选框组的名称"novel"。

（3）选择"复选框"列表框中"标签"列中的第一个选项，修改其名称为相应的标签文字，这里设置为"武侠小说"和"1"，使用相同的方法，将第二个选项的设置为"悬疑小说"和"2"，如图10-16所示。

（4）单击 按钮新添加一个复选框，修改标签文字及值，重复执行添加复选框的操作，直到添加完需要显示的复选框选项，如图10-17所示。

（5）单击 确定 按钮，返回网页中即可查看添加的复选框组，效果如图10-18所示。根据需要，可选择复选框，在"属性"面板中对其进行设置。

图10-16 设置复选框

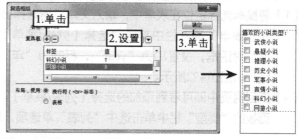

图10-17 添加复选框

图10-18 复选框组

10.2.6 单选按钮

单选按钮只能选其中一项，可用作性别等唯一选项的选择。添加单选按钮的方法同添加复选框相似，将插入点定位到表单中需添加单选按钮的位置，单击"表单"插入栏中的 按钮或选择【插入】→【表单】→【单选按钮】菜单命令在表单中添加一个单选按钮，如图10-19所示。添加后，选择该单选按钮，即可在"属性"面板中对属性进行设置，如图10-20所示。

图10-19 单选按钮	图10-20 单选按钮属性

10.2.7 单选按钮组

单个添加的单选按钮达不到在网页中进行单选操作的目的，因为各单选按钮之间是单独存在的。要使各选项中只能选中一个，可添加单选按钮组。添加单选按钮组的方法与添加复选框组的方法相同，只需将插入点定位到表单中需添加单选按钮组的位置，单击"表单"插入栏中的▤按钮或选择【插入】→【表单】→【单选按钮组】菜单命令，打开"单选按钮组"对话框，在其中设置名称、单选按钮、布局等属性后，单击 确定 按钮即可，如图10-21所示。

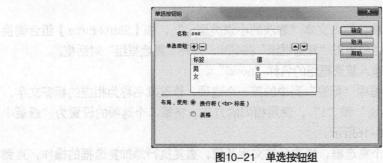

图10-21 单选按钮组

10.2.8 选择（列表/菜单）

列表和菜单可为浏览者提供预定选项，方便用户进行选择。其具体操作如下。
（1）将鼠标光标定位在表单中，输入文本"请选择出生年月："。
（2）在"表单"插入栏中单击"选择（列表/菜单）"按钮▤，打开"输入标签辅助功能属性"对话框，设置ID为"year"，标签为"年"，位置为"在表单后"，单击 确定 按钮，如图10-22所示。
（3）返回网页中即可看到添加的选择（列表/菜单）。选择该选择（列表/菜单），在"属性"面板的"类型"栏中单击选中"列表"单选项，单击 列表值… 按钮，如图10-23所示。

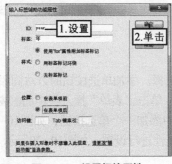

图10-22 设置标签属性

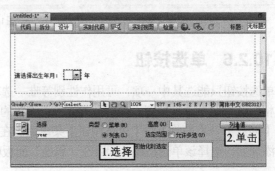

图10-23 设置列表属性

（4）打开"列表值"对话框，在"项目标签"栏中输入项目名称，在"值"栏中输入对应的值。单击 按钮添加下一条项目，在"值"栏中输入各项对应的值。重复操作直至完成项目标签设置，如图10-24所示。

（5）单击 确定 按钮关闭对话框。在"属性"面板的"初始化时选定"列表框中选择一个初始化值。使用相同的方法创建一个月份列表，效果如图10-25所示。

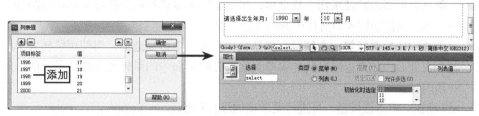

图10-24 设置列表值 　　　　　图10-25 查看效果

（6）按【F12】键在浏览器中进行预览，可在其中进行选择，如图10-26所示。

图10-26 预览效果

知识提示

"属性"面板中的"类型"单选项组用于指定当前对象为菜单还是列表。"初始化时选定"列表框：用于指定默认处于选择状态的项目。"高度"文本框（仅列表）用于设置列表中同时显示的列表项目数目。"选定范围"复选框用于设置是否允许用户在列表框中同时选择多个项目。 列表值... 按钮用于编辑菜单项目标签和值。

10.2.9　跳转菜单

在跳转菜单中，浏览者选择其中的选项后将跳转到指定的页面。添加跳转菜单的方法与添加列表/菜单的方法基本相同，但需要指定选择时跳转到的URL页面。其方法为：将插入点定位到页面表单中需要添加跳转菜单的位置，单击"表单"插入栏中的"跳转菜单"按钮 或选择【插入】→【表单】→【跳转菜单】菜单命令，打开"插入跳转菜单"对话框，如图10-27所示。

对话框中主要的设置选项作用如下。

图10-27 插入跳转菜单

◎ **"文本"文本框**：用于定义菜单项的名称，输入名称后上方"菜单项"列表中的名称会相应改变。

◎ **"选择时，转到URL"文本框**：为当前选中的菜单项添加链接。

◎ **"打开URL于"下拉列表框**：用于选择打开链接的方式。

◎ **"菜单ID"文本框**：用于设置该菜单项的名称。

◎ **"菜单之后插入前往按钮"复选框**：单击选中该复选框后会在该菜单项后添加一个按钮，单击该按钮后才会前往相应的链接页面。

◎ **"更改URL后选择第一个项目"复选框**：单击选中该复选框，当使用跳转菜单跳转到某个页面后，如果返回到跳转菜单页面，此时页面中的跳转菜单默认显示的依然是第一项内容。

◎ **⊞⊟按钮**：单击该按钮，可进行菜单项的添加和删除。

◎ **▲▼按钮**：单击该按钮，可将选择的菜单项顺序向上或向下调整。

10.2.10　图像域

图像域就是在表单中添加图像区域，可以添加自制的按钮使网页更具个性化。其具体操作如下。

（1）将插入点定位到表单中要创建图像域的位置。

（2）在"表单"插入栏中单击"图像域"按钮，打开"选择图像源文件"对话框，在其中双击要添加的图像，如图10-28所示。

（3）在打开的对话框中进行标签属性设置，完成后单击 确定 按钮，如图10-29所示。

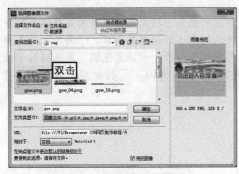 

图10-28　选择图像源文件　　　　图10-29　"输入标签辅助功能属性"对话框

（4）返回网页中即可看到添加的图像域。选择图像域，在"属性"面板中可对其属性进行设置，如图10-30所示。

图10-30　查看并设置图像域

操作技巧

单击图像域"属性"面板中的 编辑图像 按钮,可启动系统中已安装的图像编辑软件对图像进行编辑,如修改图像的大小、调整图像的亮度、为图像添加特殊效果等。

10.2.11 文件域

文件域可实现文件的上传功能,其具体操作如下。

（1）将插入点定位到表单中要添加按钮的位置。

（2）在"表单"插入栏中单击"文件域"按钮，在打开的"标签输入辅助功能属性"对话框中设置标签属性,如图10-31所示。

（3）单击 确定 按钮,即可完成文件域的添加。选择添加的文件域,在"属性"面板的"文件域名称"文本框中输入文件域的名称,在"字符宽度"及"最多字符数"文本框中分别输入相应的值,如图10-32所示。

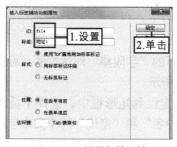

图10-31 设置标签属性

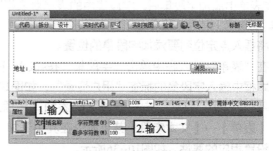

图10-32 设置文件域属性

（4）保存网页并按【F12】键进行预览,单击 浏览 按钮,在打开的对话框中可选择需要上传的文件,单击 确定 按钮,返回网页中即可看到文件域的文本框中保存的文件信息,如图10-33所示。

图10-33 查看文件域效果

10.2.12 按钮

按钮是表单中最常用也是最基本的表单对象,可用作提交功能或重置表单。添加按钮的方法是:单击"表单"插入栏中的"按钮"按钮或选择【插入】→【表单】→【按钮】菜单命令。插入的按钮默认为"提交"按钮,也可设置为其他名称。选择添加的按钮,其"属性"面板如图10-34所示。

图10-34 按钮"属性"面板

按钮"属性"面板各设置参数的含义如下。

◎ "按钮名称"文本框：设置按钮的名称。

◎ "值"文本框：设置显示在按钮上的文本，默认为"提交"。

◎ "动作"选项组：单击选中"提交表单"单选项表示单击该按钮可提交表单；单击选中"重设表单"单选项表示需手动添加脚本才能执行相应操作，否则单击无回应；单击选中"无"单选按项表示单击按钮可清空表单中的已填写的信息以重新填写。

10.2.13 标签

标签主要用于进行信息的显示，单击"表单"插入栏中的"标签"按钮📧或选择【插入】→【表单】→【标签】菜单命令，将在Dreamweaver的"代码"视图中插入一组<label></label>标签，在标签中输入需要显示的内容即可。

10.2.14 字段集

在表单中添加字段集后，字段集中的表单对象将以圆角矩形的分组方式显示，使表单看起来更具层次感。其具体操作如下。

（1）将插入点定位到要添加字段集的位置。

（2）在"表单"插入栏中单击"字段集"按钮🔲，在打开的"字段集"对话框的"标签"文本框中输入字段集的标签"用户登录"，如图10-35所示。

（3）单击 确定 按钮，完成字段集的添加。将插入点定位到矩形框中，选择【插入】→【表单】→【文本字段】菜单命令在其中添加"用户名"和"密码"两个文本字段，并设置相应的属性，如图10-36所示。

图10-35 设置字段集

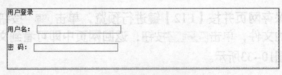

图10-36 添加文本字段

（4）将插入点定位到文本字段下方的适合位置，插入一个按钮，并设置其值为"登录"，保存并预览网页，效果如图10-37所示。

```
┌─用户登录────────────────────┐
│                              │
│  用户名：[                ]   │
│                              │
│  密  码：[                ]   │
│                              │
│       [ 登录 ]               │
│                              │
└──────────────────────────────┘
```

图10-37 查看效果

10.2.15 课堂案例1——制作"会员注册"网页

本案例将使用表单功能来制作"会员注册"页面，制作时先创建表单并设置属性，然后插入表单对象，完成后的效果如图10-38所示。

图10-38 "会员注册"网页效果

素材所在位置	光盘:\素材文件\第10章\课堂案例1\chww_zc.html
效果所在位置	光盘:\效果文件\第10章\课堂案例1\chww_zc.html
视频演示	光盘:\视频文件\第10章\制作"会员注册"网页.swf

（1）打开"chww_zc.html"网页文件，将插入点定位到空白的单元格中，打开"插入"面板，切换到"表单"插入栏，选择下方的"表单"选项，此时插入点处将显示边框为红色虚线的表单区域，效果如图10-39所示。

（2）将插入点定位到表单区域，在"插入"面板中选择"文本字段"选项，打开"输入标签辅助功能属性"对话框，分别在"ID"文本框和"标签"文本框中输入"user"和"用户名："，单击 确定 按钮，如图10-40所示。

图10-39 插入的表单区域

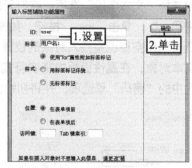

图10-40 添加文本字段

（3）在插入的文本字段的"用户名："文本右侧插入若干空格，选择文本字段表单元素，在"属性"面板中将字符宽度和最多字符数均设置为"16"，并将初始值设置为"请输入会员名称"，按【Enter】键，如图10-41所示。

（4）创建名为".bd"的类CSS样式，设置字号为"12"，字形加粗，并应用到添加的文本字段表单元素中，效果如图10-42所示。

图10-41　设置文本字段

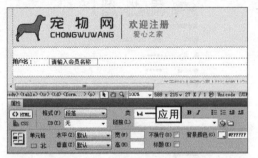

图10-42　设置文本字段格式

（5）将插入点定位到文本字段表单元素右侧，按【Enter】键，再次选择"插入"面板中的"文本字段"选项，打开"输入标签辅助功能属性"对话框，分别在"ID"文本框和"标签"文本框中输入"password"和"密码："，单击 确定 按钮，如图10-43所示。

（6）适当利用空格调整插入对象的位置，使其与上方的文本字段对齐。选择插入的文本对象，在"属性"面板中将字符宽度和最多字符数均设置为"16"，单击选中"类型"栏中的"密码"单选项，并将初始值设置为"请设置密码"，如图10-44所示。

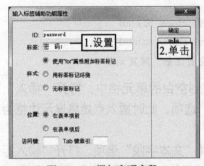

图10-43　添加密码字段

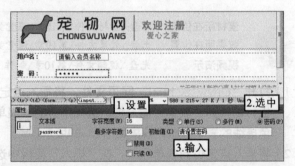

图10-44　设置密码字段

（7）将插入点定位到"密码"文本字段表单元素右侧，按【Enter】键分段，在"插入"面板中选择"文本字段"选项。在打开的对话框中将ID标签分别设置为"confirm"和"确认密码："，单击 确定 按钮，如图10-45所示。

（8）适当利用空格调整插入对象的位置，使其与上方的文本字段对齐，然后通过选择插入的文本对象，在属性面板中将字符宽度和最多字符数设置为"16"，单击选中"类型"栏中的"密码"单选项，并将初始值设置为"请确认密码"，如图10-46所示。

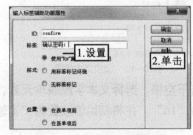

图10-45　添加确认密码字段

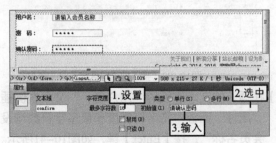

图10-46　设置确认密码字段

（9）按【Enter】键分段，在"插入"面板中选择"选择（列表/菜单）"选项，打开"输入标签辅助功能属性"对话框，分别在"ID"文本框和"标签"文本框中输入"sex"和"性别："，单击 确定 按钮，如图10-47所示。

（10）利用空格键适当调整菜单，使其与上方的文本字段对齐，选择插入的菜单，在"属性"面板中单击 列表值 按钮，打开"列表值"对话框，利用"添加"按钮添加两个名称为"男"和"女"的项目标签，单击 确定 按钮，如图10-48所示。

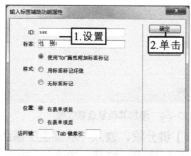

图10-47 添加性别字段

图10-48 设置列表选项

（11）按【Enter】键分段，选择"插入"面板中的"文本字段"选项，打开"输入标签辅助功能属性"对话框，分别在"ID"文本框和"标签"文本框中输入"age"和"年龄："，单击 确定 按钮，如图10-49所示。

（12）适当利用空格调整插入对象的位置，使其与上方的文本字段对齐，然后通过选择插入的文本对象，在"属性"面板中将字符宽度和最多字符数均设置为"6"，如图10-50所示。

图10-49 添加年龄字段

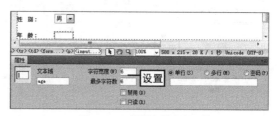

图10-50 设置年龄字段属性

（13）按【Enter】键分段，在"插入"面板中选择"文本区域"选项，打开"输入标签辅助功能属性"对话框，分别在"ID"文本框和"标签"文本框中输入"impression"和"宠物网印象："，单击 确定 按钮，如图10-51所示。

（14）选择插入的文本区域对象，在"属性"面板中将字符宽度和行数分别设置为"32"和"5"，单击选中"类型"栏中的"多行"单选项，并将初始值设置为"简述对宠物网的印象"，如图10-52所示。

图10-51 添加文本区域字段

图10-52 设置文本区域字段格式

（15）按【Enter】键分段，输入"购买过本网站哪些产品："文本后，在"插入"面板中选择"复选框"选项。打开"输入标签辅助功能属性"对话框，分别在"ID"文本框和"标签"文本框中输入"chongwu"和"宠物"，单击 确定 按钮，如图10-53所示。

（16）在插入的复选框对象右侧插入若干空格，再次使用相同的方法添加一个复选框字段，其中ID为"siliao"，标签为"饲料"，如图10-54所示。

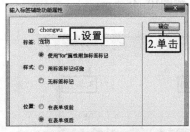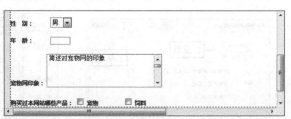

图10-53 添加复选框　　　　　　　　图10-54 添加其他复选框效果

（17）将插入点定位到复选框表单元素右侧，按【Enter】键分段，输入"从哪里了解到宠物网："文本，在"插入"面板中选择"单选按钮组"选项，打开"单选按钮组"对话框，将列表框中"标签"栏下方的选项名称分别更改为"朋友介绍"和"杂志报刊"，如图10-55所示。

（18）单击"添加"按钮 ，在单选按钮组中再添加两个单选按钮，分别在"标签"栏中将新增的选项名称更改为"网站推广"和"其他"，单击 确定 按钮，如图10-56所示。

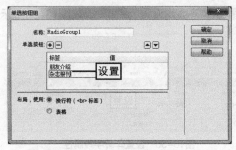

图10-55 更改标签名称　　　　　　　　图10-56 添加单选项名称

（19）此时单选按钮组将以表格的方式在各行中显示每一个单选项，通过复制粘贴的方法将其全部放在一行中，效果如图10-57所示。

（20）将插入点定位在单选按钮组后，按【Enter】键换行。在"插入"面板中选择"文件域"选项，打开"输入标签辅助功能属性"对话框，分别在"ID"文本框和"标签"文本框中输入"head"和"上传头像："，单击 确定 按钮，如图10-58所示。

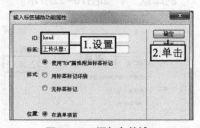

图10-57 调整单选按钮组　　　　　　　　图10-58 添加文件域

（21）选择插入的文件域，在"属性"面板中设置字符宽度和最多字符数分别为"48"和"42"，如图10-59所示。

（22）按【Enter】键换行，插入一个复选框，并将其初始状态设置为"已勾选"，如图10-60所示。

图10-59 设置文件域字符宽度和数量

图10-60 插入并设置复选框

（23）将插入点定位到复选框表单元素右侧，按【Enter】键分段，在"插入"面板中选择"按钮"选项，打开"输入标签辅助功能属性"对话框，在"ID"文本框中输入"submit"，单击 确定 按钮，如图10-61所示。

（24）在其"属性"面板的"值"文本框中输入"马上注册"文本，在"动作"栏中单击选中"提交表单"单选项，完成"马上注册"按钮的创建，如图10-62所示。

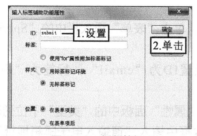

图10-61 添加按钮

图10-62 设置按钮值

（25）利用相同的方法再次插入一个按钮，其中ID为"reset"，然后在"属性"面板中更改值为"重新填写"，并通过空格控制按钮间距，效果如图10-63所示。

（26）选择网页中最上方的5种表单对象，在"插入"面板中选择"字段集"选项，打开"字段集"对话框，在"标签"文本框中输入"基本信息"，单击 确定 按钮，如图10-64所示。

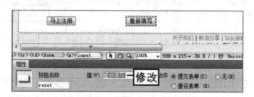

图10-63 添加重新填写按钮

图10-64 添加字段集

（27）继续选择"宠物网印象"多行文本字段到"上传头像"文件域之间的所有表单元素，在"插入"面板中选择"字段集"选项，打开"字段集"对话框，在"标签"文本框中输入"附加信息"，单击 确定 按钮，如图10-65所示。

（28）完成字段集的添加，按【Ctrl+S】组合键保存网页，效果如图10-66所示。

图10-65　继续添加字段集

图10-66　添加字段集效果

10.3　Spry验证表单构件

Spry表单构件是Dreamweaver CS5中的一项基于Ajax的框架的表单功能。在网页中使用它可以向访问者提供更丰富的体验以及对表单信息的验证。下面主要对各种常用的一些Spry验证表单构件进行介绍。

10.3.1　验证文本域

Spry验证文本域与普通文本域的不同之处在于，它是在普通文本域的基础上对用户输入的内容进行验证，并根据验证结果向用户发出相应的提示信息。其添加方法与添加普通的文本域方法类似，具体操作如下。

（1）将插入点定位到要添加Spry验证文本域的位置，单击"表单"插入栏中的"Spry验证文本域"按钮。

（2）打开"插入标签辅助功能属性"对话框，设置ID为"email"，标签为"Email地址："，单击 确定 按钮，如图10-67所示。

（3）返回网页文档看到插入的Spry验证文本域。在"属性"面板中的"类型"下拉列表框中选择"电子邮件地址"选项，在"提示"文本框中输入"请输入电子邮箱地址"，在"预览"下拉列表框中选择"必填"选项，单击选中"验证于"栏中的"onBlur"复选框，如图10-68所示。

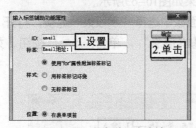

图10-67　添加验证文本域

图10-68　设置验证文本域的属性

（4）保存网页并进行预览，其默认显示状态如图10-69所示。当未输入内容时，提示"需要提供一个值"，如图10-70所示。当输入的内容不符合电子邮件格式时，则提示"格式无效"，如图10-71所示。

Email地址：　请输入电子邮箱地址	Email地址：　请输入电子邮箱地址　需要提供一个值。	Email地址：　45641220162　格式无效。
图10-69　默认显示	图10-70　未输入内容时的状态	图10-71　格式无效

Spry验证文本域"属性"面板中各设置项的含义和功能如下。

◎ **"类型"下拉列表框**：设置输入信息的类型，按该类型的判断条件对该Spry验证文本域进行判断，如电子邮件地址、日期、时间等。

◎ **"格式"下拉列表框**：根据"类型"的不同向用户提供相应的可选输入格式。其中某些类型不需进行选择，会呈不可操作状态。

◎ **"预览状态"下拉列表框**：用于切换在不同状态下文本域错误信息的内容预览。

◎ **"验证于"选项组**：用于设置在何种事件发生时启动验证，包括"onBlur"（模糊，焦点离开该文本框）、"onChange"（更改）和"onSubmit"（提交）3个复选框，其中"onSubmit"为必选项。

◎ **"图案"文本框**：当在"格式"下拉列表框中选择"自定义模式"选项时，需在此处设置自定义的格式范本。

◎ **"提示"文本框**：用于设置显示在Spry验证文本域中的提示信息，该信息不作为文本框的实际内容，不影响验证的有效性。

◎ **"最小字符数"和"最小值"文本框**："最小字符数"文本框用于设置字符数下限判断条件，如设置为"8"，则输入的字符小于"8"将会出现错误提示。对于部分数值类型，如货币，可以设置"最小值"属性，该属性与"最小字符数"属性类似，若用户输入的值小于"最小值"，则会出现错误提示。

◎ **"最大字符数"和"最大值"文本框**：这两项属性设置的意义与"最小字符数"和"最小值"属性相反，设置方法相同。

◎ **"必需的"复选框**：选中该复选框会要求用户必须输入内容，否则出现错误提示。

◎ **"强制模式"复选框**：单击选中该复选框，可禁止用户在该文本域中输入无效字符，比如"整数"类型的文本框在"强制模式"下就无法输入字符。

10.3.2 验证文本区域

Spry验证文本区域其实就是多行的Spry验证文本域。插入Spry验证文本区域的方法是单击"表单"插入栏的"Spry验证文本区域"按钮█或选择【插入】→【Spry】→【Spry验证文本区域】菜单命令。Spry验证文本区域的"属性"面板与Spry验证文本域的类似，不同的是添加了"计数器"和"禁止额外字符"属性，如图10-72所示。

图10-72 Spry验证文本区域"属性"面板

"计数器"和"禁止额外字符"的含义和功能如下。

◎ **"计数器"单选按钮组**：若单击选中"无"单选项，则不会进行计数；单击选中"字符计数"单选项，将会统计用户输入的字符总数并显示在文本区域旁；而"其余字符"单选项需要与最大字符数设置配合，每当用户输入一个字符，文本区域旁都会显示当前可输入剩余字符数。

◎ **"禁止额外字符"复选框**：只在"最大字符数"文本框中有具体参数时才可选，单击选中该复选框后，当用户输入的字符数达到最大字符数时，将无法继续输入。

10.3.3　Spry验证复选框

与传统复选框相比，Spry验证复选框的最大特点是当用户单击选中或撤销选中该复选框时会提供相应的操作提示信息。如"至少要求选择一项"或"最多能同时选择几项"等。插入Spry验证复选框的方法为：单击"表单"插入栏中的"Spry复选框"按钮☑或选择【插入】→【Spry】→【Spry验证复选框】菜单命令。

添加Spry验证复选框后，即可在"属性"面板中对其属性进行设置，如图10-73所示。

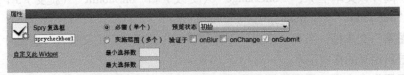

图10-73　Spry验证复选框"属性"面板

Spry验证复选框主要参数的含义和功能如下。

◎　"必需（单个）"单选项：单击选中该单选项后，会要求用户至少要单击选中其中一个复选框才能通过验证。

◎　"实施范围（多个）"单选项：选中该单选项后，"最小选择数"和"最大选择数"文本框将被激活，通过这两个文本框可设置用户选择时必须达到的最小选择数及最大选择数。

◎　"预览状态"下拉列表框：与其他Spry表单对象中的"预览状态"功能类似。

10.3.4　Spry验证选择

Spry验证选择其实就是在"列表/菜单"的基础上增加了验证功能，它可以对用户选择的菜单选项值进行验证，当出现异常（如选择的值无效时）则进行提示。

添加Spry验证选择的方法是：单击"表单"插入栏的"Spry验证选择"按钮▥或选择【插入】→【Spry】→【Spry验证选择】菜单命令可插入Spry验证选择。插入后需先在"列表/菜单"中进行列表值和其他属性的设置，然后单击Spry验证选择标签，在"属性"面板中进行相关设置，如图10-74所示。

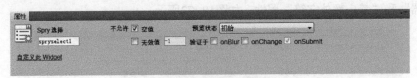

图10-74　Spry验证选择"属性"面板

Spry验证选择的属性与其他对象的不同之处在于"不允许"栏中的两个复选框，其含义分别介绍如下。

◎　"空值"复选框：若单击选中该复选框，则用户未选择该菜单中的项目就会出现错误提示。

◎　"无效值"复选框：若单击选中该复选框，则其后的文本框将被激活。可将菜单中某项目的值设置为无效值，系统就会在预设的"验证于"动作发生时发出对应的错误提示信息。

10.3.5 Spry验证密码

Spry 验证密码构件是一个密码文本域,可用于强制执行密码规则 (如字符的数目和类型)。该构件根据用户的输入提供警告或错误消息,如图10-75所示即为该验证构件在不同状态下所显示的提示信息。

图10-75 不同状态下的验证密码显示信息

添加Spry验证密码的方法是:单击"表单"插入栏的"Spry验证密码"按钮圆或选择【插入】→【Spry】→【Spry验证密码】菜单命令,在打开的对话框中对标签进行设置后,选择插入的Spry验证密码,在"属性"面板中即可对其属性进行设置,如最小字符数、最大字符数、最小字母数和最大字母数、最小数字数和最大数字数、最小特殊字符数和最大特殊字符数等,如图10-76所示。

图10-76 Spry验证密码"属性"面板

知识提示 密码强度是指某些字符的组合与密码文本域的要求匹配的程度,可通过最小字母数和最大字母数、最小数字数和最大数字数、最小特殊字符数和最大特殊字符数进行设置。

10.3.6 Spry验证确认

Spry验证确认构件是一个文本域或密码表单域,当用户输入的值与同一表单中类似域的值不匹配时,该构件将显示有效或无效状态。如,向表单中添加一个验证确认构件,要求用户重新键入在上一个域中指定的密码。如果用户未能完全一样地键入之前指定的密码,构件将返回错误消息,提示两个值不匹配。Spry验证确认的具体操作如下。

(1) 在表单中插入一个密码域或Spry验证密码构件,设置其ID为"password",标签为"密码:",如图10-77所示。

(2) 按【Enter】键分段,单击"表单"插入栏的"Spry验证确认"按钮圆或选择【插入】→【Spry】→【Spry验证确认】菜单命令,在打开的"输入标签辅助功能属性"对话框中设置其ID为"sure",标签为"确认密码:",如图10-78所示。

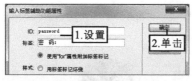

图10-77 添加Spry验证密码

图10-78 添加Spry验证确认

(3) 根据需要设置Spry验证密码的属性,然后选择插入的Spry验证确认,在"属性"面板中的"验证参照对象"下拉列表框中选择要进行验证的对象,这里选择""password"在表单

"form1"",单击选中"验证时间"栏中的"onBlur"复选框,如图10-79所示。

图10-79 设置Spry验证确认属性

（4）保存网页,按【F12】键进行预览。在"密码"文本框中输入初始密码,在"确认密码"文本框中再次输入密码,当两次输入的密码不一致时,将显示如图10-80所示的提示信息。当输入的密码一致时,"确认密码"文本框将以绿色底纹显示,如图10-81所示。

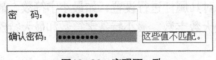

图10-80 密码不一致

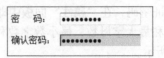

图10-81 密码一致

10.3.7 Spry验证单选按钮组

验证单选按钮组构件是一组单选按钮,可支持对所选内容进行验证。该构件可强制从组中选择一个单选按钮。添加Spry验证单选按钮组的方法是:单击"表单"插入栏的"Spry验证单选按钮组"按钮圙或选择【插入】→【Spry】→【Spry验证单选按钮组】菜单命令,打开"Spry验证单选按钮组"对话框,在其中设置单选按钮组的属性,单击 确定 按钮,返回网页中选择添加的该对象,在其"属性"面板中即可对其验证属性进行设置,如图10-82所示。

图10-82 Spry验证单选按钮组"属性"面板

需要注意的是,当用户选择具有空值的单选项时,则浏览器将返回"请进行选择" 错误消息。选择具有无效值的单选项时,则浏览器将返回"请选择一个有效值" 错误消息。

10.3.8 课堂案例2——制作"用户登录"页面

本案例将使用Spry验证表单来制作一个具有信息验证功能的登录页面,完成后的效果如图10-83所示。

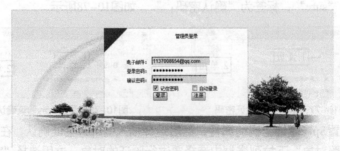

图10-83 "用户登录"页面

素材所在位置	光盘:\素材文件\第10章\课堂案例2\login.html
效果所在位置	光盘:\效果文件\第10章\课堂案例2\login.html
视频演示	光盘:\视频文件\第10章\制作"用户登录"页面.swf

（1）单击"表单"插入栏中"Spry验证文本域"按钮，在打开的对话框中设置"ID"为"mail"，"标签"为"电子邮件："，然后单击 确定 按钮，如图10-84所示。

（2）在Spry文本域"属性"面板的"类型"下拉列表框中选择"电子邮件地址"选项，单击选中"onBlur"复选框，如图10-85所示。

图10-84 添加验证文件域

图10-85 设置验证文本域属性

（3）将插入点定位到下一行单元格中，单击"Spry验证密码"按钮，在打开的对话框中设置"ID"为"password"，"标签"为"登录密码："，单击 确定 按钮，如图10-86所示。

（4）在"属性"面板中设置验证密码的最小字符数为"8"，最大字符数为"16"，最小字母数为"2"，最大字母数为"6"，最小数字数为"2"，最小特殊字符数为"1"，如图10-87所示。

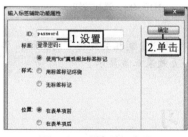

图10-86 添加验证密码

图10-87 设置验证密码属性

（5）将插入点定位到下一行中，单击"Spry验证确认"按钮，在打开的对话框中设置ID为"repassword"，标签为"确认密码："，单击 确定 按钮，如图10-88所示。

（6）在"属性"面板中的"验证参照对象"下拉列表框中选择""password"在表单"form1""选项，单击选中"验证时间"栏中的"onBlur"复选框，如图10-89所示。

图10-88 添加验证确认

图10-89 设置验证确认

（7）将插入点定位到下一行中，单击"Spry验证复选框"按钮☑，在打开的对话框中设置ID
为"remember"，标签为"记住密码"，单击 确定 按钮，如图10-90所示。

（8）在"属性"面板中对其参数进行设置，如图10-91所示。

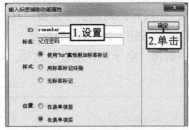

图10-90 添加验证复选框

图10-91 设置验证复选框属性

（9）使用相同的方法，在"记住密码"复选框右侧再添加一个"自动登录"验证复选框，如
图10-92所示。

（10）将插入点定位到下一行，分别插入两个名为"登录"和"注册"的按钮，完成后的效果
如图10-93所示。最后保存网页并进行预览即可。

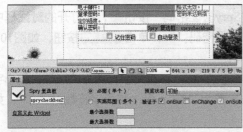

图10-92 添加验证复选框

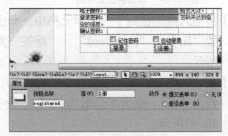

图10-93 添加按钮

知识提示　　　添加了Spry验证构件后，保存网页时，将打开"复制相关文件"对话框，单击
确定 按钮将其复制到对应的位置，才能使网页效果正常显示。

10.4　课堂练习

本课堂练习将分别制作"在线留言"页面和"航班查询"页面，综合练习本章学习的知识
点，巩固插入表单对象和Spry验证表单构件的方法。

10.4.1　制作"在线留言"页面

1．练习目标

本练习的目标是制作"在线留言"网页，通过文本字段、Spry验证文本域、单选按钮组、
Spry验证文本区域、按钮等表单对象的添加来进行制作。该页面的主要信息包括留言者的姓
名、邮箱、单位、联系电话、留言性质、留言内容等，完成后的参考效果如图10-94所示。

图10-94 "在线留言"网页效果

| 效果所在位置 | 光盘:\效果文件\第10章\课堂练习1\message.html |
| 视频演示 | 光盘:\视频文件\第10章\制作"在线留言"页面.swf |

2. 操作思路

完成本练习的操作思路如图10-95所示。

① 添加验证文本域　　　　　　　　　　② 添加其他表单对象

图10-95 "在线留言"网页的制作思路

（1）新建"message.html"网页文件，设置文本大小为"12"，背景颜色为"#FF9"。

（2）插入一个表单标签，添加ID为"name"的Spry验证文本域，设置其字符宽度为"26"，最多字符数为"12"，初始值为"请输入您的姓名"，验证为"onBlur"。

（3）添加ID为"mail"的Spry验证文本域，设置其字符宽度为"26"，最多字符数为"20"，初始值为"请输入您的电子邮件地址"，验证类型为"电子邮件地址"，验证为"onBlur"。

（4）使用相同的方法在下方添加ID为"danwei"的文本字段，添加ID为"phone"的Spry验证文本域，并设置验证类型为"电话号码"。

（5）在下方添加一个单选按钮组，并设置单选按钮为"公开"和"悄悄话"。

（6）在下方添加一个Spry验证文本区域，并添加名称为"马上留言"和"重新填写"的按钮，完成后保存网页即可。

10.4.2 制作"航班查询"页面

1. 练习目标

本练习要求制作"航班查询"网页，主要通过列表/菜单、按钮来完成，其参考效果如图

10-96所示。

图10-96 "航班查询"页面效果

2. 操作思路

根据练习目标要求,本练习的操作思路如图10-97所示。

① 添加城市列表

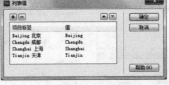
② 添加年份列表

③ 添加航班列表

图10-97 制作"航班查询"网页的操作思路

(1)新建"hangban.html"网页文件,在其中插入表格,并设置表格属性。

(2)添加表单标签,输入文本"出发城市:",在其右侧添加一个ID为"go"的列表/菜单,通过"属性"面板设置其列表值。

(3)在下方的单元格中输入文本"到达城市:",复制添加的列表/菜单,将其ID和name修改为"go2"。

(4)在下一行单元格中输入文本"出发日期:",在其右侧分别插入ID为"year""month""day"的3个列表/菜单,根据需要设置其列表值。

(5)在下一行单元格中输入文本"航空公司:",在其右侧添加一个ID为"corp"的列表/菜单,根据需要设置其列表值。

(6)在下一行单元格中输入文本"航段类型:",在其右侧添加ID为"type"的单选按钮组,并分别设置其标签和选定值为"直达、1"和"所有、2"。

(7)在最后一行表格中添加按钮,并设置按钮的值为"国内航班实时查询"。保存网页完成网页的制作。

10.5 拓 展 知 识

本章主要介绍了表单、表单对象、Spry验证对象的相关知识,下面对表单制作的技巧和相关注意事项进行介绍，以使用户更好地掌握表单的操作。

1．表单制作技巧

下面对表单制作的技巧进行介绍。

◎ **表单布局优化**：设计表单时，如果表单结构较为复杂或表单元素的位置排列和布局不如人意，可以通过表格对其进行结构优化，利用单元格来分隔不同的表单元素，以实现复杂的表单布局，从而设计出布局合理、外观精美的表单。

◎ **界面外观优化**：默认添加的表单对象的外观是固定的，如果需要设置个性化的外观，可以通过CSS样式来定义并进行美化。如希望制作个性化的按钮效果，可为按钮创建一个专门的CSS样式规则，通过在CSS样式规则中设置按钮文本样式、背景和边框等属性来修饰按钮；也可以直接使用表单对象中的图像域来代替按钮，这样就可以将任何一幅图像作为按钮来使用。

◎ **隐藏与显示表单虚线框**：如果插入表单后网页文档中没有显示出红色虚线框，可选择【查看】→【可视化助理】→【不可见元素】菜单命令显示红色虚线框，再次选择该菜单命令则可隐藏红色虚线框。

◎ **表单对象的添加途径**：在Dreamweaver CS5中，可以通过三种途径来添加表单对象，第一种是"插入"工具栏中的"表单"选项卡；第二种是选择【插入】→【表单】菜单命令，在打开的子菜单中选中需要的表单对象；第三种是选择【插入】→【Spry】菜单命令，在打开的子菜单中选择需要的Spry验证构件。

2．表单注意事项

下面总结几点制作表单页面时需注意的地方。

◎ 制作表单页面前需先插入一个表单，然后向表单中添加各种表单对象，如果没有插入表单而直接插入表单对象，Dreamweaver会弹出对话框询问用户是否添加表单。

◎ 不要对表单对象进行统一的命名，而应根据实际需要进行不同的设置，否则可能会出现选择混乱。但有时也需要将名称设置相同，如分别添加了两个单选按钮，如果名称不一样则会出现两个都可选中的情况，如果将两个对象设置为相同的名称，则在网页中将只能选中一个。

◎ Spry表单构件的作用与普通表单对象一样，只是增加了验证功能，如果表单中没有对输入或选择的信息做任何要求，则使用普通表单对象即可。

◎ 在设置Spry表单对象的验证方式和提示信息时，应从实际使用情况出发，尽量模拟用户的操作行为，从而制定出符合用户使用习惯的验证过程和提示信息，以提高用户体验。如对于文本域，应该在用户输入后离开该文本域时做出提示，因此应选择验证于onBlur；如果多行文本域对用户输入内容字数有限制，应该选中"其余字符"功能，实时反馈用户能输入的字符数；要求用户注册时必须单击选中同意网站注册协议的复选框，则在用户提交表单时提醒用户，此时就不应再选择onBlur验证。

◎ 很多表单页面仅需收集用户的一些文字信息，如用户名、密码、练习方式、出生年月等，如需用户提供一些文件信息，如单独的个人简历、照片等，则可在表单中添加文件域，让用户可以通过单击文件域按钮来向表单中添加附加文件。

◎ 选择【插入】→【表单】→【文本区域】菜单命令可在表单中添加多行的文本区域，用于提供较多文字信息的输入。也可先添加一个普通的单行文本域，在其"属性"面板中单击选中"多行"单选项，并设置字符宽度和行数，来实现多行文本区域的添加。

10.6 课后习题

（1）打开"luntan_zc.html"网页文件，根据所学的知识，制作一个用户注册页面，完成后的效果如图10-98所示。

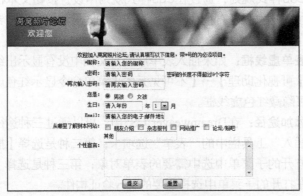

图10-98 "用户注册"网页

提示：打开"luntan_zc.html"网页文件，为"昵称"添加Spry验证文本域，为"密码"添加文本字段，为"再次输入密码"添加Spry验证确认，为"您是"添加单选按钮，为"生日"添加文本字段和列表/菜单；为"Email"添加Spry验证文本域并设置其类型为"电子邮件地址"，为"从哪里了解到网站"添加复选框组，为"个性宣言"添加文本区域，最后再添加"提交"和"重置"按钮。

素材所在位置	光盘:\素材文件\第10章\课后习题\论坛\zhuce.html
效果所在位置	光盘:\效果文件\第10章\课后习题\论坛\zhuce.html
视频演示	光盘:\视频文件\第10章\制作"用户注册"网页.swf

（2）本例将结合文本字段、按钮、单选按钮组来制作一个搜索条，完成后的效果如图10-99所示。

图10-99 "搜索"网页

提示：新建一个名为"search.html"的网页文件，设置页面背景为"黑色"，文本颜色为"白色"，然后添加文本字段、按钮、单选按钮组即可。

| 效果所在位置 | 光盘:\效果文件\第10章\课后习题\search.html |
| 视频演示 | 光盘:\视频文件\第10章\制作"搜索"网页.swf |

第11章

行为的应用

    行为是Dreamweaver CS5中最有特色的功能，让用户不编写代码即可实现多种动态页面效果。Dreamweaver CS5自带的行为多种多样，功能强大。本章将学习在网页中使用行为的相关操作，让读者熟练掌握行为的使用方法。

学习要点

◎   行为概述
◎   行为的使用方法

学习目标

◎   掌握行为的相关理论知识
◎   掌握各种行为的使用方法

11.1 行为概述

一个优秀的网站，不只包括文本和图像，还包括许多交互式效果。在Dreamweaver CS5中，可以利用行为轻松实现这些交互式效果。在使用行为前，需要熟悉行为的相关理论知识，下面分别进行介绍。

11.1.1 行为的概念

行为是动态地响应用户操作，改变当前页面效果或执行特殊任务的一种方法，主要由对象、事件、动作构成。分别介绍如下。

◎ **对象**：是产生行为的主体，网页中的很多元素都可以成为对象，如在HTML文档中插入的图片、文字、多媒体对象等。一个成对出现的标签中的内容就是一个对象，在创建时，应首先选择对象的标签。

◎ **事件**：事件是触发动态效果的原因，可以被附加到各种元素标签上，也可以被附加到HTML标签中，总之，一个事件是针对页面元素或标签而言的。网页事件分为不同的种类，可以与鼠标相关，也可以与键盘相关。对于同一个对象，不同版本的浏览器支持的事件种类和多少也不一样。

◎ **动作**：指最终需要完成的动态效果，如交换图像、弹出信息、打开浏览器窗口等都是动作。动作通常是一段JS编写的代码，在Dreamweaver CS5中使用内置行为时，会自动添加代码，用户不用自己编写。

将事件和动作结合就构成了行为，事件是特定的时间或用户在某时发出指令后紧接着发生的，而动作则是事件发生后网页所要做出的反应。

11.1.2 关于动作

动作是最终产生的动态效果，动态效果可能是播放声音、交换图像、弹出提示信息、自动关闭网页等，表11-1所示为Dreamweaver提供的常见动作的名称和作用。

表 11-1 Dreamweaver 中提供的常见动作的名称和作用

动作名称	动作作用
调用 JavaScript	调用 JavaScript 特定函数
改变属性	改变选择客体的属性
检查浏览器	根据访问者的浏览器版本，显示适当的页面
检查插件	确认是否设有运行网页的插件
拖动 AP 元素	允许在浏览器中自由拖动 AP 元素
转到 URL	可以转到特定的站点或者网页文档上
隐藏弹出式菜单	隐藏在 Dreamweaver 上制作的弹出窗口
跳转菜单	可以建立若干个链接的跳转菜单

续表

行为名称	行为作用
跳转菜单开始	在跳转菜单中选择要移动的站点之后，只有单击 GO 按钮才可以移动到链接的站点上
打开浏览器窗口	在新窗口打开 URL
弹出消息	设置的事件发生后，显示警告信息
预先载入图像	为了在浏览器中快速显示图片，事先下载图片之后显示出来
设置导航栏图像	制作由图片组成菜单的导航条
设置框架文本	在选择的帧上显示指定的内容
设置 AP 元素文本	在选择的 AP 元素上显示指定的内容
设置状态栏文本	在状态栏中显示指定的内容
设置文本域文字	在文本字段区域显示指定的内容
显示弹出式菜单	显示弹出菜单
显示—隐藏 AP 元素	显示或隐藏特定的 AP 元素
交换图像	在发生设置的事件后，用其他图片来取代选择的图片
恢复交换图像	在运用交换图像动作后，显示原来的图片
检查表单	在检查表单文件有效性时使用

11.1.3 关于事件

事件就是指在特定情况下发生选择行为动作的功能，如单击图片后转移到特定站点上，发生这种行为是因为事件被指定了onClick，所以在单击图片时发生跳转这一动作，表11-2所示为Dreamweaver 提供的常用事件及其作用。

表 11-2　Dreamweaver 中常用事件的名称及其作用

事件名称	事件作用
onLoad	载入网页时触发
onUnload	离开页面时触发
onMouseOver	鼠标光标移到指定元素的范围时触发
onMouseDown	按下鼠标左键且未释放时触发
onMouseUp	释放鼠标左键后触发
onMouseOut	鼠标光标移出指定元素的范围时触发
onMouseMove	在页面上拖曳鼠标时触发

事件名称	事件作用
onMouseWheel	滚动鼠标滚轮时触发
onClick	单击指定元素时触发
onDblClick	双击指定元素时触发
onKeyDown	按任意键且未释放前触发
onKeyPress	按任意键且在释放后触发
onKeyUp	释放按下的键位后触发
onFocus	指定元素变为用户交互的焦点时触发
onBlur	指定元素不再作为交互的焦点时触发
onAfterUpdate	页面上绑定的元素完成数据源更新之后触发
onBeforeUpdate	页面上绑定的元素完成数据源更新之前触发
onError	浏览器载入网页内容发生错误时触发
onFinish	在列表框中完成一个循环时触发
onHelp	选择浏览器中的"帮助"菜单命令时触发
onMove	浏览器窗口或框架移动时触发
onResize	重设浏览器窗口或框架的大小时触发
onScroll	利用滚动条或箭头上下滚动页面时触发
onStart	选择列表框中的内容开始循环时触发
onStop	选择列表框中的内容停止时触发

11.2 行为的应用

　　Dreamweaver CS5中内置了非常丰富的行为，每个行为都可以实现一个动态效果，或实现用户与网页之间的交互。使用行为可以使网页更加具有动感，下面分别进行介绍。

11.2.1 行为的基本操作

　　了解了行为的概念后，就可以向网页中添加相关的行为，下面介绍其基本操作。

1. 认识"行为"面板

　　选择【窗口】→【行为】菜单命令或按【Shift+F4】组合键即可打开"行为"面板，如图11-1所示，其中各参数的作用介绍如下。

◎ **"显示设置事件"按钮**：单击该按钮，只显示已设置的事件列表。

◎ **"显示所有事件"按钮**：显示所有事件列表。

◎ **"添加行为"按钮**：单击可打开"行为"下拉列表，在其中可选择相应的行为，并可在自动打开的对话框中对行为进行详细设置。

◎ **"删除事件"按钮**：单击该按钮，可删除"行为"面板列表框中选择的行为。

图11-1　"行为"面板

◎ **"增加事件值"按钮**：单击该按钮，可向上移动所选择的动作。

◎ **"降低事件值"按钮**：单击该按钮，可向下移动所选择的动作。

2. 添加行为

添加行为是指将某个行为附加到指定的对象上，此对象可以是一个图像、一段文本、一个超链接，也可以是整个网页。添加行为的方法为：选择需添加行为的对象，打开"行为"面板，单击"添加行为"按钮，在打开的下拉列表中选择需要的行为选项，并在打开的对话框中设置行为属性。完成后继续在"行为"面板中已添加行为左侧的列表框中设置事件即可。

3. 修改行为

添加行为后，可根据实际需要对行为进行修改，其方法为：在"行为"面板的列表框中选择要修改的行为，双击右侧的行为名称，在打开的对话框中重新进行设置，单击 确定 按钮即可。

4. 删除行为

对于无用的行为，可利用"行为"面板及时将其删除，以便更好地管理其他行为内容。删除行为的方法主要有以下几种。

◎ **利用 ━ 按钮删除**：在"行为"面板列表框中选择需删除的行为，单击上方的"删除事件"按钮。

◎ **利用快捷键删除**：在"行为"面板列表框中选择需删除的行为，按【Delete】键。

◎ **利用快捷菜单删除**：在"行为"面板列表框中选择需删除的行为，在其上单击鼠标右键，在弹出的快捷菜单中选择"删除行为"命令。

11.2.2　交换图像

"交换图像"行为可实现一个图像和另一个图像的交换行为，为网页增加互动性。其具体操作如下。

（1）在"行为"面板中单击"添加行为"按钮，在打开的下拉列表中选择"交换图像"选项，打开"交换图像"对话框，该对话框中相关选项含义如下。

◎ **"图像"列表框**：用于选择更改其来源的图像。

◎ **"设定原始档为"文本框**：单击 浏览 按钮选择新图像文件，文本框中显示新图像的路径和文件名。

◎ **"预先载入图像"复选框**：单击选中该复选框，在载入网页时，新图像将载入到浏览器的缓冲区中，防止当该图像出现时由于下载而导致的延迟。

◎ "鼠标滑开时恢复图像"复选框：单击选中该复选框，表示鼠标光标离开设置行为的图像对象时，恢复显示原始图像。

（2）单击 确定 按钮关闭对话框，此时在"行为"面板中自动添加了3个行为，如图11-2所示，保存网页后按【F12】键预览网页，当鼠标光标经过图像时会发生变化，如图11-3所示。

图11-2　自动添加的行为　　　　　　　　图11-3　预览交换图像行为效果

11.2.3　弹出信息

"弹出信息"行为可以打开一个消息对话框，因为该对话框只有一个 确定 按钮，所以使用该动作只能将信息提供给浏览者，不需要他做出选择，也不能更改外观。"弹出信息"行为常用于为欢迎、警告、错误等弹出相应信息的对话框。添加"弹出信息"行为的具体操作如下。

（1）在页面中选择一个对象作为行为触发器，该对象可以是图像，也可以是文字，然后在"行为"面板中单击"添加行为"按钮 ，在打开的下拉列表中选择需要的行为选项，并在打开的对话框中设置行为属性即可，如图11-4所示。

（2）当浏览者在浏览网页时单击设置为触发器的对象时，将打开提示对话框，如图11-5所示。

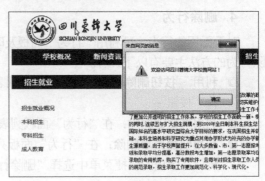

图11-4　设置弹出信息内容　　　　　　　图11-5　触发行为

11.2.4　打开浏览器窗口

使用"打开浏览器窗口"行为可在触发事件后打开一个新的浏览器窗口并显示指定的文档，该窗口的宽度、高度、名称等属性均可自主设置。其具体操作如下。

（1）在页面中选择触发行为的对象，然后在"行为"面板中单击"添加行为"按钮 ，在打开的下拉列表中选择"打开浏览器窗口"选项，并在打开的对话框中设置行为属性即可，如图11-6所示。

（2）在"行为"面板中将事件设置为"onClick"，则在预览网页时，单击"首页"文本将打开新窗口显示页面，如图11-7所示。

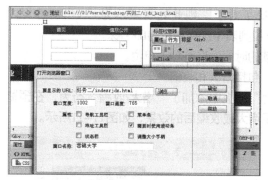

图11-6 设置"打开浏览器窗口"对话框

图11-7 设置完成效果

11.2.5 改变属性

"改变属性"行为主要用来改变网页元素的属性值,如文本的大小、字体、层的可见性等,其具体操作如下。

(1)在页面中选择设置改变属性行为的对象,然后在"行为"面板中单击"添加行为"按钮 💠。在打开的下拉列表中选择"改变属性"选项,打开"改变属性"对话框,在"元素类型"下拉列表中选择"DIV"选项,此时"元素ID"选项将变为AP Div的名称。如果文档中有多个层,则该下拉列表中将有多个选项供选择。在"属性"栏的"选择"单选项后选择需要更改的属性,然后在"新的值"文本框中输入修改后的属性值,如图11-8所示。

(2)单击 确定 按钮关闭对话框,在"行为"面板中将事件设置为"onMouseOver",则在预览网页时,当鼠标光标经过AP Div时,文本将变为红色,如图11-9所示。

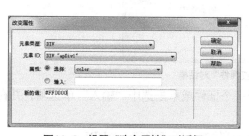

图11-8 设置"改变属性"对话框

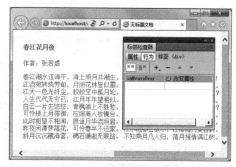

图11-9 设置完成效果

11.2.6 效果

"效果"行为可以为网页中的页面元素添加各种有趣的动态效果,如"增大/收缩""挤压""晃动""显示/渐隐""高亮颜色"等。这些效果的设置流程大致相同,需要注意的是,要使某个元素应用该效果,必须先选择该元素,或有一个ID。其具体操作如下。

(1)在页面中选择添加"效果"行为的对象,然后在"行为"面板中单击"添加行为"按钮 💠。在打开的下拉列表中选择"效果"选项,在打开的子列表中选择"增大/收缩"选项,打开"增大/收缩"对话框,如图11-10所示,相关参数含义如下。

◎ **"目标元素"下拉列表：** 如果已经选择了对象，则此处将显示为"<当前选定内容>"，若对象设置了ID，则可以从该下拉列表中选择相应的ID名称。

◎ **"效果持续时间"文本框：** 设置效果持续的时间，以毫秒为单位。

◎ **"效果"下拉列表：** 选择要应用的效果，包括增大和收缩。

（2）单击 确定 按钮关闭对话框。若在"行为"面板中添加了"增大/收缩"行为，在预览网页时，将鼠标光标移动到图片上，将显示增大或收缩后的效果，如图11-11所示。

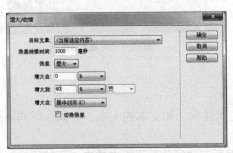

图11-10 设置"改变属性"对话框

图11-11 设置完成效果

11.2.7 检查插件

"检查插件"行为用来检查访问者的计算机是否安装了特定的插件，从而决定将访问者带到不同的页面。使用"检查插件"行为的方法为：打开"行为"面板，单击"添加行为"按钮 ➕，在打开的下拉列表中选择"检查插件"选项，打开"检查插件"对话框，如图11-12所示，其中部分参数含义如下。

图11-12 "检查插件"对话框

◎ **"插件"下拉列表：** 在下拉列表中选择一个插件或单击选中"输入"单选项，并在右边的文本框中输入插件的名称。

◎ **"如果有，转到URL"文本框：** 为具有该插件的访问者指定一个URL。

◎ **"否则，转到URL"文本框：** 为不具有该插件的访问者指定一个URL。

如果指定一个远程的URL，则必须在地址中包括http://前缀；若要让具有该插件的访问者留在同一页面中，则该文本框不用填写任何内容。

知识提示

11.2.8 检查表单

"检查表单"行为主要用于检查表单对象的内容，以保证用户按要求输入或选择正确的数据类型。比如为文本字段添加"检查表单"行为并使用"onBlur"事件，可使用户填写完该文本字段内容并切换到其他表单对象时进行检查。添加"检查表单"行为的方法为：打开表单网页，在表单区域中选择需添加行为的表单或表单对象，在"行为"面板中单击"添加行为"按钮 ，在打开的下拉列表中选择"检查表单"选项，打开"检查表单"对话框，如图11-13所示，按需要进行设置后单击 确定 按钮即可。

　　"检查表单"相关选项含义如下。

◎ "域"列表框：选择需要检查的表单文本域对象。

◎ "必需的"复选框：单击选中该复选框，用于设置检查的表单中的值是否必须匹配。

◎ "任何东西"单选项：单击选中该单选项，表示检查值时不指定任何特定数据类型，即表单没有应用"检查表单"行为。

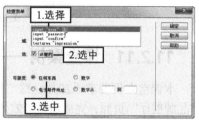

图11-13 "检查表单"对话框

◎ "电子邮件地址"单选项：单击选中该单选项，检查文本域是否含有带@符号的电子邮件地址。

◎ "数字"单选项：检查文本域是否仅包含数字。

◎ "数字从"单选项：检查文本域是否包含特定数列的数字。

11.2.9　调用JavaScript

　　"调用JavaScript"行为可以使设计者使用"行为"面板指定一个自定义功能，或当一个事件发生时执行一段JavaScript代码。其方法是：在文档中选择触发行为的对象，然后从行为列表中选择"调用JavaScript"选项，打开"调用JavaScript"对话框，在文本框中输入JavaScript代码或函数名，如图11-14所示。单击 确定 按钮关闭对话框，在"行为"面板中将事件设置为"onClick"即可。

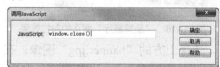

图11-14 "调用JavaScript"对话框

11.2.10　预先载入图像

　　当网页中包含很多图像，但一些图像在下载时不能同时被下载，需要显示这些图像时，浏览器再次向服务器请求指令继续下载图像，这样会给网页的浏览造成一定程度的延迟，这时就可以使用"预先载入图像"行为将不显示出来的图片预先载入浏览器的缓冲区。其方法是：在文档中选择触发行为的对象，然后从行为列表中选择"预先载入图像"选项，打开"预先载入图像"对话框。在"图像源文件"文本框中可选择图像的源文件，然后单击 按钮将其添加到"预先载入图像"列表框中，如图11-15所示。单击 确定 按钮关闭对话框即可。

知识提示　　　　　　若通过Dreamweaver向文档中添加交换图像，可以在添加时指定是否要对图像进行预先载入，所以不必使用这里的方法再次对图像进行预先载入。

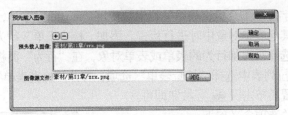

图11-15 "预先载入图像"对话框

11.2.11 课堂案例——制作"品牌展厅"网页

本课堂案例要求添加并设置"弹出信息""打开浏览器窗口""交换图像"行为,制作"品牌展厅"页面,完成后参考效果如图11-16所示。

 素材所在位置 光盘:\素材文件\第11章\课堂案例\ppzt.html、qywh.html、1-1.jpg…
效果所在位置 光盘:\效果文件\第11章\课堂案例\ppzt.html
视频演示 光盘:\视频文件\第11章\制作"品牌展厅"网页.swf

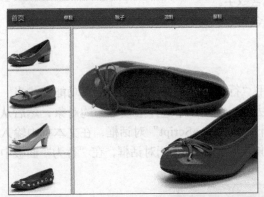

图11-16 "品牌展厅"网页的制作效果

(1)打开"ppzt.html"网页,选择上方的"banner.jpg"图像,在"行为"面板中单击"添加行为"按钮 ,在打开的下拉列表中选择"弹出信息"选项。

(2)打开"弹出信息"对话框,在"消息"文本框中输入需要显示的文本内容,完成后单击 确定 按钮,如图11-17所示。

(3)添加的行为将显示在"行为"面板的列表框中,按【Ctrl+S】组合键保存设置,如图11-18所示。

图11-17 设置信息内容   图11-18 设置保存设置

(4)按【F12】键预览网页,单击"banner.jpg"图像所在的区域即可打开提示"欢迎光临,祝您拥有一个愉快的网上购物体验！"的对话框，查看后单击 确定 按钮即可，如图 11-19所示。

（5）选择网页下方的版权信息文本，在"行为"面板中单击"添加行为"按钮 ，在打开的下拉列表中选择"打开浏览器窗口"选项。

（6）打开"打开浏览器窗口"对话框，单击"要显示的 URL"文本框右侧的 浏览 按钮，打开"选择文件"对话框，选择"qywh.html"网页文件，单击 确定 按钮，返回"打开浏览器窗口"对话框，将窗口宽度和窗口高度分别设置为"800"和"600"像素，单击 确定 按钮，如图11-20所示。

图11-19 触发行为

图11-20 设置窗口大小和链接

（7）选择"行为"面板中已添加行为的事件选项，单击出现的下拉按钮 ，在打开的下拉列表中选择"onClick"选项，如图11-21所示。

（8）保存并预览网页，单击标签信息区域后将打开大小为800×600像素的窗口，并显示"qywh.html"网页中的内容，效果如图11-22所示。

图11-21 设置事件

图11-22 预览效果

（9）选择网页右侧的大图，在"属性"面板的"ID"文本框中输入"big"，为其添加ID名称，选择左侧最上方的小图，在"行为"面板中单击"添加行为"按钮 ，在打开的下拉列表中选择"交换图像"选项。

（10）打开"交换图像"对话框，在"图像"列表框中选择"图像'big'"选项，单击"设定原始档为"文本框右侧的 浏览 按钮。

（11）打开"选择图像源文件"对话框，双击提供的"1-2.jpg"图像文件，返回"交换图像"对话框，单击撤销选中"鼠标滑开时恢复图像"复选框，单击 确定 按钮，如图11-23所示。

（12）在"行为"面板中将所添加行为的事件更改为"onClick"，如图11-24所示。完成后保存网页即可。

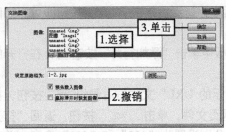

图11-23 设置"交换图像"对话框

图11-24 设置事件

11.3 课堂练习

本课堂练习将分别制作"会员注册"网页和"登录版块"网页，综合练习本章学习的知识点，将学习到的行为的使用方法进行巩固。

11.3.1 制作"会员注册"网页

1. 练习目标

本练习的目标是使用表单功能来制作"会员注册"页面，然后通过行为使其实现交互功能，完成后的效果如图11-25所示。

素材所在位置	光盘:\素材文件\第11章\课堂练习1\gsw_dl.html、gsw_zc.html、img…
效果所在位置	光盘:\效果文件\第11章\课堂练习1\gsw_dl.html、gsw_zc.html、gswsy.html
视频演示	光盘:\视频文件\第11章\制作"会员注册"网页.swf

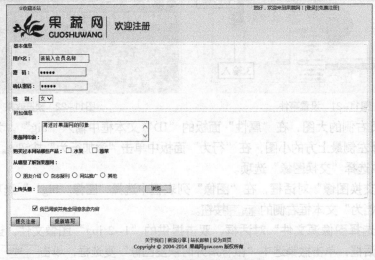

图11-25 "会员注册"网页效果

2. 操作思路

完成本练习需要先创建表单并设置属性，然后插入表单对象并进行验证，最后为该页面添加相关的行为，并将其链接到主页上，其操作思路如图11-26所示。

① 创建表单　　　　　　② 添加检查表单行为　　　　　③ 添加打开浏览器窗口行为

图11-26　"会员注册"网页的制作思路

（1）打开"gsw_zc.html"网页文件，在其中创建一个表单，然后向其中添加相关的表单元素，并设置相关参数。

（2）在表单区域中选择"用户名"表单对象，对其添加检查表单行为。

（3）选择"[登录]"文本，为其添加打开浏览器窗口行为，然后保存即可。

11.3.2　制作登录版块

1. 练习目标

本练习目标是完善"蓉锦大学"网站"首页"网页的登录版块，要求实现页面数据与后台的交互。本练习的参考效果如图11-27所示。

素材所在位置	光盘:\素材文件\第11章\课堂练习2\img、rjdx_sy.html
效果所在位置	光盘:\效果文件\第11章\课堂练习2\rjdx_sy.html
视频演示	光盘:\视频文件\第11章\制作登录版块.swf

图11-27　蓉锦大学登录版块效果

2. 操作思路

根据练习目标，制作时可先创建表单，然后向表单中添加各种元素，最后使用行为检查表单，其操作思路如图11-28所示。

① 创建表单　　　　　　　　② 添加检查表单行为

图11-28　蓉锦大学登录版块的制作思路

（1）打开提供的"rjdx_sy.html"素材网页，将右侧的登录版块的表格删除，然后插入一个表单，并添加相关的表单元素。

（2）通过"行为"面板插入一个"检查表单"行为，设置行为为用户名必须输入，且为任何语言，密码必须输入，且为8位数的数字，完成后保存网页即可。

11.4 拓 展 知 识

Dreamweaver虽然预置了一些行为，但很难满足学习或工作上的需要。此时可利用其提供的"获取更多行为"功能在网上下载并使用更多的行为。下面就对获取更多行为的操作进行拓展介绍。

单击"行为"面板上的"添加行为"按钮 ➕，在打开的下拉列表中选择"获取更多行为"选项，稍后将自动启动计算机中已安装的浏览器，并访问Adobe公司的官方网站，在其中便可下载更多的行为（Adobe官网上的大多数文件都是免费提供的，但也有少部分需要收费，这类文件的特点在于右上方会出现 Buy 按钮）。其方法为：在网站中单击"Dreamweaver"超链接，在打开的网页中查找需要的行为文件，单击 Download 按钮即可下载使用。

需要注意的是，行为文件的扩展名通常为".mxp"，也有部分行为文件直接以网页的形式提供，对于这种行为，可以直接复制行为相应的代码进行使用。

11.5 课 后 习 题

根据前面所学知识和理解，为"七月"个人网站创建注册页面，完成后的参考效果如图11-29所示。

提示： 新建网页，并设置背景颜色，布局网页基本结构，在页面中创建表单，然后为表单添加各种元素，最后使用行为检查表单。

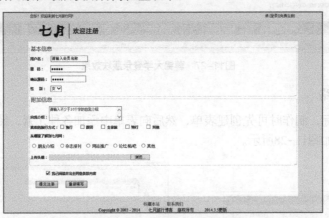

图 11-29 个人网站的注册页面

 素材所在位置 　光盘:\素材文件\第11章\课后习题\qy_lg.png
效果所在位置 　光盘:\效果文件\第11章\课后习题\qy_zc.html
视频演示 　　　光盘:\视频文件\第11章\制作"注册"网页.swf

第12章
动态网站开发

随着互联网的发展，静态网页已经不能满足实际需要，此时，越来越多的网站采用动态网页，实现用户与服务器之间的信息传输。本章将学习动态网站的开发和网站的测试与发布技术。

 学习要点

◎ 动态网站基础
◎ 创建动态网页
◎ 测试和发布网站

 学习目标

◎ 掌握动态网站的基础知识
◎ 掌握动态网页的创建方法
◎ 掌握网站的测试和发布操作

12.1 动态网站基础

动态网站是根据访问者的请求，由服务器生成的网页，访问者在发出请求后，在服务器上获得生成的动态结果。在制作动态网站前，必须熟悉动态网站的基础知识，下面分别讲解。

12.1.1 动态网页概述

本书前面制作的扩展名为".html"的文件均代表静态网页，动态网页的扩展名多以".asp"".jsp"".php"等形式出现，这是在文件名上二者的区别。另外，动态网页并不是指网页上会出现各种动态效果，如动画或滚动字幕等，而是指这类网页可以从数据库中提取数据并及时显示在网页中，也可通过页面收集用户在表单中填写的各种信息以便于数据的管理，这些都是静态网页所不具备的强大功能。

总的来说，动态网页具有以下几个方面的特点。

◎ 动态网页以数据库技术为基础，可以极大地降低网站数据维护的工作量。

◎ 动态网页可以实现用户注册、用户登录、在线调查、订单管理等各种功能。

◎ 动态网页并不是独立存在于服务器上的网页，只有当用户请求时服务器才会返回一个完整的网页。

12.1.2 动态网页开发语言

目前主流的动态网页开发语言主要有ASP、ASP.NET、PHP、JSP、ColdFusion等，在选择开发技术时，应该根据其语言的特点，以及所建网站适用的平台综合进行考虑。下面就这几种语言的特点进行讲解。

1. ASP

ASP是Active Server Pages的缩写，中文含义是"活动服务器页面"。从Microsoft推出了ASP后，它就以强大的功能、简单易学的特点受到广大Web开发人员的喜欢。不过它只能在Windows平台下使用，虽然它可以通过增加控件而在Linux下使用，但是其功能最强大的DCOM控件却不能使用。ASP作为Web开发的最常用的工具，具有许多突出的特点，分别介绍如下。

◎ **简单易学**：使用VBScript、Javascript等简单易懂的脚本语言，结合HTML代码，即可快速地完成网站应用程序的开发。

◎ **构建的站点维护简便**：Visual Basic非常普及，如果用户对VBScript不熟悉，还可以使用Javascript或Perl等其他技术编写ASP页面。

◎ **可以使用标记**：所有可以在HTML文件中使用的标记语言都可用于ASP文件中。

◎ **适用于任何浏览器**：对于客户端的浏览器来说，ASP和HTML几乎没有区别，仅仅是后缀的区别，当客户端提出ASP申请后，服务器将"<%"和"%>"之间的内容解释成HTML语言并传送到客户端的浏览器上，浏览器接收的只是HTML格式的文件，因此，它适用于任何浏览器。

◎ **运行环境简单**：只要在计算机上安装IIS或PWS，并把存放ASP文件的目录属性设为"执行"，即可直接在浏览器中浏览ASP文件，并看到执行的结果。

◎ **支持COM对象**：在ASP中使用COM对象非常简便，只需一行代码就能够创建一个COM对象的事例。用户既可以直接在ASP页面中使用Visual Basic和Visual C++各种功能强大的COM对象，同时还可创建自己的COM对象，直接在ASP页面中使用。

知识提示　　　ASP网页是以.asp为扩展名的纯文本文件，可以用任何文本编辑器（例如记事本）对ASP网页进行打开和编辑操作，也可以采用一些带有ASP增强支持的编辑器（如Microsoft Visual InterDev和Dreamweaver）简化编程工作。

2. ASP.NET

ASP.NET是一种编译型的编程框架，它的核心是NGWS runtime，除了和ASP一样可以采用VBScript和Javascript作为编程语言外，还可以用VB和C#来编写，这就决定了它功能的强大，可以进行很多低层操作而不必借助于其他编程语言。

ASP.NET是一个建立服务器端Web应用程序的框架，它是ASP 3.0的后继版本，但并不仅仅是ASP的简单升级，而是Microsoft推出的新一代Active Server Pages脚本语言。ASP.NET是微软发展的新型体系结构.NET的一部分，它的全新技术架构会让每一个人的网络生活都变得更简单，它吸收了ASP以前版本的最大优点并参照Java、VB语言的开发优势加入了许多新的特色，同时也修正了以前的ASP版本的运行错误。

知识提示　　　相对于ASP的文件类型（只针对扩展名为.asp的文件），ASP.NET的文件类型是十分丰富的，如.aspx（如同.asp）、.asmx、.sdl、.ascx等。

3. PHP

PHP是编程语言和应用程序服务器的结合，PHP的真正价值在于它是一个应用程序服务器，而且还是开源软件，任何人都可以免费使用，也可以修改源代码。PHP的特点如下。

◎ **开放源码**：所有的PHP源码都可以得到。

◎ **没有运行费用**：PHP是免费的。

◎ **基于服务器端**：PHP是在Web服务器端运行的，PHP程序可以很大、很复杂，但不会降低客户端的运行速度。

◎ **跨平台**：PHP程序可以运行在UNIX、Linux、Windows操作系统下。

◎ **嵌入HTML**：因为PHP语言可以嵌入到HTML内部，所以PHP容易学习。

◎ **简单的语言**：与Java和C++不同，PHP语言坚持以基本语言为基础，它可支持任何类型的Web站点。

◎ **效率高**：和其他解释性语言相比，PHP系统消耗较少的系统资源。当PHP作为Apache Web服务器的一部分时，运行代码不需要调用外部二进制程序，服务器解释脚本不需要承担任何额外负担。

◎ **分析XML**：用户可以组建一个可以读取XML信息的PHP版本。

◎ **数据库模块**：PHP支持任何ODBC标准的数据库。

4. JSP

JSP（Java Server Pages）是由Sun公司倡导、许多公司参与并一起建立的一种动态网页技术标准。JSP为创建动态的Web应用提供了一个独特的开发环境，能够适应市场上包括Apache WebServer、IIS在内的大多数服务器产品。

JSP与Microsoft的ASP在技术上虽然非常相似，但也有许多的区别，ASP的编程语言是VBScript之类的脚本语言，JSP使用的是Java，这是两者最明显的区别。此外，ASP与JSP还有一个更为本质的区别：两种语言引擎用完全不同的方式处理页面中嵌入的程序代码。在ASP下，VBScript代码被ASP引擎解释执行；在JSP下，代码被编译成Servlet（一种服务器端运行的Java程序）并由Java虚拟机执行，这种编译操作仅在对JSP页面的第一次请求时发生。JSP有如下几个特点。

◎ **动态页面与静态页面分离**：脱离了硬件平台的束缚，以及编译后运行等方式，大大提高了其执行效率而逐渐成为互联网上的主流开发工具。

◎ **以"<%"和"%>"作为标识符**：JSP和ASP在结构上类似，不同的是，在标识符之间的代码ASP为JavaScript或VBScript脚本，而JSP为Java代码。

◎ **网页表现形式和服务器端代码逻辑分开**：作为服务器进程的JSP页面，首先被转换成Servlet。

◎ **适应平台更广**：几乎所有平台都支持Java，JSP+JavaBean可以在所有平台下通行无阻。

◎ **JSP的效率高**：JSP在执行以前先被编译成字节码（Byte Code），字节码由Java虚拟机（Java Virtual Machine）解释执行，比源码解释的效率高；服务器上还有字节码的Cache机制，能提高字节码的访问效率。第一次调用JSP网页可能稍慢，因为它被编译成Cache，以后就快多了。

◎ **安全性更高**：JSP源程序不大可能被下载，特别是JavaBean程序完全可以放在不对外的目录中。

◎ **组件（Component）方式更方便**：JSP通过JavaBean实现了功能扩充。

◎ **可移植性好**：从一个平台移植到另外一个平台，JSP和JavaBean甚至不用重新编译，因为Java字节码都是标准的，与平台无关。在NT下的JSP网页原封不动地拿到Linux下就可以运行。

12.1.3 动态网站的开发流程

要创建动态网站，首先应确定使用哪种网页语言，如ASP、ASP.NET、PHP、JSP等；然后确定需要哪种数据库，如Access、MySQL、Oracle、Sybase等；接着确定用哪种网站开发工具来开发动态网页，如Dreamweaver、Frontpage等；接下来需要确定服务器，以便先对其进行安装和配置，并利用数据库软件创建数据库及表；最后在网站开发工具中创建站点并开始动态网页的制作。

在制作动态网页的过程中，一般先制作静态页面，然后创建动态内容，即创建数据库、请求变量、服务器变量、表单变量、预存过程等内容。将这些源内容添加到页面中，最后对整个页面进行测试，测试通过即可完成该动态页面的制作，如果未通过，则需进行检查修改，直至通过为止。最后将完成本地测试的整个网站上传到Internet申请的空间中，再次进行测试，测试成功后就可正式运行。

常见的开发环境搭配有ASP/ASP.NET+Windows+IIS+Access/MSSql/Oracle、PHP+Windows/Linux+Apache+MySQL/MSSql/Sybase/Oracle、JSP+Windows+Tomcat/Apache/Weblogic+ MySQL/MSSql/Sybase/Oracle。

12.1.4　配置Web服务器

要运行数据库应用程序还需要有Web服务器，下面具体介绍Web服务器的相关知识。

1. 认识Web服务器

Web服务器的功能是根据浏览器的请求提供文件服务，它是动态网页不可或缺的工具之一。目前常见的Web服务器有IIS、Apache、Tomcat等几种。

◎ IIS：IIS是Microsoft公司开发的功能强大的Web服务器，它可以在Windows NT以上的系统中对ASP动态网页提供有效的支持。虽然不能跨平台的特性限制了其使用范围，但Windows操作系统的普及使它得到了广泛的应用。IIS主要提供FTP、HTTP、SMTP等服务，它使Internet成为了一个正规的应用程序开发环境。

◎ Apache：Aapche是一款非常优秀的Web服务器，是目前世界上市场占有量最高的Web服务器，它为网络管理员提供了非常多的管理功能，主要用于Unix和Linux平台，也可在Windows等平台中使用。Apache的特点是简单、快速、性能稳定，并可作为代理服务器来使用。

◎ Tomcat：Tomcat是Apache组织开发的一种JSP引擎，本身具有Web服务器的功能，可以作为独立的Web服务器来使用。但是在作为Web服务器方面，Tomcat处理静态HTML页面时不如Apache迅速，也没有Apache稳定，所以一般将Tomcat与Apache配合使用，让Apache对网站的静态页面请求提供服务，而Tomcat作为专用的JSP引擎，提供JSP解析，以得到更好的性能。

2. 配置IIS服务器

IIS是Microsoft公司开发的功能强大的Web服务器，它可以在Windows NT以上的系统中对ASP动态网页提供有效的支持。虽然不能跨平台的特性限制了其使用范围，但Windows操作系统的普及使它得到了广泛的应用。IIS主要提供FTP、HTTP、SMTP等服务，它使Internet成为了一个正规的应用程序开发环境。

IIS是最适合初学者使用的服务器，下面介绍如何对Web服务器进行安装和配置，其具体操作如下。

（1）选择【开始】→【控制面板】菜单命令，在打开的"控制面板"窗口中单击"卸载程序"超链接，在打开的窗口中单击"打开或关闭Windows功能"超链接。

（2）打开"Windows功能"对话框，展开"Internet信息服务"选项，单击选中"Web管理工具"选项下所有子目录对应的复选框，如图12-1所示。

（3）单击 确定 按钮即可安装选择的功能，返回"控制面板"窗口，单击"管理工具"超链接，打开"管理工具"窗口，双击"Internet信息服务(IIS)管理器"选项，如图12-2所示。

（4）打开"Internet信息服务(IIS)管理器"窗口，在左侧列表中展开并选择"Default Web Site"选项，在右侧列表中双击"ASP"选项，如图12-3所示。

图12-1 设置Internet信息服务

图12-2 打开"信息服务（IIS）管理器"对话框

（5）在"行为"目录下的"启用父路径"属性的右侧将值设置为"True"，然后单击右侧的"应用"超链接确认，如图12-4所示。

图12-3 设置Default Web Site主页

图12-4 设置父路径

（6）在左侧的"Default Web Site"选项上单击鼠标右键，在弹出的快捷菜单中选择"添加虚拟目录"命令，打开"添加虚拟目录"对话框，在其中设置别名为"gsw"，单击"物理路径"后的□按钮，打开"浏览文件夹"对话框，在其中选择F盘下的"gsw"文件夹，如图12-5所示。

（7）单击 确定 按钮，返回"添加虚拟目录"对话框，单击 确定 按钮。

图12-5 新建虚拟目录

12.1.5 创建数据库

开发动态网站时，除了应用动态网站编程语言外，数据库也是非常重要的技术之一。一个数据库可以包含多个表，每个表具有唯一的名称，这些表可以相关联，也可以相互独立，表中每列代表一个域，每行表示一条记录。Access是Office办公组件之一，是最常用的数据库管理系统之一。为获取动态网页中的数据，需要使用数据库收集和管理这些数据，下面讲解使用Access创建数据库的方法，其具体操作如下。

（1）单击 按钮，在打开的"开始"菜单中选择【所有程序】→【Microsoft Office】→【Microsoft Access 2010】菜单命令，启动Access 2010。

（2）选择【文件】→【新建】菜单命令，并在右侧的列表框中选择"空数据库"选项，如图12-6所示。

（3）单击当前窗口右侧的"浏览文件"按钮 ，打开"文件新建数据库"对话框，将保存位置设置为F盘下的"gsw"文件夹，将文件名设置为"userinfo.accdb"，单击 确定 按钮，如图12-7所示。

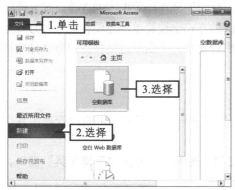

图12-6　新建空数据库

图12-7　设置数据库名称和位置

（4）返回Access窗口，单击"创建"按钮 ，创建空数据库后，在【开始】→【视图】组中单击"视图"按钮 ，在打开的下拉列表中选择"设计视图"选项，如图12-8所示。

（5）此时将自动打开"另存为"对话框，在"表名称"文本框中输入"user"，单击 确定 按钮，保存默认创建的空数据表，如图12-9所示。

图12-8　切换视图模式

图12-9　保存数据表

（6）在"字段名称"栏下的空单元格中输入"UserID"，如图12-10所示。

（7）在"字段名称"栏下的第2个单元格中输入"UserName"，将对应的数据类型设置为"文本"，并添加"用户名称"说明，如图12-11所示。

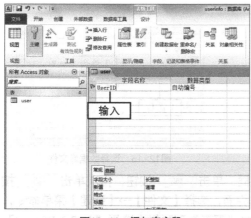

图12-10　添加表字段

图12-11　添加表字段

12.1.6　创建数据源

在创建动态网页前，若要实现对数据库的操作，必须先建立与数据库的连接。建立连接的方式主要有两种，一种是通过设置数据源来实现，这种方式比较简单、方便；另一种方式是直接以带参数的字符串方式连接到数据库，这种方式相对复杂，下面对这两种创建方式分别进行讲解。

1．通过数据源连接

采用数据源（DSN）进行连接，需要在Web服务器上创建数据源，可通过管理工具中的ODBC数据源管理器来进行操作，其具体操作如下。

（1）打开"控制面板"窗口，在其中双击"管理工具"图标，打开"管理工具"窗口，继续双击其中的"数据源"图标，如图12-12所示。

（2）打开"ODBC 数据源管理器"对话框，单击"系统DSN"选项卡，单击其中的 添加(D)... 按钮，打开"创建新数据源"对话框，在"名称"列表框中选择"Microsoft Access Driver（*.mdb，*.accdb）"选项，如图12-13所示。

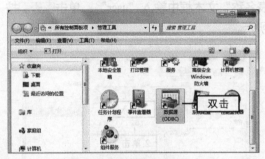

图12-12　启用数据源工具

图12-13　选择数据源驱动程序

（3）单击 完成 按钮，打开"ODBC Microsoft Access 安装"对话框，在"数据源名"文本框中输入"conn"，在"说明"文本框中输入"用户登录数据"，单击"数据库"栏中的 选择(S)... 按钮，如图12-14所示。

（4）打开"选择数据库"对话框，在"驱动器"下拉列表框中选择D盘对应的选项，双击上方列表框中的"gsw"文件夹，并在左侧的列表框中选择前面创建的"userinfo.accdb"数据库文件，单击 确定 按钮，如图12-15所示。

图12-14　设置数据库

图12-15　选择数据库文件

（5）返回"ODBC Microsoft Access 安装"对话框，单击 确定 按钮，再次单击 确定 按钮，完成数据源设置。打开Dreamweaver工作界面，选择【文件】→【新建】菜单命令，在打开对话框的左侧选择"空白页"选项，在"页面类型"栏中选择"ASP VBScript"

选项，单击按钮，如图12-16所示。

（6）选择【窗口】→【数据库】菜单命令，单击"数据源"面板中的"添加"按钮，在打开的下拉列表中选择"数据源名称（DSN）"选项，如图12-17所示。

图12-16　新建ASP网页

图12-17　新建数据源

（7）打开"数据源名称（DSN）"对话框，在"连接名称"文本框中输入"testconn"，在"数据源名称"下拉列表框中选择"conn"选项，单击<u>确定</u>按钮，如图12-18所示。

（8）完成数据源的创建，此时"数据库"面板中将出现"testconn"数据源，展开该目录后可看到前面已创建好的"user"数据表，如图12-19所示。

图12-18　设置连接名称

图12-19　完成数据表的创建

2. 通过字符串连接

在Dreamweaver中可以直接使用字符串连接数据库，方法是：新建ASP VBScript动态网页后，在"数据库"面板中单击"添加"按钮⊞，在打开的下拉列表中选择"自定义连接字符串"选项，在打开的对话框中输入名称和字符串进行连接，如图12-20所示。

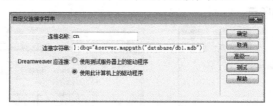

图12-20　通过字符串连接数据库

不同的数据库其连接字符串不同，Access数据库的连接字符串的格式为："Driver= {Microsoft Access Driver (*.mdb)};UID=用户名；PWD＝用户密码;DBQ＝数据库路径"，其中数据库路径常使用相对于网站根目录的虚拟路径，故可写为'"Driver={Microsoft Access Driver (*.mdb)};UID=用户名；PWD＝用户密码;DBQ="& server.mappath("数据库路径")'，如'"Driver={Microsoft Access Driver (*.mdb)};UID=test；PWD＝test888;DBQ="& server.mappath("database/login.asa")'就是一个合法的Access连接字符串。另外，如果Access数据库没有密码，则可以省略UID和PWD，其写法如'"Driver={Microsoft Access Driver

(*.mdb)};DBQ="& server.mappath("database/login.asa")"。

连接SQL Server数据库的连接字符串的格式为："Provider=SQLOLEDB;Server=SQL SERVER服务器名称;Database=数据库名称;UID=用户名;PWD=密码"。如"Provider=SQLOL EDB;Server=gg;Database=login;UID=sa;PWD=admin888"就是一个合法的SQL Server数据库连接字符串。

12.1.7　创建动态站点

在制作动态数据库页面之前，需要先创建动态数据库站点并进行配置，指定本地站点、测试站点，创建动态站点的具体操作如下。

（1）在Dreamweaver工作界面中选择【站点】→【新建站点】菜单命令，在打开对话框左侧的列表框中选择"站点"选项，将"站点名称"设置为"gsw"，将本地站点文件夹设置为F盘下的"gsw"文件夹，如图12-21所示。

（2）在左侧的列表框中选择"服务器"选项，单击右侧界面中的"添加"按钮，打开设置服务器的界面，在"服务器名称"文本框中输入"gsw"，在"连接方法"下拉列表框中选择"本地/网络"选项，单击"服务器文件夹"文本框右侧的"浏览文件夹"按钮，如图12-22所示。

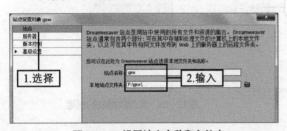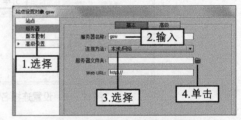

图12-21　设置站点名称和文件夹　　　　图12-22　配置服务器基本信息

（3）打开"选择文件夹"对话框，选择并双击站点中的"gsw"文件夹，然后单击 选择(S) 按钮，如图12-23所示。

（4）在返回界面的"Web URL"文本框中输入"http://localhost/gsw/"，单击上方的 高级 按钮，如图12-24所示。

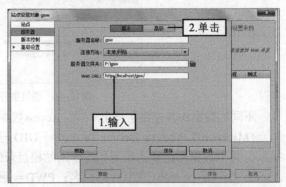

图12-23　选择文件夹　　　　图12-24　设置"Web URL"地址

（5）在"测试服务器"栏的"服务器模型"下拉列表框中选择"ASP VBScript"选项，单击 保存 按钮，如图12-25所示。

244

（6）返回"站点设置对象 gsw"对话框，单击撤销选中"远程"栏下的复选框，并单击选中"测试"栏下的复选框，如图12-26所示。

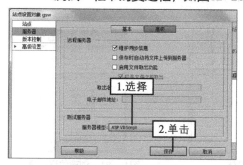

图12-25 设置服务器模型

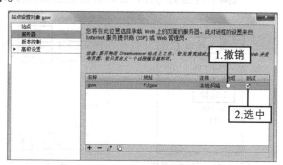

图12-26 设置测试服务器

（7）在对话框左侧的列表框中选择"高级设置"栏下的"本地信息"选项，在"Web URL"文本框中输入"http://localhost/gsw/"，单击 保存 按钮，如图12-27所示。

（8）打开"文件"面板，在其中可看到创建的站点内容，如图12-28所示。

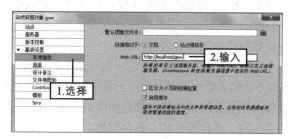

图12-27 设置服务器地址

图12-28 完成站点的创建

12.2 创建动态网页

做好以上工作后，接下来即可进行动态网页的制作了，在制作前可以先进行静态页面的制作，然后再制作动态部分。在制作动态部分时，应先创建记录集，然后对记录集进行查询、更新、删除，从而实现对动态数据库的操作。本小节将详细介绍这几个流程的相关操作方法。

12.2.1 创建记录集

通过创建记录集可以获得合适的数据库查询结果，要显示数据库中的任何内容，都必须先创建记录集。记录集本身是从指定数据库中检索到的数据集合，该集合可包括完整的数据库表，也可以包括表的行和列的子集，这些行和列通过在记录集中定义的数据库查询进行检索。Dreamweaver CS5提供了图形化的操作界面，简化了记录集的创建工作，下面详细介绍创建记录集的具体操作。

（1）选择【窗口】→【绑定】菜单命令，打开"绑定"面板，单击"添加"按钮 ，在打开的下拉列表中选择"记录集（查询）"选项，如图12-29所示。

（2）打开"记录集"对话框，在"名称"文本框中输入"mes"，在"连接"下拉列表框中选择"testconn"选项，在"排序"下拉列表框中选择"UserID"选项，在右侧的下拉列表框中选择"升序"选项，单击 确定 按钮，如图12-30所示。

（3）此时"绑定"面板中将显示添加的记录集，单击其左侧的"展开"按钮⊞，展开添加记录集中包含的内容，此内容便是后面需要使用到的动态数据字段，如图12-31所示。

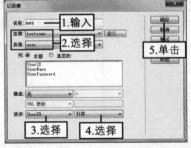

图12-29　添加记录集　　　　图12-30　设置记录集　　　　图12-31　创建的记录集

"记录集"对话框中相关选项含义如下。

◎ "名称"文本框：用于设置记录集的名称。注意，该名称不能使用空格或特殊字符，且同一页面的多个记录集名称不能相同。

◎ "连接"下拉列表：用于指定一个已经建立好的数据库连接，若该下拉列表中没有选项，可单击右侧的 定义... 按钮创建连接。

◎ "表格"下拉列表：选择已选连接数据库中的所有表格。

◎ "列"栏：单击选中"全部"单选项表示使用所有字段作为一条记录中的列项，单击选中"选定的"单选项，可在下方的下拉列表框中选择需要在记录中显示列项的字段。

◎ "筛选"下拉列表：设置记录集仅包括数据表中的符合筛选条件的记录，通过其后的4个下拉列表分别完成筛选记录条件字段、条件表达式、条件参数、条件参数对应值。

◎ "排序"下拉列表：设置记录集的显示顺序，包含两个下拉列表，第一个下拉列表可设置排序字段，第二个下拉列表可设置升序或降序。

12.2.2　插入记录

要通过ASP页面向数据库中添加记录，需要提供用户输入数据的页面，然后利用"插入记录"服务器行为即可向数据库中添加记录，其具体操作如下。

（1）将插入点定位到具有"提交"按钮的HTML表单页面中，选择【窗口】→【服务器行为】菜单命令，打开"服务器行为"面板，如图12-32所示。

（2）单击"添加"按钮 ，在打开的下拉列表中选择"插入记录"选项，如图12-33所示。

（3）打开"插入记录"对话框，在其中进行相关设置，然后单击 确定 按钮即可，如图12-34所示。

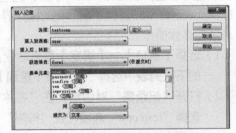

图12-32　"服务器行为"面板　图12-33　选择"插入记录"选项　图12-34　"插入记录"对话框

"插入记录"对话框中相关参数含义如下。

◎ **"连接"下拉列表**：选择指定的数据库连接，若没有数据库连接，可单击 定义 按钮创建连接。

◎ **"插入到表格"下拉列表**：选择要插入表的名称。

◎ **"插入后，转到"文本框**：输入一个文件名或单击 浏览 按钮进行选择，若不设置该参数，表示插入记录后刷新该页。

◎ **"获取值自"下拉列表**：指定存放记录内容的HTML表单。

◎ **"表单元素"列表**：指定数据库中要更新的表单元素。

◎ **"列"下拉列表**：用于选择字段。

◎ **"提交为"下拉列表**：显示提交元素类型，若表单对象的名称和被设置字段的名称一致，则Dreamweaver会自动建立对应的关系。

操作技巧

> 插入记录表单后，用户还可以选择表单中的按钮元件，然后在"属性"面板中修改其值，如注册页面可修改按钮的值为"注册"。

12.2.3 更新记录

Web应用程序中可能包含让用户在数据库中更新记录的页面，更新记录的方法是：在"服务器行为"面板中单击"添加"按钮 ，在打开的下拉列表中选择"更新记录"选项，打开"更新记录"对话框，如图12-35所示。

"更新记录"对话框中部分选项含义如下。

◎ **"要更新的表格"下拉列表**：选择要更新的表格的名称。

◎ **"选取记录自"下拉列表**：指定页面中绑定的记录集。

◎ **"唯一键列"下拉列表**：选择关键列，以识别在数据库表单上的记录，若值是数字，则应单击选中"数字"复选框。

◎ **"在更新后，转到"文本框**：在文本框中输入一个URL，表单中的数据更新后将跳转到这个URL指向的页面。

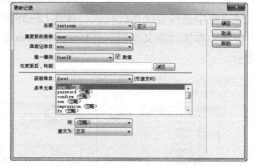

图12-35 "更新记录"对话框

12.2.4 删除记录

利用"删除记录"服务器行为，可以在页面中删除不需要的记录。其方法为：在"服务器行为"面板中单击"添加"按钮 ，在打开的下拉列表中选择"删除记录"选项，打开"删除记录"对话框，如图12-36所示。

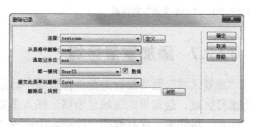

图12-36 "删除记录"对话框

12.2.5　插入动态表格

表格是显示表格式数据最常用的方法，动态表格从数据库中获取数据并动态地显示在表格的单元格中。

创建动态表格的方法是：单击"数据"插入栏中"动态数据"工具后的下拉按钮，在打开的下拉列表中选择"动态表格"选项，打开"动态表格"对话框。在"记录集"下拉列表框中选择一个记录集，然后在下方进行具体设置，如图12-37所示。完成后单击 确定 按钮，即可在页面中插入一个动态表格，如图12-38所示。

图12-37　"动态表格"对话框

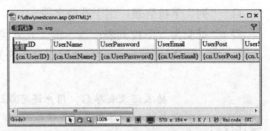

图12-38　插入的动态表格

12.2.6　插入动态文本

使用动态表格虽然非常方便，但会将记录集中每个字段的数据都显示出来，而在某些时候只需要显示部分内容，这时就需要使用动态文本工具手动添加每一个需要的字段。

在页面中根据需要显示的字段数创建表格，将插入点定位到需要显示文本的单元格中，单击"数据"插入栏中的"动态数据"工具后的下拉按钮，在打开的下拉列表中选择"动态文本"选项，打开"动态文本"对话框，在"域"列表框中选择需要显示的字段，在"格式"下拉列表框中选择要使用的格式，如图12-39所示，单击 确定 按钮，动态文本即添加到插入点位置。添加动态文本后，在Dreamweaver中的显示效果和在浏览器中的预览效果如图12-40所示。

图12-39　"动态文本"对话框

图12-40　插入的动态文本效果

12.2.7　添加重复区域

"重复区域"服务器行为允许在页面中显示记录集中的多条记录，任何动态数据都可以转换为重复区域，最常见的区域是表格。插入重复区域的方法为：打开"服务器行为"面板，单击"添加"按钮，在打开的下拉列表中选择"重复区域"选项，打开"重复区域"对话框，如图12-41所示，相关参数设置含义如下。

◎ "记录集"下拉列表：选择需要重复的记录集名称。

◎ "显示"栏：可在其中设置重复显示的记录条数，如在文本框中直接输入数值，或单击选中"所有记录"单选项。

图12-41 "重复区域"对话框

12.2.8 设置记录集分页

利用"记录集分页"服务器行为可将当前页面和目标页面的记录集信息整理成URL地址参数，其方法为：单击"服务器行为"面板中的"添加"按钮，在打开的下拉列表中选择"记录集分页"选项，在打开的子列表中选择需要的选项即可打开对应的对话框。如图12-42所示为"移至前一条记录"对话框，其中相关选项含义如下。

◎ "链接"下拉列表：用于设置记录集分页时实现跳转的超链接。

◎ "记录集"下拉列表：用于设置需要分页的记录集。

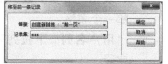

图12-42 "移至前一条记录"对话框

12.2.9 转到详细页面

在制作动态页面时，通常会创建一个显示简略信息的记录列表，并为其创建超链接。当用户单击这些超链接时，就可以打开另一个页面显示更详细的信息，这个页面就是详细页面，使用"转到详细页面"工具即可实现该功能。

动态网站中并不是每条记录都需要对应一个详细页面的物理文档，所有记录其实是共享同一个详细页面文档，通过传递参数的方式，来实现不同记录内容的读取和返回，也就是说只需要建立一个公用的详细页面程序文档就可以实现所有同类记录的详细内容展示。

插入"转到详细页面"链接的方法是：在文档窗口中选择用于设置跳转链接的目标记录项，然后选择"数据"插入面板的"转到详细页面"工具，打开相应对话框进行设置即可，如图12-43所示。

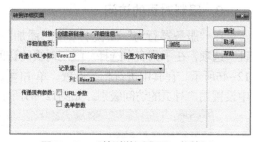

图12-43 "转到详细页面"对话框

12.2.10 用户身份验证

带有数据库的网站，其后台管理页面不允许普通用户访问，只有管理员经过登录后才能访问，下面分别介绍设置用户身份验证的具体操作。

1. 检查新用户

在"服务器行为"面板中单击"添加"按钮，在打开的下拉列表中选择"用户身份验证"选项，在子列表中选择"检查新用户名"选项，打开"检查新用户名"对话框检查新用户，如图12-44所示。

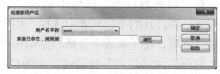

图12-44 "检查新用户名"对话框

2．登录用户

在"服务器行为"面板中单击"添加"按钮 ，在打开的下拉列表中选择"用户身份验证"选项，在子列表中选择"登录用户"选项，打开"登录用户"对话框，如图12-45所示。

"登录用户"对话框中相关选项含义如下。

◎ "**从表单获取输入**"下拉列表：选择接收哪一个表单的提交。

◎ "**用户名字段**"下拉列表：选择用户名所对应的文本框。

◎ "**密码字段**"下拉列表：选择用户密码所对应的文本框。

◎ "**使用连接验证**"下拉列表：选择使用连接的数据库。

◎ "**表格**"下拉列表：确定使用数据库中的哪一个表格。

◎ "**用户名列**"下拉列表：选择用户对应的字段。

◎ "**密码列**"下拉列表：选择用户密码对应的字段。

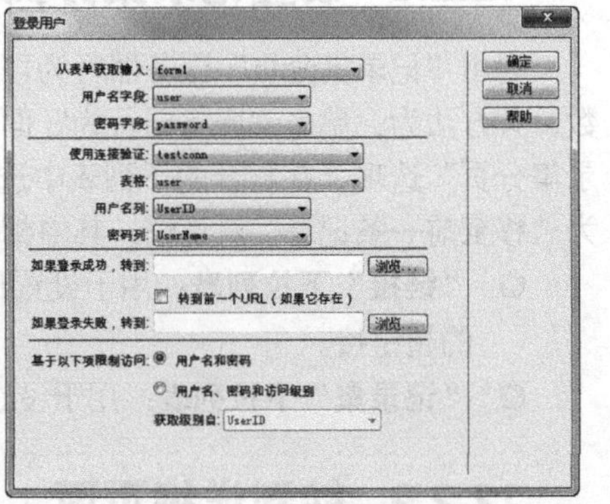

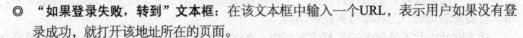

图12-45　"登录用户"对话框

◎ "**如果成功登录，转到**"文本框：在该文本框中输入一个URL，表示用户如果成功登录，就打开该地址所在的页面。

◎ "**如果登录失败，转到**"文本框：在该文本框中输入一个URL，表示用户如果没有登录成功，就打开该地址所在的页面。

◎ "**基于以下项限制访问**"栏：单击选中相应的单选项，可设置是否包含级别验证。

3．限制对页的访问

在"服务器行为"面板中单击"添加"按钮 ，在打开的下拉列表中选择"用户身份验证"选项，在子列表中选择"限制对页的访问"选项，打开"限制对页的访问"对话框，如图12-46所示。在其中进行相关设置，单击 定义 按钮将打开"定义访问级别"对话框，可在其中设置用户对页的访问级别，如图12-47所示。

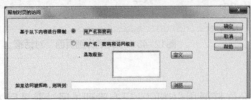

图12-46　"限制对页的访问"对话框

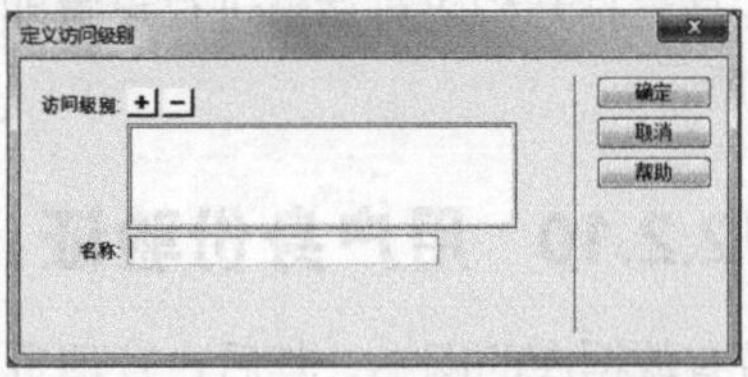

图12-47　"定义访问级别"对话框

4．注销用户

在"服务器行为"面板中单击"添加"按钮 ，在打开的下拉列表中选择"用户身份验证"选项，在子列表中选择"注销用户"选项，打开"注销用户"对话框，如图12-48所示，可在其中设置用户注销时的条件等。

图12-48　"注销用户"对话框

12.3 网站的测试与发布

为了保证在浏览器中页面的内容能正常显示、链接能正常进行跳转，还需要对网站进行测试，测试后即可将制作好的网页发布到Internrt中，供其他用户浏览。本小节将详细介绍网站的测试和发布的相关操作方法。

12.3.1 兼容性测试

测试兼容性主要是检查文档中是否有目标浏览器所不支持的标签或属性，当有元素不被目标浏览器所支持时，网页将显示不正常或部分功能不能实现。目标浏览器检查提供了3个级别的潜在问题的信息：告知性信息、警告、错误，其含义分别如下。

◎ **告知性信息**：表示代码在特定浏览器中不支持，但没有可见的影响。

◎ **警告**：表示某段代码不能在特定浏览器中正确显示，但不会导致任何严重的显示问题。

◎ **错误**：指代码可能在特定浏览器中导致严重的、可见的问题，如导致页面的某些部分消失。

检查网站兼容性的具体操作如下。

（1）在"文档"工具栏中单击██按钮，在打开的下拉列表中选择"设置"选项，打开"目标浏览器"对话框，如图12-49所示。

（2）在该对话框中单击选中需要检查的浏览器复选框，在其右侧的下拉列表框中选择浏览器的版本，单击██确定██按钮关闭对话框。

（3）此时将在Dreamweaver窗口的下方打开一个面板组，并在"浏览器兼容性"面板中显示检查结果，如图12-50所示为没有检查到兼容性问题的面板组。

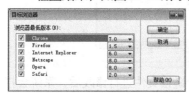

图12-49 打开"目标浏览器"对话框

图12-50 兼容性检测结果

12.3.2 检查并修复链接

在发布站点前还需检查所有链接的URL地址是否正确，保证浏览者单击链接时能准确跳转到目标位置。如果手动逐次对每个链接进行检查会费时费力，利用Dreamweaver提供的"检查链接"功能，可以快速地在打开的文档或本地站点的某一部分或整个本地站点中搜索断开的链接和未被引用的文件，并且提供了链接修复的功能。

1. 检查网页链接

测试链接可以针对单个网页，也可以针对整个站点。在Dreamweaver中打开需检查的网页文档，选择【文件】→【检查页】→【链接】菜单命令，检查结果将显示在下方面板组的"链接检查器"面板列表框中，如图12-51所示。

在"显示"下拉列表框中选择要查看的链接方式，如图12-52所示。其中，"断掉的链接"用于检查文档中是否存在断开的链接；"外部链接"用于检查外部链接；"孤立的文件"

用于检查站点中是否存在孤立文件。

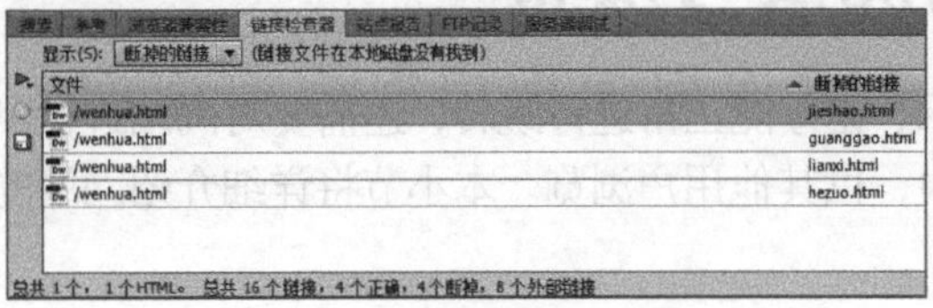

图12-51　"链接检查器"面板 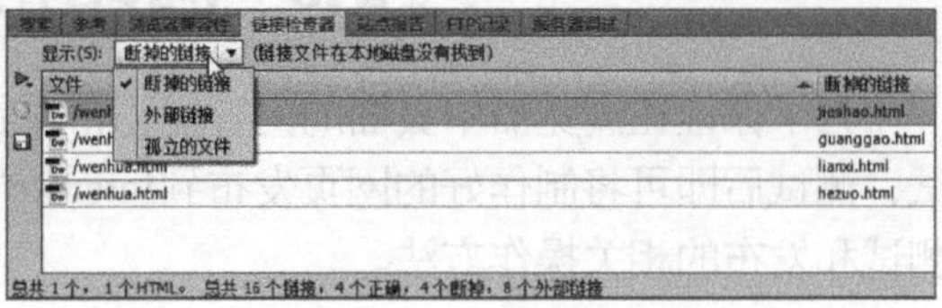　　　　　　图12-52　选择要显示的链接

2. 检查本地站点某部分的链接

要对站点某部分链接进行检查，可在"站点"面板中选择要检查的文件或文件夹，并在其上单击鼠标右键，在弹出的快捷菜单中选择【检查链接】→【选择文件/文件夹】命令，检查结果将显示在"结果"面板中。

3. 检查整个站点的链接

Dreamweaver CS5中还可以对整个站点的链接进行检查。在"站点"面板中选择要检查的站点，选择【站点】→【检查站点范围的链接】菜单命令，将在"链接检查器"面板列表框中显示整个站点中链接的检查结果。

4. 修复站点中的链接

链接的修复是将错误的链接重新设置，单击无效链接列表中要链接的选项，使其呈改写状态，在其中重新输入链接路径即可，如图12-53所示。

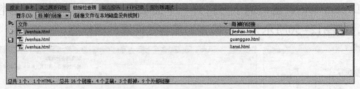

图12-53　选择要修复的链接

如果多个文件都有相同的中断链接，当用户对其中的一个链接文件进行修改后，系统会打开一个提示对话框，询问是否修复余下的引用该文件的链接。单击 是(Y) 按钮，系统将自动为其他具有相同中断链接的文件重新指定链接路径。

知识提示　　　网页下载速度是指页面显示完其中包含的所有内容所耗费的时间，这是衡量网页制作水平的一个重要标准。在发布站点之前，可以在状态栏中查看网页下载速度的时间，并可通过"首选参数"对话框对下载速度进行设置。

12.3.3　申请主页空间和域名

要让其他用户通过Internet访问自己的网站，需要在将网站发布到Internet之前，申请一个主页空间和域名，该空间即网站在Internet中存放的位置，网上用户在浏览器中输入该位置的地址后即可访问网站。

1. 申请免费的主页空间

免费的主页空间可以为一般的个人用户提供一个制作个人网站的平台，网上可申请免费主页空间的网站比较多，各个网站上的申请操作基本相同，其具体操作如下。

（1）在地址栏中输入"www.51.net"后按【Enter】键，访问虎翼网，单击网页右上方的"免费试用，立即注册"超链接，如图12-54所示。

（2）打开"快速注册"界面，在其中输入并设置注册信息，单击 快速注册 按钮，如图12-55所示。

图12-54 访问网站

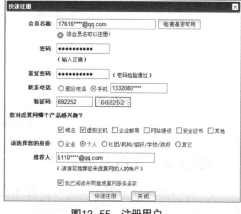

图12-55 注册用户

（3）成功后将打开"注册成功"的提示对话框，如图12-56所示。

（4）稍后网页将自动跳转到如图12-57所示的页面，在其中可选择试用的类型。

图12-56 注册成功

图12-57 显示注册后的网页

2. 申请域名

在申请免费的个人主页时，提供免费个人主页的机构会同时提供一个免费的域名及相应的免费空间，但是，免费的域名都是二级域名或带免费域名机构相应信息的一个链接目录，其服务没有保证，随时可能被删除或停止。如果是专业性网站、大中型公司网站、有大量访问客户的网站则需申请专用的域名，若是个人网站则不一定非要申请专用的域名。

域名可由用户自己设定，但是在申请域名前应多想几个域名，以防这些域名已被注册，因为域名在整个Internet中是独一无二的，一旦有人注册，其他用户将不能再申请。为了验证是否已被注册，可以到专门的网站进行域名查询，一般提供网站空间的网站都提供域名查询和申请的业务。

如图12-58所示为互联时代网站（http://www.now.cn）的域名查询和申请页面，在英文或中文域名查询文本框中输入需要查询的域名后，并在下方的列表框中选择要注册域名的类型，即域名后缀，单击 查询 按钮，如果查询结果显示该域名没有被注册，则可进一步填写信息进行申请，其方法同申请网页空间类似。

图12-58　申请域名页面

12.3.4　发布站点

利用Dreamweaver发布站点时，首先应对站点的远程信息进行配置，然后才能进行发布操作，下面分别对这两个环节进行介绍。

1. 配置远程信息

配置远程信息可以使Dreamweaver连接到Internet中的主页空间，为实现将站点文件上传到主页空间做好准备。其具体操作如下。

（1）选择【站点】→【管理站点】菜单命令，打开"管理站点"对话框，选择发布的站点，单击 编辑(E) 按钮，打开站点设置对象对话框。

（2）选择左侧的"服务器"选项卡，在右侧单击"添加新服务器"按钮＋，如图12-59所示。

（3）打开站点信息配置的对话框，在"服务器名称"文本框中输入该服务器的名称，在"连接方式"下拉列表框中选择"FTP"选项，并在下方的"FTP地址""用户名""密码"文本框中分别输入申请空间时提供的FTP信息，单击 测试 按钮，如图12-60所示。

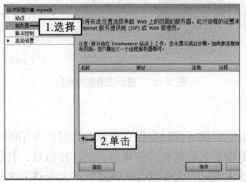

图12-59　添加服务器　　　　　　　　图12-60　设置服务器信息

（4）此时Dreamweaver将按照输入的信息连接FTP服务器，连接成功后将弹出对话框提示连接成功，如图12-61所示。

（5）单击 确定 按钮，返回站点设置对象对话框，列表中将显示新添加的服务器，如图

12-62所示，单击 [保存] 进行保存即可。

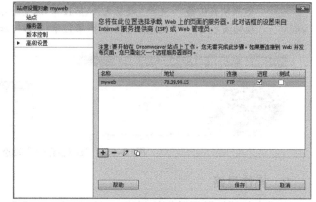

图12-61　连接服务器成功　　　　　图12-62　完成远程配置

2. 发布站点

通过Dreamweaver发布站点很简单，选择【窗口】→【文件】菜单命令，打开"文件"面板，选择站点根文件夹，并单击"向'远程服务器'上传文件"按钮⇧开始上传文件，Dreamweaver将开始连接服务器，连接成功后在打开的提示对话框中单击 [确定] 按钮确认要上传整个站点，如图12-63所示，此时将自动将站点中的文件和文件夹上传到服务器。

上传完后在"文件"面板"本地视图"下拉列表框中选择"远程视图"选项，将可看到已上传的文件，如图12-64所示为连接远程服务器后"文件"面板的"本地视图"文件列表和"远程服务器"文件列表。

图12-63　连接服务器并上传站点　　　　　图12-64　本地和远程文件列表

12.4　课堂练习

本课堂练习将分别制作"加入购物车"网页和"用户登录动态"网页，综合练习本章学习的知识点，将学习到的动态网页的制作方法进行巩固。

12.4.1　制作"加入购物车"网页

1. 练习目标

本练习的目标是为果蔬网购物网站制作"加入购物车"页面，使用户可以在此页面中输入需要购买的产品信息，然后通过单击"加入购物车"按钮将这些信息显示到确认购买的页面，完成后的效果如图12-65所示。

素材所在位置	光盘:\素材文件\第12章\课堂练习1\buy.asp、shop.asp
效果所在位置	光盘:\效果文件\第12章\课堂练习1\buy.asp、shop.asp
视频演示	光盘:\视频文件\第12章\制作"加入购物车"网页.swf

图12-65　"加入购物车"动态网页效果

2. 操作思路

完成本练习涉及记录集的创建、记录的插入、重复区域的插入等内容，同时还将涉及"插入记录表单向导"功能的使用，其操作思路如图12-66所示。

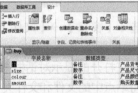

①配置IIS和动态站点　②创建数据库　③提交数据

图12-66　"加入购物车"网页的制作思路

（1）配置IIS服务器，然后创建一个站点名称，别名为"buy"，并将站点指定到该目录中。然后使用Access 2010创建数据库，并在数据库中编辑"ID"货号和"amount"购买数量，保存并关闭。

（2）打开提供的"buy.asp"素材网页，通过"数据库"面板链接创建的数据源。

（3）通过"绑定"面板，创建记录集，并将相应的字段名称插入到对应的单元格中，完成后通过"服务器行为"面板将字段名称所在的单元格行创建为重复区域。

（4）打开"shop.asp"网页，将插入点定位到空白单元格中，通过插入面板的"数据"选项卡打开"插入记录表单"对话框，在其中进行相关设置，其中将"插入后，转到"路径设置为"buy.asp"页面，然后修改"表单字段"中的内容。

（5）插入一个表单，然后添加按钮元素，将值更改为"加入购物车"，然后通过空格移动位置，完成后保存网页，预览效果。单击"加入购物车"按钮后将打开"buy.asp"页面，并显示选择的数据。

12.4.2　制作"用户登录动态"网页

1. 练习目标

本练习的目标是制作蓉锦大学的"用户登录"动态页面，目的在于将用户登录的信息同步收集到数据表中，以便网络管理员对数据进行管理。本练习的参考效果如图12-67所示。

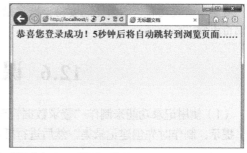

图12-67　"用户登录"页面与登录成功后显示的页面效果

素材所在位置	光盘:\素材文件\第12章\课堂练习2\rjdxhzjl.html
效果所在位置	光盘:\效果文件\第12章\课堂练习2\reg.asp
视频演示	光盘:\视频文件\第12章\制作"用户登录动态"网页.swf

2. 操作思路

根据练习目标，主要包括IIS的配置、动态站点的创建、数据源的添加与绑定等内容。

（1）配置别名为"reg"、位置为"D:\reg"的IIS。

（2）将提供的"reg.accdb"数据库文件复制到"D:\reg"文件夹中。

（3）配置站点名称为"reg"，本地根文件夹为"E:\reg\"，Web URL地址为"http://localhost/reg/"，服务器模型为"ASP VBScript"，访问类型为"本地/网络"的测试服务器。

（4）创建数据源名为"reg"，说明为"注册数据"，数据库为"reg.accdb"的数据源。

（5）打开提供的"reg.asp"网页素材，绑定"reg"记录集，排序为"regID""升序"。

（6）将文本插入点定位在表格的空单元格中，利用"插入记录表单向导"功能插入记录表单，注意需要指定跳转的页面并删除不需显示的"regID"字段。

（7）将"提交"按钮更改为"登录"，将"密码："对应的文本字段表单对象设置为"密码"类型，并适当美化表单。

（8）保存网页并预览，输入相应的注册数据后单击"登录"按钮跳转到指定的网页，"reg.accdb"数据库中的表格将同步收集到输入的数据。

12.5 拓 展 知 识

在申请免费的个人主页时，提供免费个人主页的网站一般会同时提供一个免费的域名及空间，下面就对域名的申请进行拓展介绍。

域名是由一串用点分隔的名字组成的Internet上某一台计算机名称，用于在数据传输时标识该计算机的电子方位，便于用户记忆和访问服务器地址。一般来讲，免费的域名都是二级域名或带免费域名机构相应信息的一个链接目录。在"www.net.cn"或"www.now.cn"等网站上均可查询要申请的域名是否已被注册。

如果需要的域名未被注册，则应及时向域名注册机构申请注册，在网上申请域名会要求填写相应的个人或单位资料，申请国内域名还需单位加盖公章后方可办理。在填写资料时，个人的地址信息及其他联系信息如电话、E-mail等应填写详细，以便联系。

域名申请成功后，通常还需要将该域名指向主页空间，以便用户能通过该域名访问到对应的网页内容。

12.6 课 后 习 题

（1）使用记录功能来制作"登录数据管理"页面，完成后参考效果如图12-68所示。

提示：制作时先创建记录集，然后进行插入记录、插入重复区域、分页记录集等操作。

素材所在位置	光盘:\素材文件\第12章\课后习题\user.asp、userinfo.accdb
效果所在位置	光盘:\效果文件\第12章\课后习题\user.asp
视频演示	光盘:\视频文件\第12章\制作"登录数据管理"页面.swf

果蔬网用户信息管理系统		
编号	登录名称	登录密码
1	染月	18458287
2	自挂东南枝	25841236
3	梨小四	87413205
上一页　下一页		

果蔬网用户信息管理系统		
编号	登录名称	登录密码
7	陌上人	91657463
8	洗澡上的小尾鱼	89654357
上一页　下一页		

图12-68　"登录数据管理"页面的效果

（2）根据前面所学知识，为某一网站制作"用户登录数据汇总"动态网页，要求能够实现用户与后台数据库交互功能，完成后的参考效果如图12-69所示。

提示：创建名为"info"的Access数据库并输入各条记录。然后配置IIS，创建记录集并设置重复区域等，保存并预览网页效果。

素材所在位置	光盘:\素材文件\第12章\课后习题\info.accdb、info.asp
效果所在位置	光盘:\效果文件\第12章\课后习题\info.asp
视频演示	光盘:\视频文件\第12章\制作"用户登录数据汇总"网页.swf

用户登录数据汇总				
编号	姓名	性别	年龄	邮箱
1	Peter	man	26	uzl.dkjf@qq.com
2	Marry	female	25	49803858qq.com
3	Amy	female	28	135756784@qq.com
4	Tom	man	27	604324548@qq.com
上一页　下一页				

用户登录数据汇总				
编号	姓名	性别	年龄	邮箱
5	Jerry	man	25	213973988@qq.com
6	Daisy	female	26	980545620qq.com
7	Ella	female	27	102154974@qq.com
8	John	man	30	7900744460qq.com
上一页　下一页				

图12-69　"用户登录数据汇总"动态网页

第13章

综合案例——制作"水族世界"网站

本章将以一个综合案例——制作"水族世界"网站来介绍使用Dreamweaver CS5实现网页设计相关操作。读者学完本章应能够独立完成网页的设计与制作。

✳ 学习要点

- ◎ 掌握并熟悉在网页中使用表格和嵌套表格的方法
- ◎ 掌握并熟悉文本、图像、超链接等对象的插入与设置方法
- ◎ 掌握并熟悉外部CSS样式文件的创建、设置与链接方法

✳ 学习目标

- ◎ 掌握"水族世界"网站首页的制作方法
- ◎ 掌握"水族新闻"等其他页面的制作方法

13.1 实 例 目 标

综合前面所学知识，制作名为"水族世界"的网站，内容以各种水族新闻、宠物、器材等对象为主。通过完成这个案例，加强网站建设和网页制作的基本技能，提高独立完成设计任务的能力，同时提高网站设计的动手能力与思考能力，以设计出更多丰富并具创意的网页作品。本综合案例完成后的参考效果如图13-1所示。

图13-1 网站首页和"水族新闻"页面的制作效果

素材所在位置 光盘:\素材文件\第13章\综合案例\img\

效果所在位置 光盘:\效果文件\第13章\综合案例\index.html、xinwen.html……

视频演示 光盘:\视频文件\第13章\制作"水族世界"网站.swf

13.2 专 业 背 景

网站设计过程中还需要处理以下相关的设计问题。

◎ **明暗设计**：研究表明，82%的网站采用清新淡雅的色彩设计，背景通常采用浅灰色或浅黄色，而不是白色；29%的网站采用生机勃勃、醒目的颜色。由此可见，在对网页进行明暗设计时，选择深色或浅色的设计很大程度上取决于网站的做法和目标，并不是指浅色一定代表"潮流"。

◎ **关于分栏**："客户"和"关于"页面一般采用两栏设计，主页采用3至4栏设计。目前，大多数网站仍采用传统的布局版式，如2至3个清晰的独立栏和一个简洁的导航菜单。另外，一般网站都会包含多个子页面，极少有简单的单页网站。

◎ **介绍信息**：网站的介绍信息通常放在页面的顶端，其本质是该企业对客户的一种简短而友好的声明、有关该机构能提供的服务和优势，以及客户使用该服务将能得到的好处。该板块一般会结合生动的形象、醒目的平面设计。

◎ **关于导航**：大多数网站设计师将主要导航布局在右上角，垂直导航很少使用，其他别致的、创新的导航布局也很少使用。

◎ **关于搜索框**：当网站中包含有大量信息时，网站的访问者需要使用搜索功能，因此对于搜索框的设计也非常重要。

◎ **关于Flash元素**：Flash是一个丰富内容的交互设计工具，随着JavaScript技术的发展，目前其用于网站的频率在减少，但还是用作幻灯片演示。

13.3 实 例 分 析

"水族世界"网站是以提供各种水族宠物、新闻动态、器材等资讯为主的分享类网站。明确这点后，首要任务就是对此站点进行定位，确定网站的主题和中心，然后再进一步确定站点的主要内容和页面布局，然后根据站点规划，收集相关素材，最后有目的地制作网页。

13.3.1 站点规划

"水族世界"网站的导航草图如图13-2所示，主要分为8个栏目，各栏目内容分别如下。

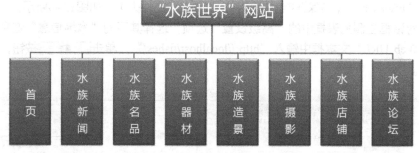

图13-2 "水族世界"网站的导航草图

◎ **首页**：以精美的图像吸引访问者，并提供快速进入热门栏目的通道，包括"水族名品""水族器材"和"水族新闻"等栏目。

◎ **水族新闻**：提供与水族经营、饲养和比赛等方面相关的咨询动态。

◎ **水族名品**：提供各种品种的水族宠物资料。

◎ **水族器材**：提供各品牌和品种的水族箱及相应的水族饲养涉及的器材资料。

◎ **水族造景**：分享网友上传的精美水族箱造景图像和教程。

◎ **水族摄影**：分享网友上传的精美水族摄影图像。

◎ **水族店铺**：链接热门的以销售和服务水族类产品的网络店铺地址和详情。

◎ **水族论坛**：为网友进行水族方面的各种问题讨论提供平台。

13.3.2 素材收集

制作网页的相关素材和资料可通过网络或其他途径获得，网页中的一些图像素材，如导航按钮等可以利用Photoshop或Fireworks等图形图像软件制作。图13-3所示即为已经制作好的网站banner图像。

水族世界 鱼儿让生活更美好!

图13-3 网站banner图像

13.4 制作过程

本案例是综合案例，因此应从站点创建与管理的操作开始，首先制作"index.html"页面，并利用该页面制作"xinwen.html"页面，依次类推。需注意的是，除首页外，其他页面的基本结构大致相同，因此制作时可通过复制已有资源的方法来提高制作效率（本案例不用通过模板来提高制作效率，但本章后面的实训将涉及模板的制作）。

13.4.1 创建"水族世界"站点

为了更好地管理网站中的各种文件并方便网页的制作，应首先创建站点并在站点中创建各种文件和文件夹，其具体操作如下。

（1）启动Dreamweaver CS5，选择【站点】→【新建站点】菜单命令，打开"站点设置对象"对话框，在"站点名称"文本框中输入"fishes"，在"本地站点文件夹"文本框中输入"F:\fishes\"（需保证F盘中已存在"fishes"文件夹），如图13-4所示。

（2）展开对话框左侧列表框中的"高级设置"选项，选择其下的"本地信息"选项，在右侧的"Web URL"文本框中输入"http://localhost/fishes/"，单击 [　保存　] 按钮，如图13-5所示。

图13-4　设置站点名称和站点文件夹　　　　图13-5　设置Web URL

（3）按【F8】键打开"文件"面板，在其中的"fishes"站点选项上单击鼠标右键，在弹出的快捷菜单中选择"新建文件夹"命令，将创建的文件夹名称更改为"img"（用于存储站点中所有的图像文件），按【Enter】键确认，如图13-6所示。

（4）继续在"文件"面板的空白区域单击鼠标右键，在弹出的快捷菜单中选择"新建文件"命令，将创建的文件名称更改为"index.html"（"水族世界"网站的首页页面），按【Enter】键确认，如图13-7所示。

（5）按相同方法继续在"文件"面板中创建其他页面（参考导航草图中显示的内容），至此便完成了站点的创建与管理工作。

图13-6　新建文件夹　　　图13-7　新建文件

13.4.2 制作网站首页

站点创建好之后，即可开始制作网站首页。制作中将涉及表格的插入、文本的输入、图像的插入与设置、外部CSS样式文件的创建和设置、超链接和图像热点区域的设置以及AP Div的绘制与设置等操作。

1. 插入表格

利用表格可以很好地布局页面，也是初学者最常使用的布局网页的方法。下面详细介绍使用此工具布局"index.html"网页的方法，其具体操作如下。

（1）将素材提供的"img"文件夹复制到创建的站点文件夹"fishes"中，并覆盖原有的"img"文件夹。双击"文件"面板中创建的"index.html"选项打开该网页文件，选择【插入】→【表格】菜单命令。

（2）打开"表格"对话框，将行数和列数分别设置为"4"和"1"，表格宽度设置为"800像素"，边框粗细、单元格边距和单元格间距均设置为"0"，单击 确定 按钮，如图13-8所示。

（3）保持插入表格的选择状态，在"属性"面板中将对齐方式更改为"居中对齐"，将插入点定位到第2行单元格中，再次打开"表格"对话框，将行数和列数分别设置为"1"和"8"，表格宽度设置为"100 百分比"，边框粗细、单元格边距和单元格间距均设置为"0"，单击 确定 按钮。

（4）完成嵌套表格的插入后，将插入点定位到最后一行单元格中，利用"属性"面板将行高设置为"30"，背景颜色设置为"#0168B7"，如图13-9所示。

图13-8 插入表格

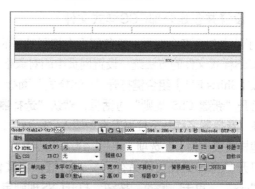

图13-9 设置单元格行高和背景颜色

2. 输入文本并插入图像

完成表格和嵌套表格的插入后，即可在各单元格中输入需要的文本并插入需要的图像。其具体操作如下。

（1）将插入点定位到最后一行单元格中，输入具体的版权信息，然后将插入点定位到第1行单元格中，选择【插入】→【图像】菜单命令打开"选择图像源文件"对话框，在"img"文件夹中选择"logo.jpg"图像，单击 确定 按钮。

（2）打开"图像标签辅助功能属性"对话框，默认设置，直接单击 确定 按钮，此时将在插入点所在的单元格中插入选择的"logo.jpg"图像，效果如图13-10所示。

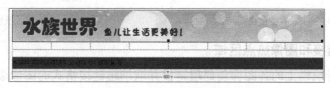

图13-10 插入选择的图像

（3）打开"文件"面板，展开其中的"img"文件夹，将"shouye-1.jpg"图像拖动到嵌套表格中的第1列单元格中，如图13-11所示。

（4）释放鼠标后打开"图像标签辅助功能属性"对话框，单击 [确定] 按钮，此时"shouye.jpg"图像将快速插入到该单元格中。

（5）继续利用"文件"面板在嵌套表格中的剩余单元格中依次插入"xinwen.jpg""mingpin.jpg""qicai.jpg""zaojing.jpg""sheying.jpg""dianpu.jpg"和"luntan.jpg"图像，效果如图13-12所示。

图13-11　拖动图像文件　　　　　　　　图13-12　插入其他图像

3. 设置并创建外部CSS样式文件

由于站点包含多个网页，且各网页中相同类型的对象格式应尽量保持一致，因此可通过创建外部CSS样式文件的方法统一设置网页中的对象格式。其具体操作如下。

（1）按【Shift+F11】组合键打开"CSS样式"面板，单击下方的"新建 CSS 规则"按钮，打开"新建 CSS 规则"对话框，默认"选择器类型"下拉列表框中"类"对应的选项，在"选择器名称"下拉列表框中输入"bqxx"，在"规则定义"下拉列表框中选择"（新建样式表文件）"选项，单击 [确定] 按钮。

（2）打开"将样式表文件另存为"对话框，将其保存在"fishes"文件夹中，名称设置为"css"，单击 [保存(S)] 按钮，打开CSS规则定义的对话框，在"类型"规则中将字号设置为"12"、字体粗细设置为"bold"、字体颜色设置为"#FFF"，如图13-13所示。

（3）在"区块"规则中将文本对齐方式设置为"center"，单击 [确定] 按钮，如图13-14所示。将插入点定位到输入的版权信息中，单击"属性"面板左侧的 [<> HTML] 按钮，在"类"下拉列表框中选择"bqxx"选项，此时版权信息将应用CSS样式。

图13-13　设置类型规则　　　　　　　　图13-14　设置区块规则

4. 设置超链接和图像热点区域

接下来将对导航栏上的各图像创建超链接并取消超链接格式的图像边框效果，然后在"bg.jpg"图像上使用热点工具创建图像热点区域。其具体操作如下。

（1）选择"首页"图像，打开"文件"面板，并在其中显示出"index.html"文件选项，如图 13-15所示。按住鼠标左键并拖动"属性"面板中"链接"文本框右侧的🔘按钮至"文件"面板的"index.html"文件选项处。

（2）释放鼠标可快速将"首页"图像链接到"index.html"文件，选择导航栏上的其他图像，通过拖动🔘按钮的方式依次将其链接到"xinwen.html""mingpin.html""qicai. html""zaojing.html""sheying.html""dianpu.html"和"luntan.html"网页，如图 13-16所示。

图13-15 选择链接目标

图13-16 为图像创建超链接

（3）添加链接后的图像会自动出现边框，影响页面布局的美观，因此需要利用代码取消边框效果。选择"首页"图像，单击 代码 按钮，切换到代码视图后，将插入点定位到所选代码的"height='30'"代码右侧，按空格键后在打开的列表框中双击"border"选项。

（4）插入"border=''"代码，在引号中输入"0"，表示将边框取消，如图13-17所示。

（5）将输入的空格和边框代码依次复制到下方的其他图像高度代码后面，如图13-18所示。

图13-17 设置边框

图13-18 复制代码

（6）单击 设计 按钮切换回设计视图，此时导航图像周围的边框消失，在倒数第二行单元格中插入"bg.jpg"图像。选择"bg.jpg"图像，利用"属性"面板中的矩形热点工具🔲在图像中的过滤器位置绘制矩形区域，然后利用指针热点工具🔖适当调整热点区域的大小。

（7）选择绘制的热点区域，通过拖动的方式将热点区域链接到"文件"面板中的"qicai. html"网页文件，如图13-19所示。

（8）继续利用矩形热点工具🔲在图像中的金鱼位置绘制矩形区域，然后利用指针热点工具🔖适当调整热点区域的大小，选择绘制的热点区域，将其链接到"mingpin.html"网页文件，如图13-20所示。

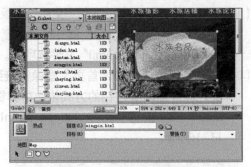

图13-19 创建器材热点链接　　　　　　　　图13-20 创建名品热点链接

5. 创建并绘制AP Div

下面将通过绘制AP Div来创建鼠标经过时的图像效果。其具体操作如下。

（1）在"插入"面板中选择"布局"插入栏，选择"绘制 AP Div"选项，在网页中拖动鼠标绘制AP Div。选择绘制的AP Div，在"属性"面板中将其宽度和高度分别设置为"300px"和"50px"，如图13-21所示。

（2）将插入点定位到AP Div中，选择【插入】→【图像对象】→【鼠标经过图像】菜单命令，打开"插入鼠标经过图像"对话框，将原始图像设置为"img"文件夹中的"enter.png"，将鼠标经过图像设置为"img"文件夹中的"enter1.png"。单击撤销选中"预载鼠标经过图像"复选框，将"按下时，前往的URL"链接到"xinwen.html"网页，然后单击 确定 按钮，如图13-22所示。

图13-21 设置AP Div大小　　　　　　　　图13-22 设置鼠标经过图像

（3）选择设置好的AP Div对象，将其移动到"bg.jpg"图像的右下方，效果如图13-23所示。

（4）保存并预览网页。将鼠标光标移至AP Div对象上时，文字颜色将由白色变为黄色，如图13-24所示。

图13-23 调整AP Div位置　　　　　　　　图13-24 预览效果

13.4.3 制作"水族新闻"页面

接下来将制作"水族世界"网站中的"水族新闻"页面。

1. 布局页面

下面通过复制网站首页中的对象并适当进行修改来快速布局"水族新闻"页面。其具体操作如下。

（1）在"index.html"网页中选择整个表格对象，按【Ctrl+C】组合键复制。利用"文件"面板打开"xinwen.html"网页，按【Ctrl+V】组合键打开"图像描述（Alt）文本"对话框，单击选中"将空白条目设为<空>"复选框，单击 确定 按钮，如图13-25所示。

（2）删除表格中的两个图像热点区域和"bg.jpg"图像，然后选择导航栏中的"首页"图像。单击"属性"面板中的"浏览文件夹"按钮，打开"选择图像源文件"对话框，选择其中的"shouye.jpg"图像，单击 确定 按钮，如图13-26所示。

图13-25 设置图像描述文本

图13-26 重新选择图像

（3）继续选择导航栏中的"水族新闻"图像，直接将"属性"面板中"源文件"文本框的图像名称由"xinwen"更改为"xinwen-1"，按【Enter】键后将自动链接更改后的名称对应的图像，如图13-27所示。

（4）将导航栏下方的空白单元格拆分为两行，然后将拆分后的上一行单元格继续拆分为两列，并将这些单元格的背景颜色设置为"#0168B7"，如图13-28所示。

图13-27 设置图像源文件   图13-28 拆分单元格

2. 编辑外部CSS样式文件

为方便快速对网页中不同对象的格式进行设置，下面链接制作首页时创建的外部CSS样式文件，并在其中添加适当的规则。其具体操作如下。

（1）打开"CSS样式"面板，单击"附加样式表"按钮，在打开的对话框中单击 浏览 按钮打开"选择样式表文件"对话框，选择站点文件夹中的"css"文件选项。单击 确定 按钮，返回"链接外部样式表"对话框，默认以链接的方式添加，单击 确定 按钮，如图13-29所示。

（2）此时版权信息格式将自动应用样式表中已设置的格式。单击"CSS样式"面板中的"新建 CSS 规则"按钮，打开"新建 CSS 规则"对话框，选择复合内容对应的类型选项，选择

图13-29 "链接外部样式表"对话框

"a:link"为规则名称，单击 确定 按钮。

（3）打开CSS规则定义的对话框，在类型规则中设置字体颜色为"#000"，单击选中"none"复选框，然后单击 确定 按钮，如图13-30所示。

（4）继续添加"a:visited"复合类型规则，属性为"无下划线"，如图13-31所示。

图13-30 设置访问前类型规则　　　　　　图13-31 设置访问后链接规则

（5）增加名称为"lbbt"的类CSS样式，规则为"颜色-#0069B5、字体-方正卡通简体、字号-18px、粗细-bolder、padding top-8px、padding bottom-8px、文本对齐-center"，如图13-32所示。

（6）增加名为"nr"的类CSS样式，规则为"字号-12px、padding-5px"，如图13-33所示。

（7）增加名称为"more"的类CSS样式，规则为"字号-12px、字体粗细-bold、padding-5px、文本对齐方式-right"，如图13-34所示。

（8）增加名称为"lbxm"的类CSS样式，规则为"字号-14px、字体粗细-bolder、padding-top-5px、padding-bottom-5px、文本对齐方式-center"，如图13-35所示。

图 13-32 设置nr规则　　图 13-33 设置nr规则　　图 13-34 设置nr规则　　图 13-35 设置nr规则

3. 完善网页内容

利用嵌套表格、文本和图像等对象来丰富"水族新闻"网页内容。具体操作如下。

（1）在导航栏下方左侧的空单元格中插入10×1表格，宽度为"100%"，间距为"1"、粗细和边距为"0"，单元格背景颜色为"#FFFFFF"。在嵌套表格的第1行单元格中输入文本，并应用"lbbt"类CSS样式，如图13-36所示。

（2）在嵌套表格的其他空行中输入各列表项目文本，并应用"lbxm"类CSS样式，最后分别添加空链接，如图13-37所示。

图13-36 输入文本并应用规则

（3）将嵌套表格复制到右侧的空单元格中，更改每行单元格的内容，并应用"nr"类CSS样式（最后一行应用"more"类CSS样式），然后适当调整嵌套表格行高，使其与左侧的嵌套表格高度一致，如图13-38所示。

图13-37　输入文本并应用规则

图13-38　插入嵌套表格并输入文本

（4）在版权信息上方的空单元格中插入1×8像素表格，宽度为"100%"，间距为"1"，填充和边框为"0"，单元格背景颜色为"#FFFFFF"，并依次插入提供的"xinwen01.jpg"和"xinwen08.jpg"图像，如图13-39所示。

（5）保存并预览网页，效果如图13-40所示。

图13-39　嵌套表格并插入图像

图13-40　预览效果

13.5　课 堂 练 习

本课堂练习将分别制作"北极数码"网站和"微观多肉植物"网站，综合练习本章学习的知识点，巩固网页制作的基本方法。

13.5.1　制作"北极数码"网站

1. 练习目标

本练习的目标是制作"北极数码"网站。此网站提供的服务是与数码产品相关的所有数据、最新资讯和行业动态等内容。要求利用模板来提高网页的制作效率，其中将涉及模板的应用、CSS样式的设置、超链接的创建以及文本、图像等对象的添加等。本练习的参考效果如图13-41所示。

素材所在位置	光盘:\素材文件\第13章\课堂练习1\index.html
效果所在位置	光盘:\效果文件\第13章\课堂练习1\index.html
视频演示	光盘:\视频文件\第13章\制作"北极数码"网站.swf

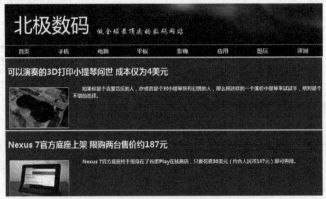

图13-41 "北极数码"网站首页的参考效果

2. 操作思路

完成本练习涉及规划和管理站点、创建并制作网页模板,以及通过模板制作网站首页及其他页面等操作,其制作思路如图13-42所示。

① 创建并管理站点　　　　② 制作模板　　　　③ 制作网页

图13-42 "北极数码"网站的制作思路

(1)创建名为"digit"的站点,并将站点文件夹设置在D盘的"digit"文件夹中,将素材提供的"img"文件夹复制到"digit"文件夹中。

(2)在Dreamweaver中打开"资源"面板,创建名为"frame"的模板,双击打开模板文件,在其中通过创建表格和外部CSS样式文件等操作制作模板内容,然后添加可编辑区域。

(3)利用模板创建"index.html"页面,在可编辑区域中插入表格,并输入新闻标题和内容,插入相关图像并调整。复制表格并进行修改,制作此网页的其他新闻内容。

(4)按照相同思路,利用模板文件创建"北极数码"站点中的其他页面。

13.5.2　制作"微观多肉植物"网站

1. 练习目标

本练习目标是对"微观多肉世界"网站进行设计。该网站主要是多肉植物爱好者的交流网站,设计时要求画面美观,页面同时兼容多种浏览器显示。本练习的参考效果如图13-43所示。

 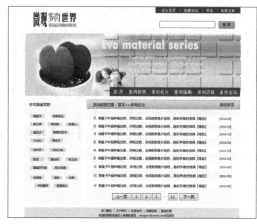

图13-43　"微观多肉世界"网站主页和二级页面的参考效果

素材所在位置	光盘:\素材文件\第13章\课堂练习2\img\
效果所在位置	光盘:\效果文件\第13章\课堂练习2\lx2\
视频演示	光盘:\视频文件\第13章\制作"微观多肉植物"网站.swf

2. 操作思路

针对练习目标,主要根据草图来进行布局,采用3行3列的布局方式进行页面布局。色彩方面主要采用绿色调为主色调,调整不同明度的绿色给网站添加层次感,并体现出生机勃勃的感觉。具体制作思路如图13-44所示。

① 创建站点和文件夹

② 制作页面

图13-44　"微观多肉植物"网站的制作思路

（1）创建一个站点,然后创建相关的文件和文件夹。

（2）通过DIV+CSS布局主页,然后向其中添加相应的内容,最后使用相同的方法制作网站的二级页面和三级页面。

（3）保存网页并预览即可。

13.6　拓　展　知　识

网站创建并成功发布后并不代表该项目已结束,在网站设计专业领域,还需要随时对站点进行管理与维护,如更新网站内容或修复网站错误等。下面主要对网站的同步和使用站点报告的操作进行拓展介绍。

由于本地站点文档和远端站点文档都可以进行编辑，因此可能出现文件不一致的情况，此时使用同步功能就能保证本地站点和远端站点中的文件都是最新的文件。其方法为：选择【站点】→【同步站点范围】菜单命令，打开"同步文件"对话框，设置同步范围和方向后，单击 确定 按钮即可，如图13-45所示。

站点报告可提高站点开发和维护人员之间合作的效率，它可以查看哪些文件的设计笔记与这些被隔离的文件有联系，获知站点中的哪个文件正在被哪个维护人员进行隔离编辑等。使用站点报告的方法为：选择【站点】→【报告】菜单命令，打开"报告"对话框，选择报告的保存位置和报告内容后，单击 运行 按钮即可，如图13-46所示。

图13-45 同步文件   图13-46 选择报告

13.7 课后习题

（1）打开提供的"zaojing.html"网页，在空白单元格中插入嵌套表格，输入新闻的标题、内容并插入相关图像，然后复制表格制作另一条新闻内容，参考效果如图13-47所示。

（2）打开提供的"luntan.html"网页，利用嵌套表格、文本和图像等对象设置网页内容，参考效果如图13-48所示。

素材所在位置	光盘:\素材文件\第13章\课后习题\luntan.html、zaojing.html…
效果所在位置	光盘:\效果文件\第13章\课后习题\fish\
视频演示	光盘:\视频文件\第13章\制作"水族造景"和"水族论坛"网页.swf

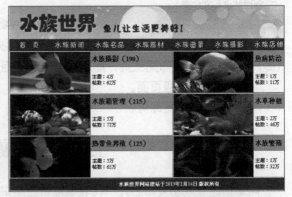

图13-47 "水族造景"网页的参考效果   图13-48 "水族论坛"网页的参考效果

附　录

项目实训

为了培养学生独立完成设计任务的能力，提高其就业综合素质和创意思维能力，加强教学的实践性，本附录精心挑选了6个项目实训，分别围绕汽车网站中的首页和其他5种典型页面展开。通过完成实训，使学生进一步掌握和巩固Dreamweaver软件的使用技能。

实训1　制作"汽车世界"网站首页

【实训目的】

通过实训，掌握站点的创建和管理、在网页中输入与格式化文本等知识。具体要求与实训目的如下。

◎　掌握站点的创建、配置以及在站点中创建文件和文件夹的方法。

◎　掌握输入文本、插入特殊符号和插入水平线的方法。

◎　熟练掌握在Dreamweaver中设置文本格式的方法。

【实训参考效果】

本次实训制作的首页参考效果如图附-1所示，相关素材及参考效果在本书配套光盘中提供。

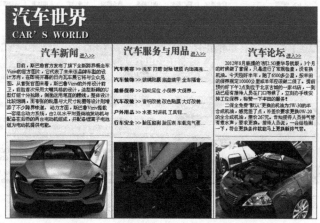

图附-1　"汽车世界"网站首页的参考效果

素材所在位置　　光盘:\素材文件\项目实训\实训1\index.html、img\

效果所在位置　　光盘:\效果文件\项目实训\实训1\index.html

【实训参考内容】

1. 创意与构思：在了解网站首页相关知识的基础之上，结合企业网站的特点布局网站首页。

2. 制作过程：创建"car"站点。利用"文件"面板创建"img"的文件夹用于存放站点中的所有图像，并创建"index.html"网页。打开素材提供的所有文件并将其复制到站点文件夹中（覆盖原有文件），打开"index.html"网页，在相应单元格中输入文本并插入水平线和特殊符号。参考最终效果利用"属性"面板设置文本的HTML格式和CSS格式。

实训2　制作"新闻中心"网页

【实训目的】

通过实训，掌握在网页中插入图像与多媒体对象等知识。具体要求与实训目的如下。
◎　掌握在网页中插入图像的操作方法。
◎　熟悉利用Dreamweaver设置图像属性的方法。
◎　掌握在网页中插入SWF动画的方法。

【实训参考效果】

本次实训制作的网页参考效果如图附–2所示，相关素材及参考效果在本书配套光盘中提供。

素材所在位置　　光盘:\素材文件\项目实训\实训2\index.html、img\、flash.swf、news.html

效果所在位置　　光盘:\效果文件\项目实训\实训2\news.html

图附–2　"新闻中心"网页的参考效果

【实训参考内容】

1. 搜集素材：搜集网页中需要用到的图像资料。

2. 制作过程：复制素材网页到站点文件夹中，打开"news.html"网页，在其中添加相关的网页元素。

实训3 制作"用户登录"网页

【实训目的】

通过实训，掌握在网页中使用表格和AP Div布局网页的知识。具体要求与实训目的如下。

◎ 掌握在网页中插入表格和嵌套表格的操作方法。

◎ 掌握设置表格宽度、高度、背景颜色等各种属性的方法。

◎ 掌握在网页中绘制AP Div并进行设置的方法。

【实训参考效果】

本次实训制作的网页参考效果如图附-3所示，相关素材及参考效果在本书配套光盘中提供。

 素材所在位置 光盘:\素材文件\项目实训\实训3\index.html、img\、login.html、new.html

效果所在位置 光盘:\效果文件\项目实训\实训3\login.html

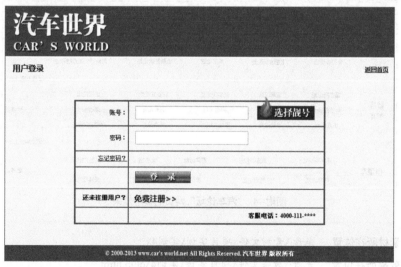

图附-3 "用户登录"网页的参考效果

【实训参考内容】

1. 准备素材：搜集与网站制作相关的图片素材、文字素材等。

2. 制作页面：复制素材到站点文件夹中，打开"login.html"网页，在版权文本上方的空单元格中插入1×1表格，宽度为"520 px"，填充、间距和边框均不设置，背景颜色设置为与网页标题的背景颜色相同（可使用吸管工具吸取需要的颜色）。在插入的表格中再插入6×2嵌套表格，宽度为"100%"，背景颜色与所在区域的背景颜色相同（淡黄色）。依次在嵌套的表格中进行输入文本、设置文本格式和插入图像等操作，并为"忘记密码？"文本添加空链接。利用"插入"面板绘制AP Div对象，在其中插入"pic-9.png"图像，调整AP Div大小和位置，使其大小与插入的图像大小相同。将其移动到"账号"文本框右侧，最后保存并预览网页。

实训4　制作"汽车论坛"网页

【实训目的】

通过实训，掌握在网页中使用各种超链接的知识。具体要求与实训目的如下。
◎ 掌握在网页中创建文本超链接的方法。
◎ 掌握利用图像热点区域创建超链接的方法。
◎ 掌握锚记的命名以及锚链接的创建方法。
◎ 熟悉空链接的创建方法。

【实训参考效果】

本次实训制作的网页参考效果如图附-4所示，相关素材及参考效果在本书配套光盘中提供。

汽车世界 CAR'S WORLD											
首页 >> 汽车论坛 >> 热门车系论坛			地区论坛		主题论坛			新闻中心		用户登录	
SUV	微型车	紧凑型车	小型车	中型车	中大型车	MPV	豪华车	跑车	敞篷	皮卡	轻客 皮卡
SUV	翼虎论坛	哈弗H6论坛	哈弗M4论坛	标致3008论坛		途观论坛				
	长安CS35论坛	奥迪Q5论坛	翼搏论坛	本田CR-V论坛		陆风X5论坛			更多…	
	普拉多论坛	比亚迪S6论坛	卡宴论坛	全新胜达论坛		昂科拉ENCORE论坛				
								返回 top >>		
紧凑型车	福克斯论坛	宝来论坛	高尔夫论坛	科鲁兹论坛		速腾论坛				
	起亚K3论坛	明锐论坛	朗越论坛	速锐论坛		捷达论坛			更多…	
	世嘉论坛	逸动论坛	奇瑞A3论坛	朗逸论坛		帝豪EC7论坛				
								返回 top >>		
小型车	嘉年华论坛	POLO论坛	赛欧论坛	风云2论坛		起亚K2论坛				
	锋范论坛	雨燕论坛	飞度论坛	瑞纳论坛		爱唯欧论坛			更多…	

图附-4　"汽车论坛"网页的参考效果

素材所在位置　　光盘:\素材文件\项目实训\实训4\
效果所在位置　　光盘:\效果文件\项目实训\实训4\club.html

【实训参考内容】

1. 具体构思：思考注册页面需要搜集到的信息和如何实现。
2. 制作过程：打开"club.html"网页，在第2行单元格中的"首页""地区论坛""主题论坛""新闻中心"和"用户登录"文本上创建超链接。利用矩形热点工具在标题图像上有文本的区域绘制热点区域，并链接到"index.html"网页。在"首页"文本左侧命名锚记"top"，并为网页中的所有"返回top>>"文本创建该锚链接。继续为每种车型的文本命名锚记，然后为导航区域中的文本创建对应的锚链接。为导航区域中剩余的文本创建空链接。最后保存并预览网页效果。

实训5 制作"新用户注册"网页

【实训目的】

通过实训，掌握在网页中创建表单并插入各种表单元素的知识。具体要求与实训目的如下。

◎ 掌握在网页中创建表单区域的方法。

◎ 掌握使用文本字段表单对象创建单行文本字段和密码文本字段的方法。

◎ 熟悉创建菜单表单对象的方法。

◎ 掌握创建"提交"按钮表单对象的方法。

【实训参考效果】

本次实训制作的网页参考效果如图附-5所示，相关素材及参考效果在本书配套光盘中提供。

图附-5 "新用户注册"网页的参考效果

素材所在位置 光盘:\素材文件\项目实训\实训5\

效果所在位置 光盘:\效果文件\项目实训\实训5\reg.html

【实训参考内容】

1. 具体构思：思考注册页面需要搜集到的信息和如何实现。

2. 制作过程：打开"reg.html"网页，在深色的空白单元格中利用"插入"面板创建表单对象。在创建的表单区域中插入7×1表格，并设置表格背景颜色。在插入的表格各行中利用"插入"面板插入各种表单对象，包括单行文本字段、密码文本字段、菜单和"提交"按钮。在第6行单元格中输入文本并创建空链接。保存并预览网页效果。

实训6 制作"汽车展厅"网页

【实训目的】

通过实训,掌握在网页中使用行为和发布站点的方法。具体要求与实训目的如下。

◎ 掌握在网页中添加"交换图像"行为的方法。

◎ 掌握修改事件的方法。

◎ 熟悉添加"效果–增大/收缩"行为的方法。

◎ 掌握对站点进行兼容性检查、链接检测和修复以及下载速度测试的方法。

◎ 掌握配置站点远程信息与发布站点的方法。

【实训参考效果】

本次实训制作的网页参考效果如图附–6所示,相关素材及参考效果在本书配套光盘中提供。

© 2000-2013 www.car's world.net All Rights Reserved. 汽车世界 版权所有

图附–6 "汽车展厅"网页的参考效果

 素材所在位置　光盘:\素材文件\项目实训\实训6\

效果所在位置　光盘:\效果文件\项目实训\实训6\hall.html

【实训参考内容】

1. 具体构思:思考"汽车展厅"页面的布局方法和要实现的效果。

2. 制作过程:打开"hall.html"网页,在倒数第2行空单元格中插入"pic–11a.jpg"图像,并在下方的6个单元格中从左至右依次插入"pic–11b.jpg"~"pic–16b.jpg"图像。命名"pic–11a.jpg"图像的ID,然后为"pic–11b.jpg"~"pic–16b.jpg"图像添加"交换图像"行为,事件均为"onClick"。为"pic–11a.jpg"图像添加"效果–增大/收缩"行为,要求实现从0~100%的增大效果,事件为"onClick"。检测"car"站点下的所有网页兼容性、链接情况和下载速度,接着对"car"站点进行远程服务器信息的配置,并将其发布到申请的主页空间。